建筑信息模型（BIM）技术应用系列新形态教材

U0645545

BIM建模

胡敏歆　主　编

梁　璇　谢宝磊　副主编

清华大学出版社

北　京

内 容 简 介

本书以实际工程项目为载体，采用模块化教学方式，分为 6 个主要学习项目，包括创建建筑和结构的标高及轴网、创建结构模型、创建建筑模型、创建洞口及零星构件、BIM 模型的基本应用、BIM 定制化建模。本书通过系统的理论讲解和大量的实战演练，旨在帮助读者快速入门并逐步精通 BIM 建模技术，为读者未来的职业发展打下坚实的基础。

本书是一本面向高等职业院校土木建筑大类相关专业的基础教材，同时也适合广大从事 BIM 工作的工程技术人员参考使用。本书不仅是一部详尽的技术指南，更是一部带领读者进入 BIM 世界的引导手册。

图书在版编目（CIP）数据

BIM 建模 / 胡敏歆主编. -- 北京：清华大学出版社，2025.7. --（建筑信息模型（BIM）技术应用系列新形态教材）. -- ISBN 978-7-302-69821-0

Ⅰ. TU201.4

中国国家版本馆 CIP 数据核字第 2025SR5130 号

责任编辑：鲜岱洲
封面设计：曹　来
责任校对：李　梅
责任印制：曹婉颖

出版发行：清华大学出版社
　　　　网　　　址：https://www.tup.com.cn，https://www.wqxuetang.com
　　　　地　　　址：北京清华大学学研大厦A座　　　　　邮　　编：100084
　　　　社 总 机：010-83470000　　　　　　　　　　邮　　购：010-62786544
　　　　投稿与读者服务：010-62776969，c-service@tup.tsinghua.edu.cn
　　　　质量反馈：010-62772015，zhiliang@tup.tsinghua.edu.cn
　　　　课件下载：https://www.tup.com.cn，010-83470410
印 装 者：三河市龙大印装有限公司
经　　销：全国新华书店
开　　本：185mm×260mm　　　　印　　张：16　　　　字　　数：364千字
版　　次：2025年7月第1版　　　　　　　　　　　　印　　次：2025年7月第1次印刷
定　　价：59.00元

产品编号：109869-01

前　言

建筑信息模型（Building Information Modeling，BIM）作为一项革命性的数字化技术，自问世以来，深刻地改变了传统工程造价的方式、项目管理和监督流程，并在提高工程质量、安全性等方面发挥了重要作用。BIM 不仅是一种三维建模工具，更是一种集成了建筑全生命周期数据的综合平台，使建筑设计、施工以及运维管理变得更加高效、精确和透明。

对于建筑业而言，BIM 技术的应用意味着从传统的二维图纸向三维甚至多维信息模型转变；而对于从业者来说，则代表着工作模式的重大革新——从孤立的信息处理时代转向协同作业的新时代。随着城市化建设进程的加快和技术进步的不断提速，建筑行业面临着前所未有的挑战和发展机遇。编者的目标是通过系统化、结构化的教学内容，帮助读者掌握 BIM 的核心概念和技术要点，将他们培养成为具备实践能力和创新精神的专业人才，以应对未来职业发展的需要。

本书具有以下特色。

（1）理论与实践相结合。编者团队坚信"知行合一"的教育理念，在编写过程中特别强调理论知识与实际操作技能的紧密结合。每个项目不仅涵盖了必要的基础理论讲解，还配有丰富的实例分析和实践练习环节，让读者能够在实践中加深理解，提高解决问题的能力。

（2）案例驱动的学习方式。为了使抽象的概念更加直观易懂，书中引入了大量真实的工程项目案例。这些案例不仅展示了 BIM 技术在不同场景下的应用效果，也为读者提供了一个观察问题、思考解决方案的途径。通过反复研究这些经验和教训，读者可以更好地把握 BIM 的实际价值所在。

（3）注重职业技能培养。考虑到未来就业市场的激烈竞争，编者在设计教材时充分考虑了职业技能的要求。例如，将《"1+X"建筑信息模型职业技能考评大纲》和《全国 BIM 应用技能考评大纲》等权威文件中的关键知识点有机融入各个章节中，确保读者所学内容符合行业标准，并有助于他们在相关资格认证考试中取得优异成绩。

（4）多媒体资源支持。本书配套的线上精品课程"BIM 建模"提供了视频教程、动画演示等多种形式的教学资料。这些多媒体资源不仅丰富了课堂教学手段，也为自学提供了极大的便利。读者可以根据自己的进度随时随地进行学习，真正做到个性化、自主化学习。

本书由郴州职业技术学院胡敏歆、梁璇、谢宝磊三位教师共同编写完成，他们在 BIM 领域拥有丰富的实践经验及深厚的学术造诣。同时，在整个编写过程中还得到了郴州职业技术学院 2024 届毕业生雷观平、刘佳威、刘郴琛等同学的积极参与和支持，他们不仅为教材贡献了许多宝贵的建议，还在校对、排版等方面付出了辛勤努力。此外，还要感谢所有关心和支持本书编写的同仁，正是因为有了大家的帮助，才使本书得以顺利出版。

本书编写过程中难免存在不足之处，敬请读者批评、指正。

编　者
2025 年 2 月

本书配套教学资源、
施工图纸下载

目　录

项目1 创建建筑和结构的标高及轴网

本项目以实际的小别墅案例为蓝本，按照常用的设计流程，从分析项目开始，直至项目布局，对模型创建进行详细分解说明，让读者掌握使用 Revit 建模的方式和技巧。

通过项目的实际操作，培养学生实事求是、求真务实、开拓创新的理性精神。

教学目标

（1）掌握标高和轴网的创建方式。

（2）掌握轴网的尺寸标注方式。

（3）能够运用轴网和标高标头的显示控制。

素养目标

（1）培养一丝不苟、精益求精的工匠精神。学生在学习知识和技术的过程中，通过模型创建的操作，体会到要用自己的实力去支撑梦想，要学习好技术才能实现目标。

（2）强化社会主义法治意识。通过模型创建过程中技术标准和规范的学习与执行，养成学生的法治意识。

（3）培养科学缜密、严谨工作的科学精神。通过模型的创建，通过三维模型的参数化关联性，使学生具备科学严谨的精神。

（4）强化安全意识。在构件放置和设置过程中，通过方案的实际操作，养成学生的安全意识和尊重生命的意识。

任务 1.1　创建与编辑标高

1.1.1　工作任务

创建小别墅标高，项目正立面图如图 1.1.1 所示。

图 1.1.1 项目正立面图

1.1.2 任务分析

标高和轴网是建筑设计、施工中重要的定位信息。Revit 通过标高和轴网为建筑模型中各构件确定空间定位关系。

标高用于反映建筑构件在高度方向上的定位情况，可以用于定义楼层的层高并生成平面视图，但不是所有的标高都是楼层高度。在 Revit 中，一般先创建标高，再绘制轴网，以保证之后绘制的轴网系统出现在每一个标高视图中。

小知识

标高的绘制必须在立面视图或剖面视图中进行，每个标高可以创建一个相关的平面视图，没有标高，就没有楼层平面。

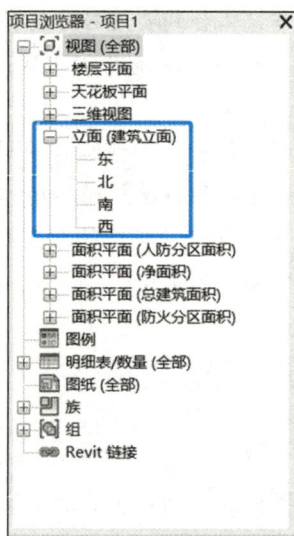

图 1.1.2 项目浏览器的立面（建筑立面）视图

1.1.3 操作演示

1. 创建标高

首先在"项目浏览器"面板中单击"展开+"按钮，打开"立面（建筑立面）"视图，如图 1.1.2 所示。

微课：
创建标高

在展开的立面视图中，双击任意立面视图，切换至该立面视图。在立面视图中，会显示项目样板设置的默认标高"标高 1"和"标高 2"。

标高由标头、标高线、标高名称、标高值等组成，如图 1.1.3 所示。

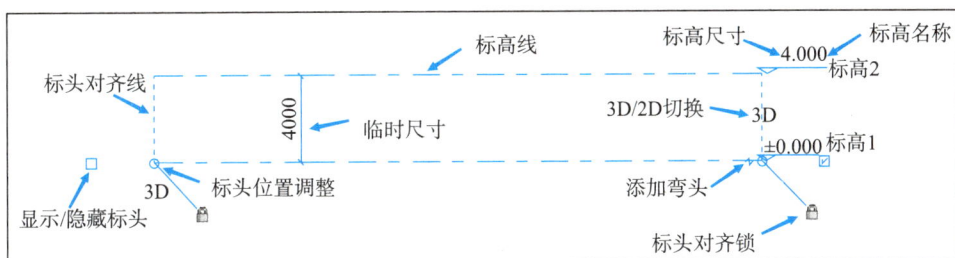

图 1.1.3　标高的组成

创建标高的方法有三种，分别是绘制、复制和阵列，在实际应用中以提高建模效率为标准，要学会灵活应用。

【方法一】手动绘制标高

依次单击"建筑"选项卡→"标高"工具，如图 1.1.4 所示，切换到"修改|放置标高"选项卡。

图 1.1.4　建筑选项卡基准面板标高命令

Revit 提供了两种手动绘制标高的工具，一种是利用"线"工具绘制标高，另一种是利用"拾取线"工具创建标高。

1）利用"线"工具绘制标高

【步骤 1】依次单击"修改|放置 标高"选项卡→"绘制"面板→"线"工具，或者直接使用快捷键 LL，进入绘制模式，在"修改|放置 标高"选项栏中勾选"创建平面视图"，在放置标高时会自动创建相应的平面视图，如图 1.1.5 所示。

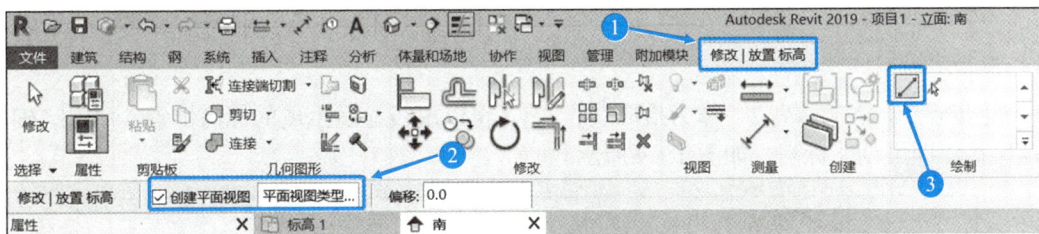

图 1.1.5　修改|放置 标高选项卡

【步骤 2】采用默认设置，移动光标至标高 2 左侧端点，Revit 将自动捕捉已有标高端点并显示端点对齐的蓝色虚线，并自动显示临时尺寸，拖动光标，当临时尺寸显示到所需尺寸时单击，或者直接输入所需尺寸，确定绘制标高的起点，如图 1.1.6 所示。

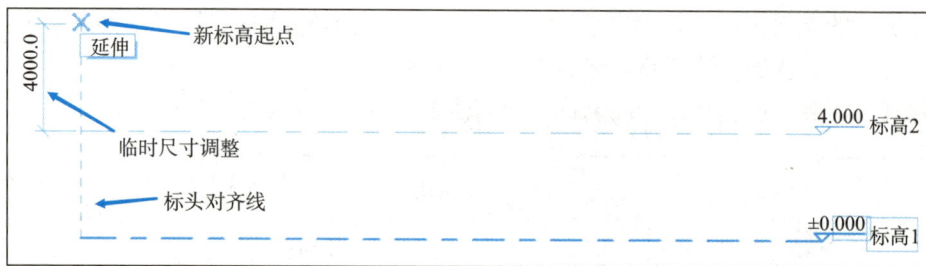

图 1.1.6　绘制标高起点

【步骤 3】沿水平方向移动光标，绘制标高，当光标移动至已有标高的右侧端点时，Revit 将自动捕捉与显示端点对齐位置，视图中会出现一条蓝色的虚线，单击完成标高的绘制，如图 1.1.7 所示。

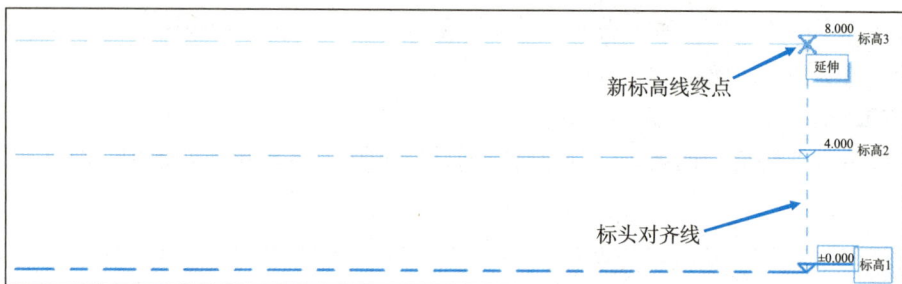

图 1.1.7　绘制标高终点

2）利用"拾取线"工具绘制标高

【步骤 1】依次单击"修改 | 放置 标高"选项卡→"绘制"面板→"拾取线"工具，在"修改 | 放置 标高"选项栏中勾选"创建平面视图"，"偏移"参数值是生成的标高与拾取的标高之间的尺寸，如图 1.1.8 所示。

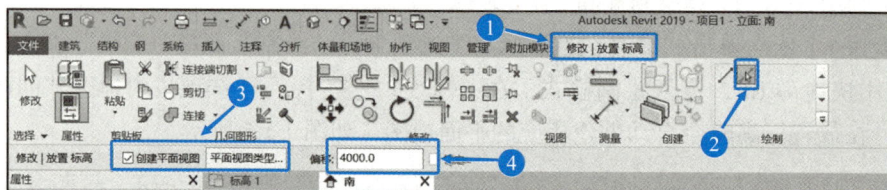

图 1.1.8　拾取线绘制标高

【步骤 2】单击标高 2，作为拾取线，Revit 将以虚线显示生成的标高位置，单击"确定"按钮即可创建标高，如图 1.1.9 所示。

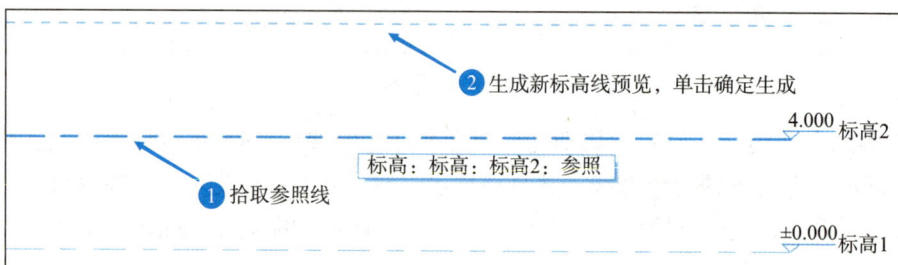

图 1.1.9　拾取线生成标高

【步骤 3】通过绘制标高的方式创建的标高，默认勾选"创建平面视图"，所以 Revit 将自动生成平面视图，不需要单独创建平面视图，如图 1.1.10 所示。

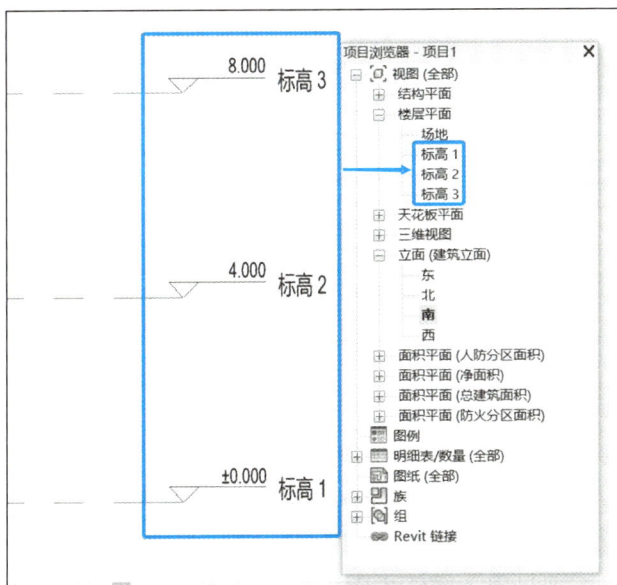

图 1.1.10 基于标高生成楼层平面

【方法二】复制标高

选中任意一条标高，软件将自动切换到"修改 | 标高"选项卡，在"修改"面板中选择"复制"命令，或者直接使用快捷键 CO，在"修改 | 标高"选项栏中勾选"约束"和"多个"，如图 1.1.11 所示。

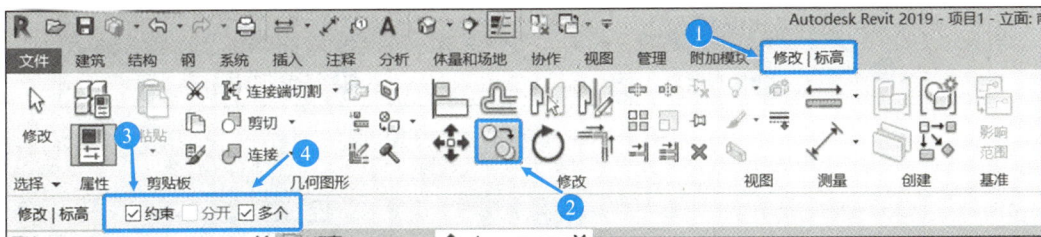

图 1.1.11 复制标高

小知识

"复制"命令在建模过程中可以有效地提高建模速度，是常用的操作命令之一。当激活"复制"命令时，勾选"约束"表示复制的标高角度锁定在 90.00°，相当于 CAD 中的"正交"模式，保证复制出的标高线与原标高线对齐；勾选"多个"表示可以复制多个标高，即不需要重复激活命令，而是激活一次就可以进行多次复制。

直接拖动光标，根据临时尺寸的变化确认尺寸，或者直接单击"临时尺寸"，输入确定的参数值，即可完成标高的复制，如图 1.1.12 所示。

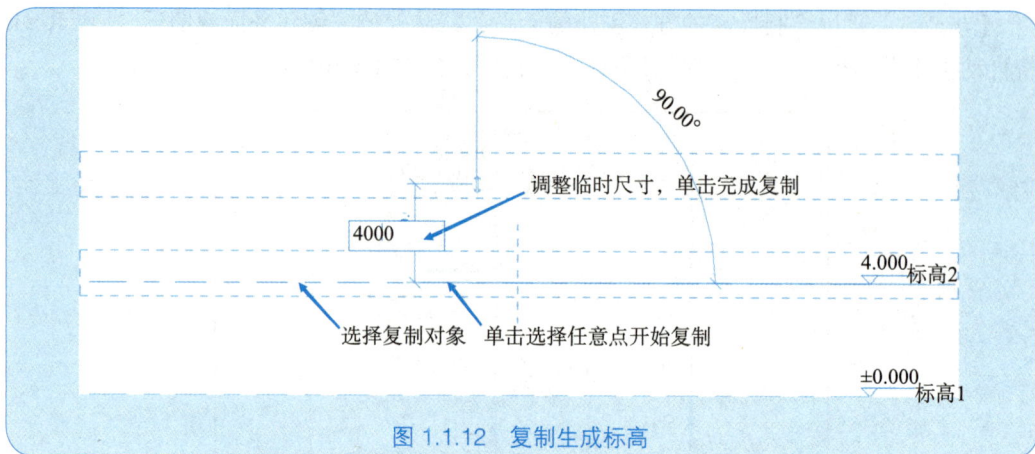

图 1.1.12 复制生成标高

【方法三】阵列标高

选中任意一条标高，软件将自动切换到"修改|标高"选项卡，在"修改"面板中选择"阵列"命令，或者直接使用快捷键 AR 激活阵列命令。

（1）方式1阵列条件："第二个"创建标高。在"修改|标高"选项栏中禁用"成组并关联"，输入阵列"项目数"参数3，选中"第二个"，勾选"约束"，单击选中的标高，输入数值，或者直接拖动光标，根据临时尺寸的变化确认尺寸后单击，即可完成标高的阵列，如图 1.1.13 所示，阵列效果如图 1.1.14 所示。

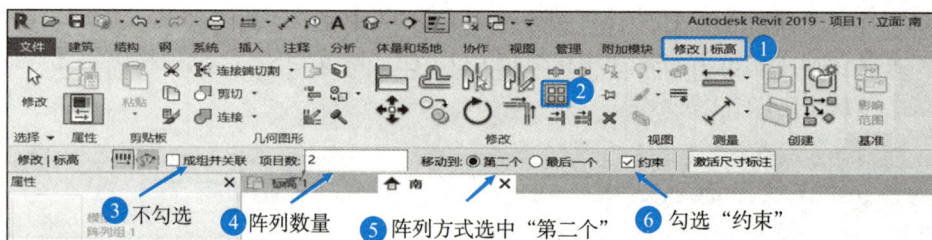

图 1.1.13 阵列方式 1 开始

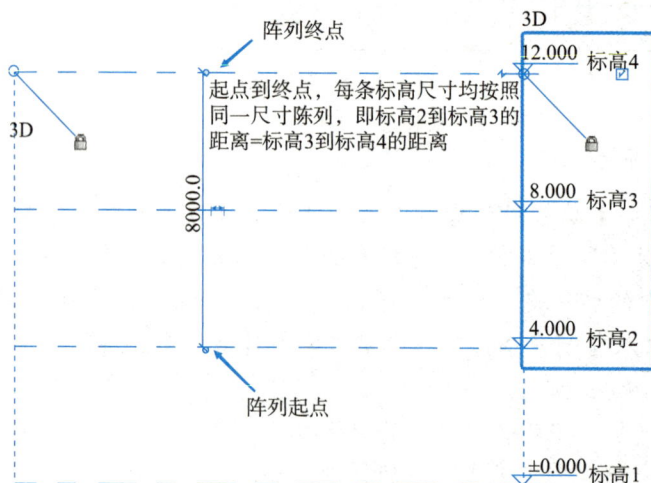

图 1.1.14 阵列方式 1 结束

（2）方式2阵列条件："最后一个"创建标高。在"修改 | 标高"选项栏中禁用"成组并关联"，输入阵列"项目数"参数，选中"最后一个"，勾选"约束"，输入数值或者直接拖动光标确认尺寸后单击，完成标高的阵列，如图 1.1.15 所示，阵列效果如图 1.1.16 所示。

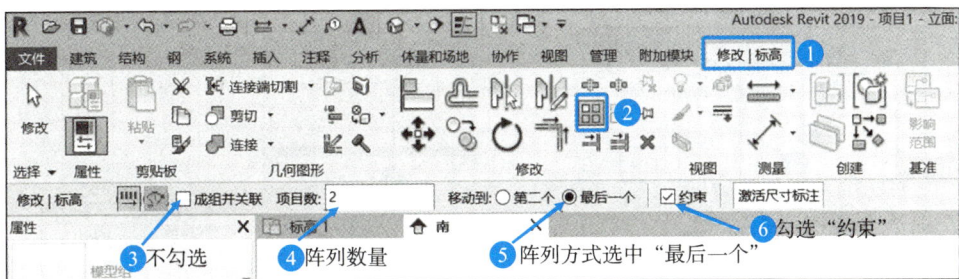

图 1.1.15　阵列方式 2 开始

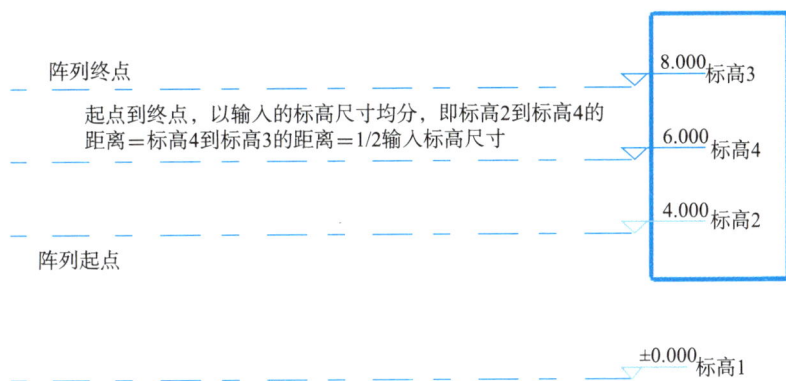

图 1.1.16　阵列方式 2 结束

小知识

一般情况下，如果针对非标准层创建标高，选择复制方法效率较高，针对标准层创建标高，选择阵列方式效率较高，当然也可以根据自己的偏好使用多种方式进行创建。

图 1.1.17　未自动生成楼层平面

2．创建楼层平面视图

通过复制方式和阵列方式创建的标高，不会自动生成平面视图，如图 1.1.17 所示，此时需要单独创建平面视图。

【步骤1】依次单击"视图"选项卡→"创建"面板→"平面视图"下拉箭头→"楼层平面"工具，如图 1.1.18 所示，弹出"新建楼层

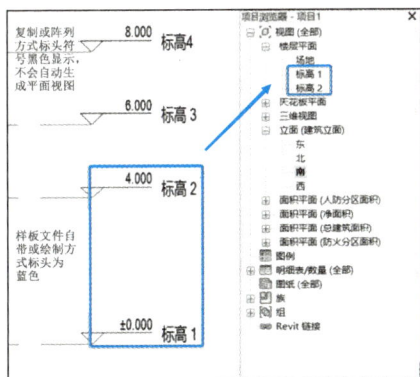

平面"对话框。

【步骤2】在对话框中，选择需要创建的楼层平面，默认勾选"不复制现有视图"，单击"确定"按钮，如图 1.1.19 所示，即可根据所选标高创建相应的楼层平面。在"项目浏览器"面板中展开"楼层平面"，可以观察到新建的楼层平面视图。

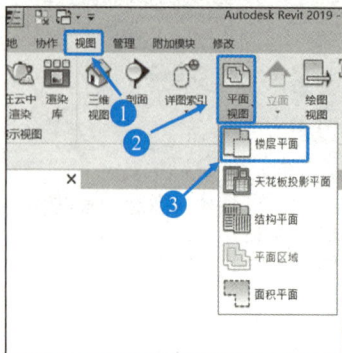

图 1.1.18 新建楼层平面对话框

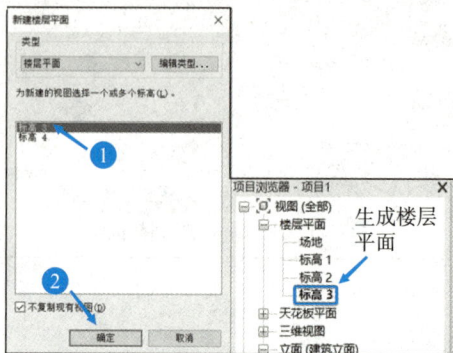

图 1.1.19 根据所选标高创建楼层平面视图

提示

在"1+X"建筑信息模型（BIM）职业技能等级考试初级建模考试中，综合实操题目的最后一题都是项目的综合建模，通常以小别墅模型为题，读者可以根据自己的习惯选择不同的方式创建标高，以快速高效为原则进行即可，要注意的是如果选择使用复制、阵列的方式创建标高，一定要记得创建相应的楼层平面。

3．修改和编辑标高

标高创建完毕并生成楼层平面后，可以对标高的细节进行调整。

1）修改标高名称

【步骤1】Revit 中的标高名称会自动顺序编号，因此为了提高工作效率，可以在创建标高时修改标高名称，方便之后操作。

【步骤2】双击需要修改名称的标高，根据要求修改标高名称，单击或者按 Enter 键完成标高名称的修改，如图 1.1.20 所示。

【步骤3】此时会弹出"是否希望重命名相应视图"对话框，单击"是"，完成修改，此时"项目浏览器"面板中"楼层平面"内相对应的楼层平面视图的名称也一同发生变化，此时如果单击"否"，则"楼层平面"内相对应的楼层平面视图的名称不会随标高名称的变化而变化。

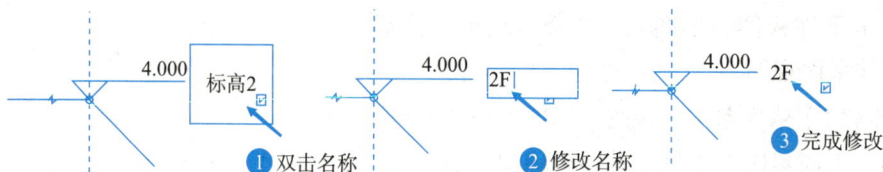

图 1.1.20 修改标高名称

2）修改标头属性

【步骤 1】选择要修改的标高，单击"属性"面板"编辑类型"按钮，弹出"编辑类型"属性对话框，根据需要调整标高的显示。

【步骤 2】单击"符号"参数值的下拉箭头，在下拉列表中选择需要的标头符号，勾选"端点 1 处的默认符号"和"端点 2 处的默认符号"，将在标高线的两端显示标高符号，取消勾选则表示隐藏某一端点处的标头，如图 1.1.21 所示。

如果需要调整线宽、线条颜色、线型图案，也在此进行编辑即可。

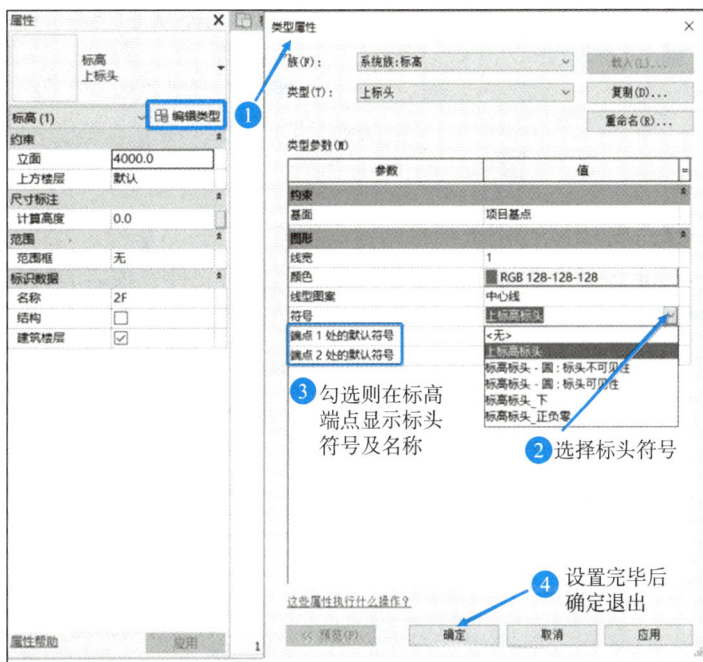

图 1.1.21　项目属性的编辑

3）调整标头显示

选中需要调整的标高线，在标高线两端会显示小框，勾选表示显示标头符号，取消勾选表示隐藏标头符号，如图 1.1.22 所示。小框的功能和"类型属性"对话框中的"端点 × 处的默认符号"功能一致。

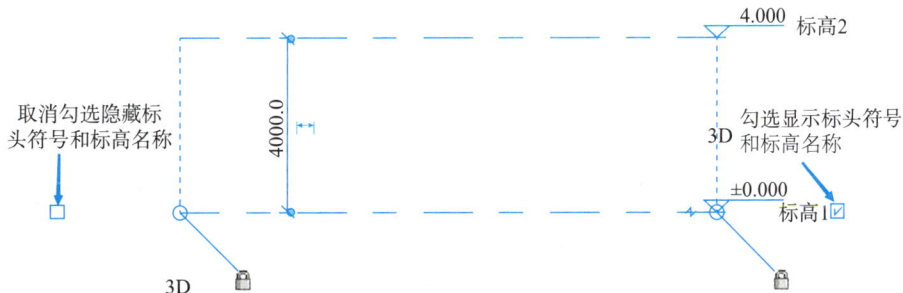

图 1.1.22　显示 / 隐藏标头符号

4）添加标高线弯头

如果标头比较密集，会影响观察，为方便观察视图信息，可以通过单击折断进行调整，如图 1.1.23 所示。

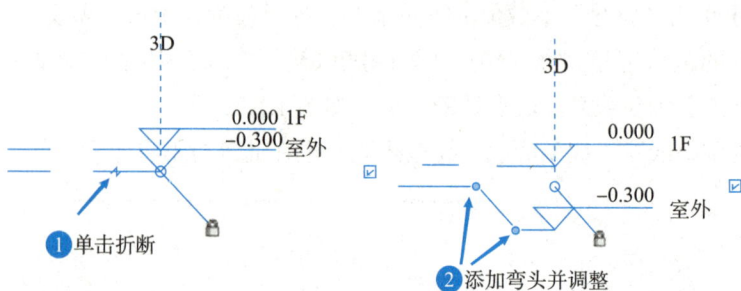

图 1.1.23　添加弯头并调整

4. 项目实操

按照图纸信息完成 BIM 小别墅项目的标高创建。

【步骤 1】打开上一任务保存的"别墅＋姓名"项目文件，或者直接打开本书配套资源中工程文件"别墅．项目文件"。

【步骤 2】在"项目浏览器"面板中展开"立面（建筑立面）"视图，双击选择任意立面，由于选择的是参照样板文件，所以打开的立面视图中已经自带了两条标高，即标高 1 和标高 2，如图 1.1.24 所示。

图 1.1.24　Revit 建筑样板默认标高

【步骤 3】样板文件自带的标头和图纸中所用标头样式并不相同，此时可以利用"可载入族"来满足需要，通过"载入族"的方法添加本项目所需的标头样式。

> **小知识**
>
> "族"是 Revit 中一个非常重要的概念和组成，是项目的基础，是参数信息的载体。族分为可载入族、系统族和内建族三种。可载入族是单独保存为族文件，并且能够根据需要随时载入项目中使用的族；系统族不能作为单个的族文件载入或创建，是系统提供的默认族；内建族是由用户在项目中直接根据需要创建的族，只能在本项目中使用。
>
> 在后续项目中，将对族进行详细的介绍。

【步骤 4】依次单击"插入"选项卡→"从库中载入"面板→"载入族"工具，弹出

"载入族"对话框，如图 1.1.25 所示。

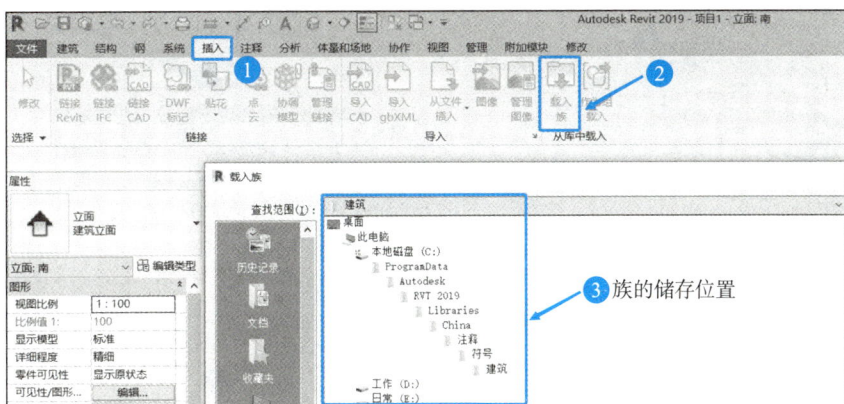

图 1.1.25　载入注释符号族

在弹出的"载入族"对话框中，在"查找范围"找到软件安装时族的安装位置，族的存储位置为 C：//ProgramData/Autodesk/RVT2019/Libraries/Libraries/China/ 注释 / 符号 / 建筑"，打开文件夹后，单击需要的族，可以在右侧"预览"中观察选中的族，如图 1.1.26 所示。选中"标高标头 _ 正负零"，按 Ctrl 键并选择"标高标头 _ 下"和"标高标头 _ 上"，选中后单击"打开"按钮，完成符号族的载入。

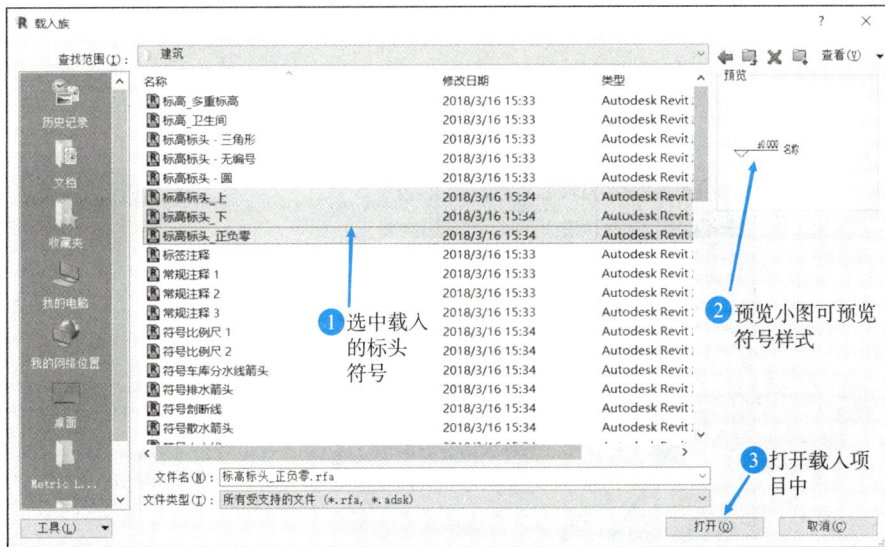

图 1.1.26　选择载入族

【步骤 5】调整标头的样式。载入族后，选择已有的标高 1，在"属性"面板中单击"编辑类型"按钮，弹出"类型属性"对话框，单击"复制"按钮，在弹出的"名称"文字栏中填写"零标高"，创建本项目所需标头类型，完成后单击"确定"按钮，如图 1.1.27 所示。

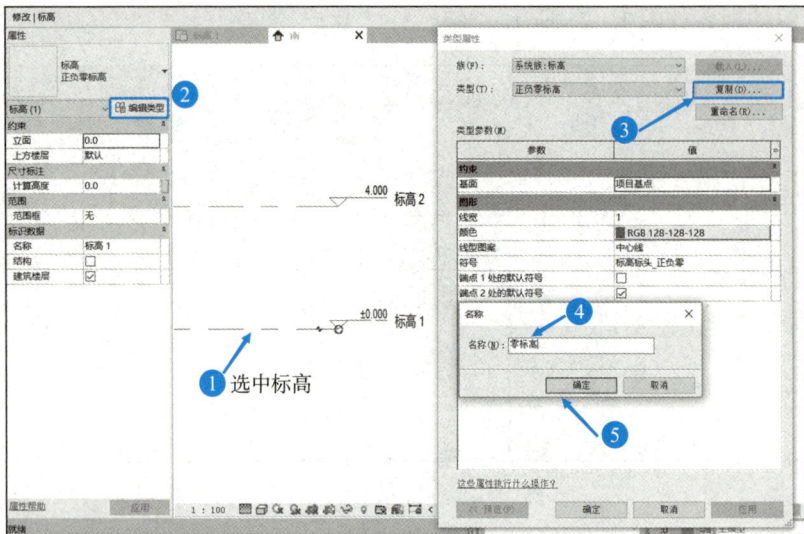

图 1.1.27　编辑标头类型

【步骤6】返回到"类型属性"对话框，在"类型参数"中的"图形"列表中，单击"符号"参数值下拉箭头，在下拉列表中选择新载入的"标高标头_正负零"，单击"确定"按钮完成编辑并退出对话框，会发现标高1的标头已经更换成和图纸相同的标头样式，如图1.1.28所示。

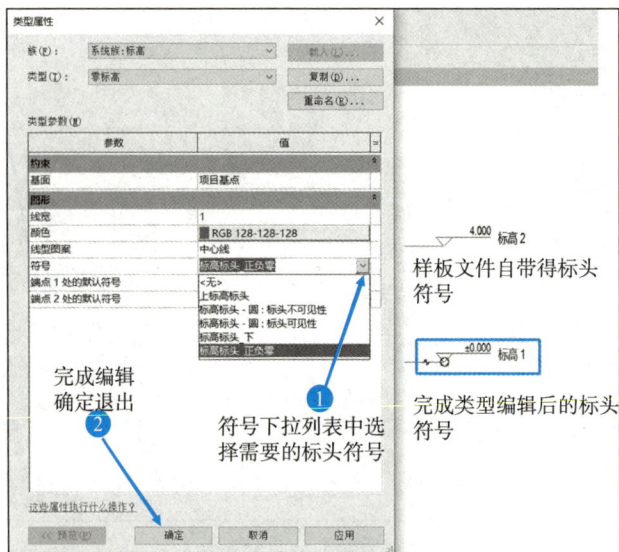

图 1.1.28　修改标头样式

【步骤7】使用相同的方法，选择已有的标高2，在"属性"面板中单击"编辑类型"按钮，弹出"类型属性"对话框，单击"复制"，在弹出的"名称"文字栏中输入"上标高"，单击"确定"按钮完成新类型创建后，返回"类型属性"对话框，在"符号"下拉列表中选择"标高标头_上"，单击"确定"按钮，完成标高2的标头样式，如图1.1.29所示。

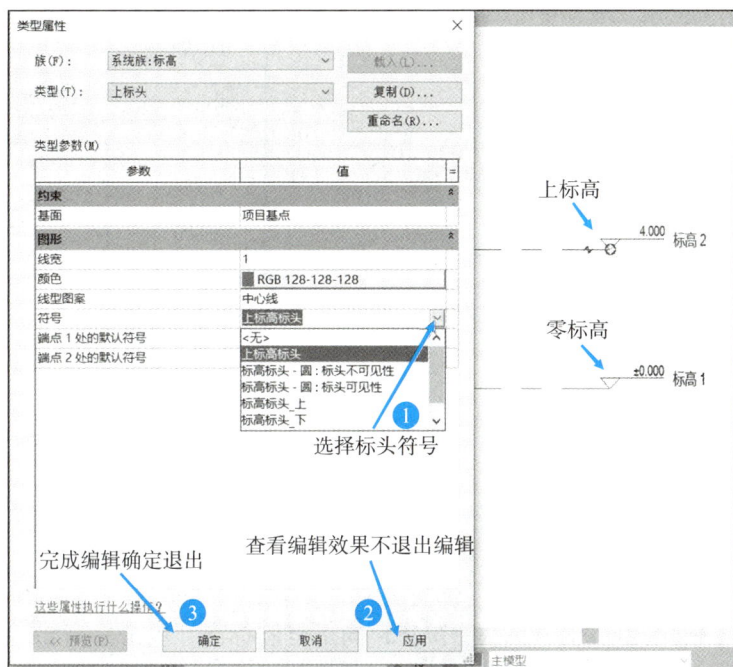

图 1.1.29　标头创建及样式修改

【步骤 8】双击标高 1，更改标高名称为 1F；双击标高 2，更改标高名称为 2F；按照立面图尺寸，修改 2F 尺寸为 3.600，如图 1.1.30 所示。

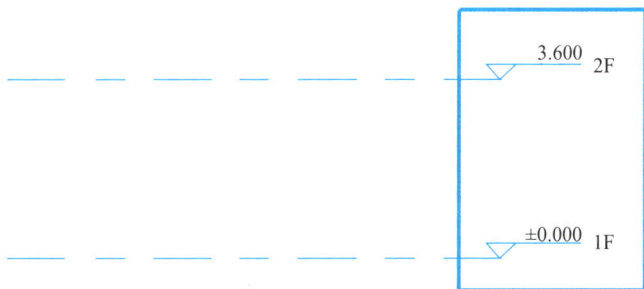

图 1.1.30　完成标头及尺寸修改

【步骤 9】选中 2F，切换进入"修改 | 标高"选项卡，依次单击"修改"面板→"复制"工具，或者直接使用快捷键 CO，在"修改 | 标高"选项栏中勾选"约束"和"多个"，进行标高的复制。

【步骤 10】单击标高 2F 任意位置确定基点，向上拖动光标，会显示一个蓝色的临时尺寸，按照立面图尺寸，拖动光标至所需尺寸处，或者依次输入尺寸 3300、3300、1600，单击或按 Enter 键，完成上标高的创建，结束绘制后，按 Esc 键退出绘制状态。完成标高复制后，修改标高的名称，如图 1.1.31 所示

【步骤 11】使用"复制"方式创建标高，可以先复制出需要的标高线数量，然后通过自下而上的顺序依次调整标高数值，完成标高的创建。

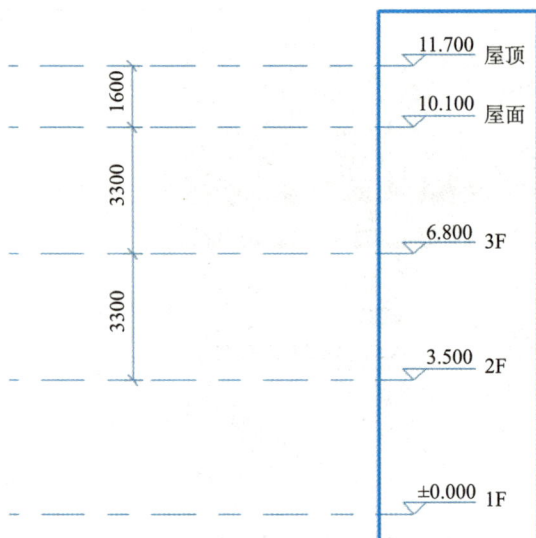

图 1.1.31　复制标高并修改标高名称

【步骤 12】使用相同的方法，选中 2F，向下复制标高，单击标高 2F 上任意位置确定基点，拖动鼠标光标向下移动，再放置三条标高线，分别调整标高参数值为 -450、-750 和 -1350，并修改标高名称分别为"室外地坪""基础梁""基础底"，使用"复制"方式创建标高类型的方法：在"类型属性"中创建"下标高"，将"零标高"下的三条标高线的类型属性修改为"下标高"，并为距离较近的标高添加弯头，保证能够看清楚信息，完成后如图 1.1.32 所示。

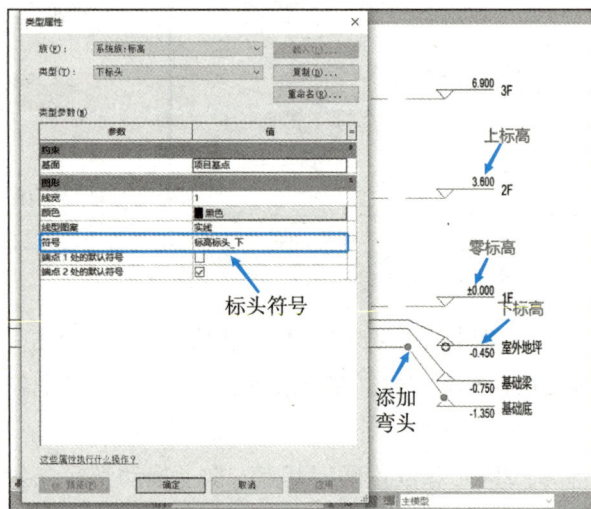

图 1.1.32　创建下标头并添加弯头

小知识

　　使用"复制""阵列"方式生成的标高标头是黑色显示，手动绘制的标高标头是蓝色显示。

【步骤 13】选择标高 1F，单击"属性"面板，单击"编辑类型"按钮，勾选"端点1 处的默认符号"，使用同样的方法，勾选"上标高"和"下标高"类型中的"端点 1 处的默认符号"，完成别墅项目标高的创建，如图 1.1.33 所示。

屋顶 11.700		11.700 屋顶
屋面 10.100		10.100 屋面
3F 6.800		6.800 3F
2F 3.500		3.500 2F
1F ±0.000		±0.000 1F
室外地坪 −0.350		−0.350 室外地坪
基础梁 −0.600		−0.600 基础梁
基础底 −1.350		−1.350 基础底

图 1.1.33　完成项目标高

小知识

如果需要标高的两端都显示标高符号，可以在创建标高类型时，直接勾选"端点 1 处的默认符号"，这样绘制出的标高两端就会自动显示符号，而不用再单独进行编辑，以提高效率。

【步骤 14】依次单击"视图"选项卡→"创建"面板→"平面视图"下拉按钮，在下拉列表中选择"楼层平面"，在弹出的"新建楼层平面"对话框中，单击选中 3F，按住 Shift 键，依次单击选中直至屋顶，完成全部可创建平面的选择，单击"确定"按钮完成项目楼层平面的创建，创建完成后"项目浏览器"中楼层平面如图 1.1.34 所示。

【步骤 15】至此，完成了项目标高的创建。使用组合键 Ctrl+S，保存已经修改过的项目文件，以备后续的操作。

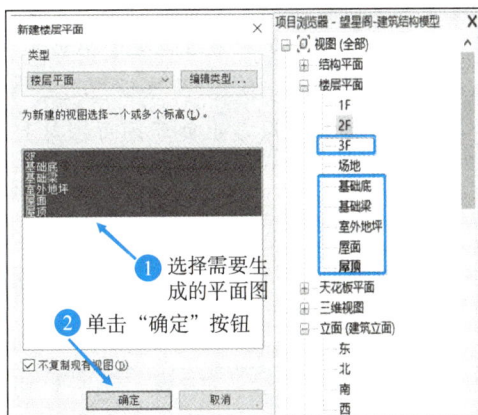

图 1.1.34　创建项目楼层标高

小知识

完成项目标高创建之后，为了避免不慎拖动造成项目布局改变，可以使用"锁定"工具对已经完成的图元进行锁定，被锁定的图元不能被随意移动，解锁后才能再次进行移动。此步骤并非一定要进行，可以根据需要选择。

选中全部标高，自动切换进入"修改|标高"选项卡，在"修改"面板中单击"锁定"工具按钮，如图1.1.35所示。

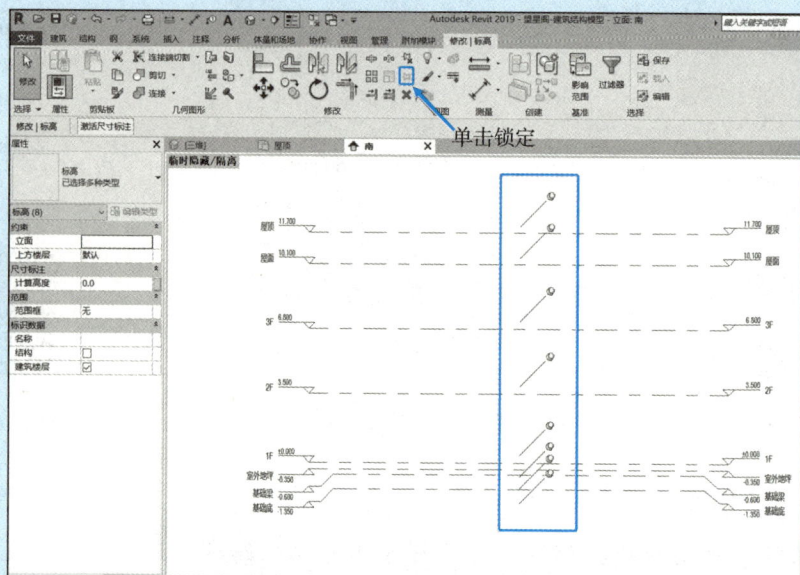

图 1.1.35　锁定标高

提示

在"1+X"建筑信息模型（BIM）职业技能等级考试初级建模考试中，综合建模题目通常以二至三层的别墅模型进行考核，项目布局比较简单。考试时主要考核建筑建模，因此一般是正负零标高起向上创建二到三层标高即可。

1.1.4　拓展训练

根据楼层表（表1.1.1），建立项目标高，并保存。

表 1.1.1　楼层表

楼层	标高	层高	单位	备注
首层	±0.000	3.3	m	室外地坪 .15m
二层	3.300	3	m	—
三层	6.300	3	m	—
四层	9.300	—	m	—
顶层	11.600	—	m	11.6m 屋檐处

任务 1.2　创建与编辑轴网

1.2.1　工作任务

创建别墅轴网，如图 1.2.1 所示。

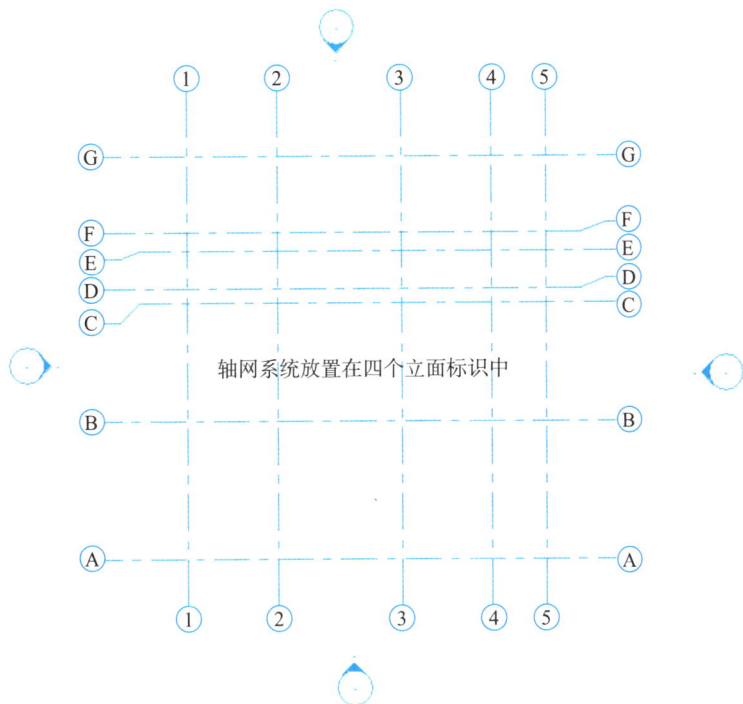

图 1.2.1　创建别墅轴网

1.2.2　任务分析

轴网用于平面视图中图元的定位。Revit 中轴网只需要在一个平面视图中绘制一次，软件即可在其他平面、立面和剖面视图中自动生成投影。

> **小知识**
>
> 　　轴网的创建只能在平面视图中进行，这也是需要先创建标高再创建轴网的原因。标高创建完成以后，切换至楼层平面视图，进行轴网的创建和编辑。
> 　　轴网的创建、修改操作与标高的创建、操作方法相同。与标高不同的是，在项目样板文件中不会有预先设置的轴网，需要手动绘制第一条轴线，再以此为基础绘制、复制或者阵列生成其他轴网。

1.2.3　操作演示

1. 创建轴网

【步骤 1】打开上一节保存的项目文件，或者直接打开本书配套资源中工程文件"别墅 - 标高"文件，在"项目浏览器"中展开"楼层平面"视图。

【步骤 2】双击切换到 1F 平面视图，可见绘图区域内有四个立面标识符号，在创建项目布局时一定要保证绘制在四个立面标识符号范围之内，如图 1.2.2 所示。

> **小知识**
>
> 如果遇到项目较大，轴线多而复杂的情况，绘制轴网之前，可以在操作界面的视图区域内，选中立面标识符号，将四个立面标识符号往外稍微移开，保证创建的轴网在四个立面标识之内。

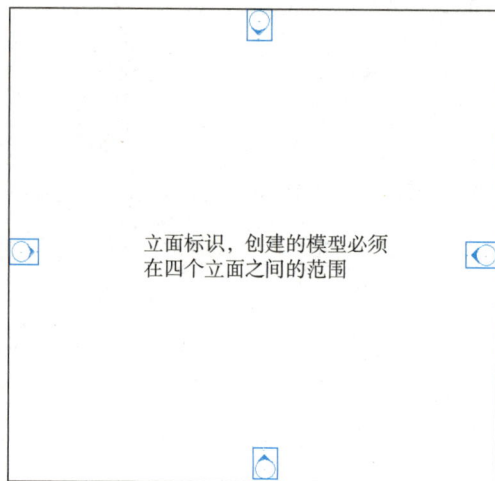

立面标识，创建的模型必须
在四个立面之间的范围

图 1.2.2　绘制范围

微课：
创建轴网

【步骤 3】依次单击“建筑”选项卡→“基准”面板→“轴网”工具，或者直接使用快捷键 GR，如图 1.2.3 所示，切换到“修改 | 放置 轴网”选项卡，选中“绘制”面板中的“直线”工具按钮，如图 1.2.4 所示。

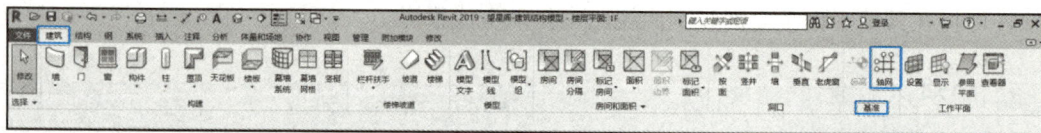

图 1.2.3　建筑选项卡基准面板轴网命令

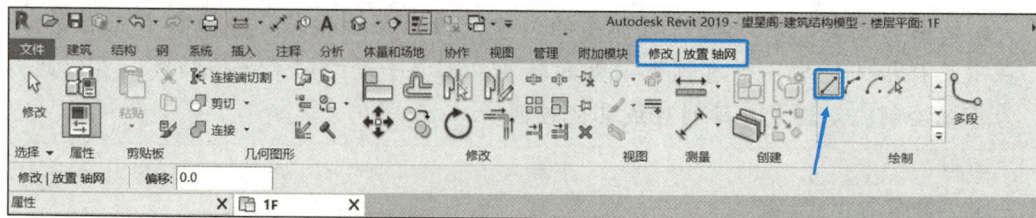

图 1.2.4　修改 | 放置 轴网选项卡

【步骤 4】单击空白处，确定第一条垂直轴线的起点，光标向上移动，在终点处单击结束，Revit 将在起点和终点间显示绘制的轴线，轴线会自动编号为“1”。轴网的绘制方法和标高相同，可以依次根据尺寸信息绘制其他的轴线，绘制完成后按 Esc 键退出绘制模式。

> **小知识**
>
> 在绘制过程中，按住 Shift 键不放，Revit 将进入正交模式，保证轴线在水平或垂直方向绘制，确保轴线的方向。单击选中轴线①，可以在"属性"面板中查看轴网类型，单击"编辑类型"按钮，根据需要调整即可，其操作与标高相同。

【步骤 5】选中轴线①，切换进入"修改|轴网"选项卡，单击"修改"面板中的"复制"命令按钮，或直接使用快捷键 CO，在"修改|轴网"选项栏中勾选"约束"和"多个"，如图 1.2.5 所示。

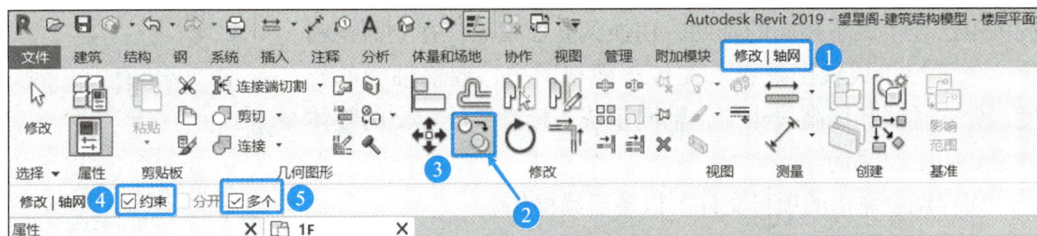

图 1.2.5 复制轴网

【步骤 6】在轴线①上捕捉任意一点，确定基点，向右拖动光标，会显示一个蓝色的临时尺寸，依次输入尺寸 3200、4300、3100、1900，单击完成轴网的复制，按 Esc 键退出编辑。轴线编号将自动排序，完成轴线②、③、④、⑤，如图 1.2.6 所示。

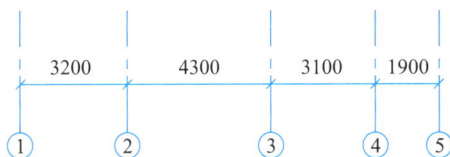

图 1.2.6 垂直轴线尺寸

【步骤 7】依次单击"建筑"选项卡→"基准"面板→"轴网群"命令，移动光标绘制水平方向轴线，轴线将继续编号，修改水平轴线的编号为"Ⓐ"，按 Esc 键退出编辑，如图 1.2.7 所示。

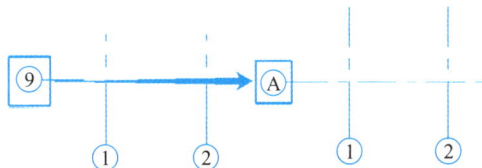

图 1.2.7 修改自动编号

小知识

　　Revit 的标高和轴网都会自动编号，为提高建模的效率，创建水平轴线时，建议直接将标头编号改为 A，之后软件会自动编号，不需要再对编号进行调整。

　　【步骤 8】单击选中水平轴线Ⓐ，切换进入"修改 | 轴网"选项卡，单击"修改"面板中的"复制"按钮，在"修改 | 轴网"选项栏中勾选"约束"和"多个"，拾取轴线Ⓐ上任意一点作为基点，垂直向上移动光标，依次输入 4700、4000、500、1300、600、2600，轴线编号将以"Ⓐ"为基础自动生成，完成轴线Ⓑ、Ⓒ、Ⓓ、Ⓔ、Ⓕ、Ⓖ，完成项目布局，如图 1.2.8 所示。

　　【步骤 9】切换到其他楼层平面视图，发现其他楼层平面视图中已经生成了相同的轴网，切换到立面视图，在立面视图中，也已经生成轴网投影。在各立面视图中，调整轴线的长度，保证轴线和标高线相交，轴网系统与标高系统相交的整体效果如图 1.2.9 所示。

　　保存调整完毕的项目文件，以备后续操作。

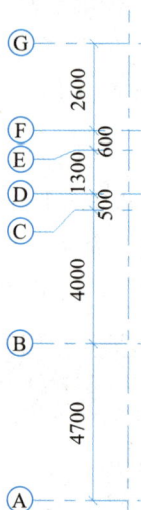

图 1.2.8　水平轴线尺寸

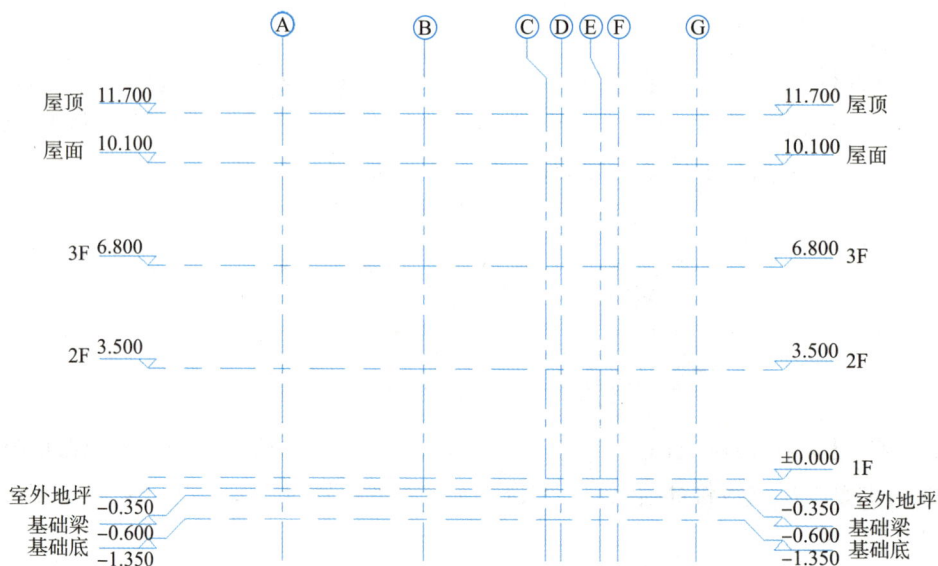

图 1.2.9　轴网系统与标高系统相交

提示

　　在"1+X"建筑信息模型（BIM）职业技能等级考试初级建模考试中，一般都不会对标高、轴网的线形有具体要求，因此为了节约时间，直接使用样板文件中的设置即可，不需要再次进行调整。

【步骤 10】切换到平面视图，选中轴网，直接使用鼠标左键拖动整个轴网系统向四个立面标识中间移动，或依次单击"修改 | 轴网"选项卡→"修改"面板→"移动"工具，将轴网放置到合适位置，如图 1.2.10 所示。

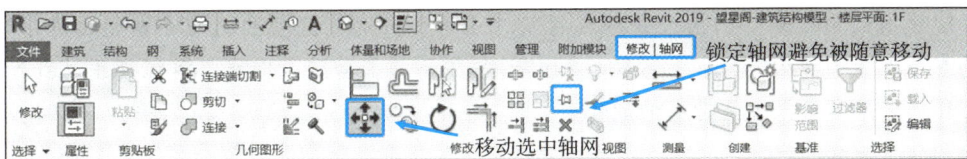

图 1.2.10　轴网的移动与锁定

> **小知识**
>
> 对标高、轴网进行锁定，并不是操作中必须进行的环节，但养成锁定的习惯，可以避免在操作过程中由于操作不当或不慎导致项目布局的偏离。

2. 编辑轴网

轴网绘制完成后，可以对轴网进行编辑和修改，方法和标高的编辑方法相同。

3. 轴网尺寸标注

根据需要，可以对已经完成的轴网进行标注。依次单击"注释"选项卡→"尺寸标注"面板→"对齐"工具，可以进行尺寸标注，如图 1.2.11 所示。

项目实例：对小别墅的轴网进行尺寸标注。

【步骤 1】在"项目浏览器"中展开"楼层平面"视图，双击选择 1F 楼层平面。

【步骤 2】依次单击"注释"选项卡→"尺寸标注"面板→"对齐"工具，切换进入"修改 | 放置尺寸标注"选项卡，在"尺寸标注"面板中选择"对齐"工具，如图 1.2.12 所示。

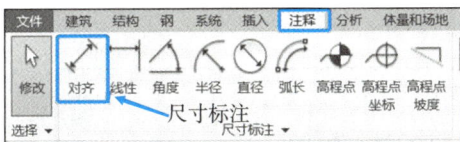

图 1.2.11　注释选项卡

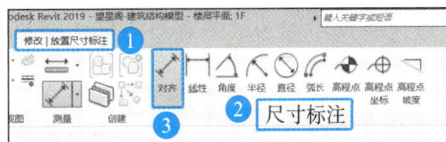

图 1.2.12　对齐尺寸标注

【步骤 3】移动光标到轴线①上任意一点，单击作为对齐尺寸标注的起点，向右移动光标到轴线②上任意一点并单击，会发现软件自动显示两点之间的尺寸。以此类推，分别单击拾取轴线③、④、⑤，移动光标将尺寸标注放置到适当位置后单击空白处完成对垂直轴线的尺寸标注，重复操作，使用相同的方法完成水平轴线的尺寸标注。

> **小知识**
>
> "尺寸标注"属于视图专有图元，只在当前视图中显示，并不能自动在其他的视图中生成。如需要在其他视图中也显示尺寸标注，可以使用剪贴板工具进行。

> **提 示**
>
> 　　在"1+X"建筑信息模型（BIM）职业技能等级考试初级建模考试中，建议大家完成轴网绘制后就对轴网进行尺寸标注，并与题目图纸的尺寸进行核对，以保证后续建模的精准度。如果尺寸与题目尺寸不符，一定要把基准的尺寸调整正确才能进入下一步的建模工作，如果怕在操作过程中不慎拖动到基准线，可以使用"锁定"工具锁定基准后再进行后面的操作。

项目实例：对小别墅其他楼层平面视图的轴网进行尺寸标注。

【步骤1】双击切换到其他楼层平面视图，观察发现视图中并没有生成尺寸标注。

【步骤2】双击切换到其他楼层平面视图，配合按 Ctrl 键，选择已经添加的尺寸标注，自动切换至"修改｜尺寸标注"选项卡，单击"剪贴板"面板上的"复制"按钮，如图 1.2.13 所示。

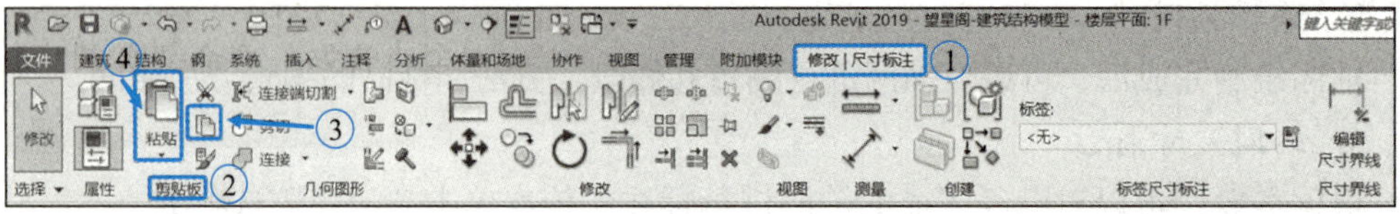

图 1.2.13　修改｜尺寸标注

单击"粘贴"工具下拉菜单，在"粘贴"下拉菜单中选择"与选定的视图对齐"，如图 1.2.14 所示。

【步骤3】在弹出的"选择视图"对话框中，选择"楼层平面：2F"，按住 Ctrl 键加选"楼层平面：3F""楼层平面：屋面"，单击"确定"按钮，如图 1.2.15 所示，在选择的视图中 Revit 会自动复制选中的尺寸标注。

保存已经调整完毕的项目文件，以备后续的操作。

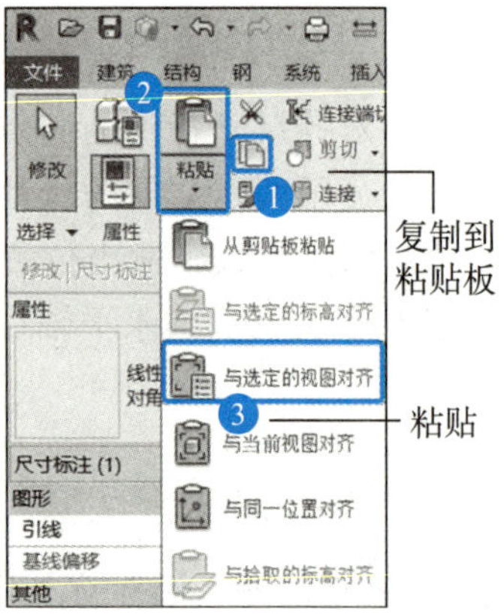

图 1.2.14　剪切粘贴板

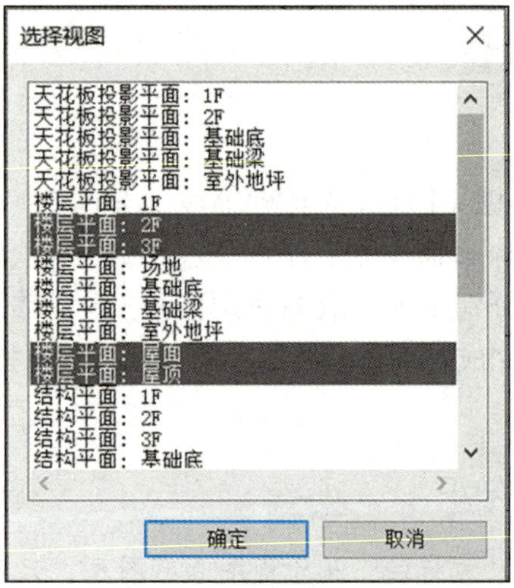

图 1.2.15　选择视图对话框

1.2.4　拓展训练

根据图 1.2.16 中给定的尺寸绘制项目轴网。

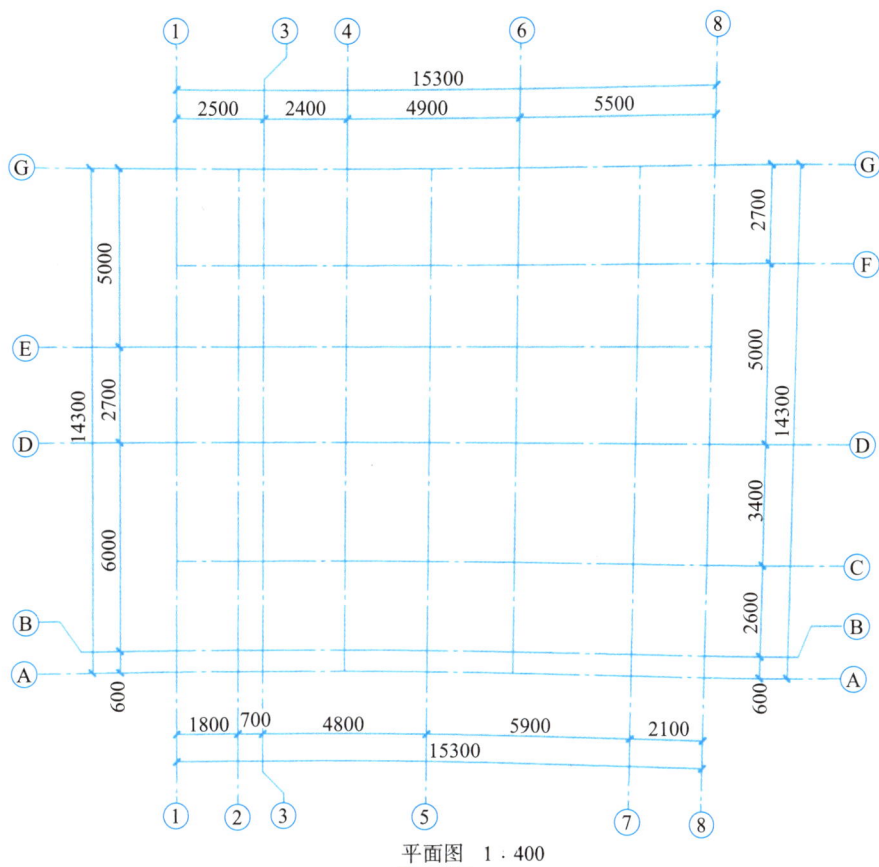

图 1.2.16　轴网拓展训练图

项目 2　创建结构模型

本项目以实际的小别墅案例为蓝本，按照常用的设计流程，从分析项目开始，直至项目布局，对模型创建详细进行分解说明，让读者掌握试用 Revit 创建结构模型的方式和技巧。

通过项目的实际操作，培养学生实事求是、求真务实、开拓创新的理性精神。

教学目标

（1）掌握独立基础、结构柱构件属性的定义、标高设置及绘制技巧。

（2）掌握结构梁属性的定义、标高设置及绘制技巧。

（3）掌握结构板属性定义、标高设置及绘制技巧。

素养目标

（1）培养精益求精的工匠精神。学生在学习知识和技术的过程中，通过创建结构模型的操作，体会到要用自己的实力去支撑梦想，要学好技术才能实现真正的精益求精。

（2）强化社会主义法治精神和意识。通过模型创建过程中技术标准和规范的学习与执行，提高学生的政治思想素质和道德素质，养成良好的建筑法律意识。

（3）培养科学缜密、严谨工作的科学精神。通过结构模型的创建，通过三维模型的参数化关联性，使学生具备科学严谨、统筹全局的科学精神。

（4）强化风险意识。在构件放置和设置过程中，通过方案的实际操作，养成学生的安全意识。

任务 2.1　创建结构基础

2.1.1　工作任务

创建结构基础，布置工程结构基础，如图 2.1.1 所示。

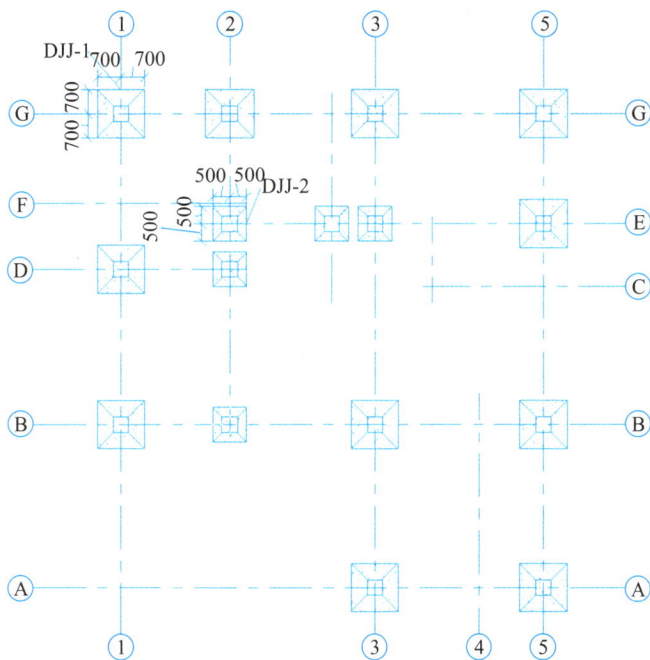

图 2.1.1　独立基础平面图

> **提示**
>
> 　　在"1+X"建筑信息模型（BIM）职业技能等级考试初级建模考试中，没有专门对结构建模部分进行考核，但是在考试大纲中对结构建模有要求，因此本书仍然以小模型为案例讲解结构构件的创建，本节内容可以根据需要进行学习。
>
> 　　本书按照实际项目的施工流程顺序从下至上讲解结构模型创建的过程，使读者更清楚地学习模型的创建过程，更清楚地了解整个建筑的内部结构。

2.1.2　任务分析

1. 基础类型

在 Revit 中根据不同的建筑形式提供了三种基础形式，独立基础、墙基础（条形基础）和板（基础底板），满足建筑不同类型的建筑基础形式，如图 2.1.2 所示。

其中，独立基础是将基础族载入并放置在项目中使用；墙基础就是条形基础，沿墙底部生成带状基础；板提供"结构基础：楼板"和"楼板：楼板边"两个工具，可以用于创建筏板基础。

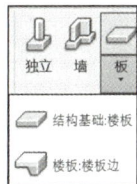

图 2.1.2　Revit 基础类型　微课：创建独立基础

2. 基础创建思路

基础属于可载入族，创建时首先要明确需要创建的基础类型，了解基础的形式、具体尺寸、材质和工艺要求，然后根据图纸放置基础。

2.1.3 操作演示

完成本项目案例小别墅基础的创建。

1. 创建项目各类型基础

【步骤 1】打开本书配套资源中工程文件"别墅.基准"文件，双击切换进入"基础底"楼层平面视图。

【步骤 2】依次单击"结构"选项卡→"基础"面板→"独立基础"工具按钮，如图 2.1.3 所示，切换到"修改 | 放置 独立基础"选项卡，进入独立基础放置界面。此时，会弹出一个提示框提示"项目中未载入机构基础族，是否要现在载入？"，单击"是"按钮，载入独立基础，路径为"C：/ProgramData/AutodeskRVT2018/Libraries/Libraries/China/ 结构 / 基础"，选择"独立基础.坡形截面"，单击"打开"按钮，把所需基础族载入项目中。

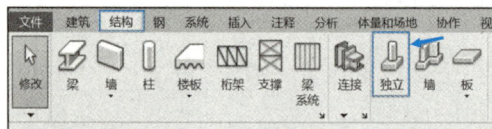

图 2.1.3　独立基础命令

【步骤 3】将族成功载入项目后，根据项目要求创建和放置独立基础。本别墅项目案例中有 5 种不同尺寸规格的独立基础，需要逐一创建所需的基础类型后再进行放置。在"属性"面板中单击"编辑属性"，设置"复制"方式创建"J-1"，修改"尺寸标注"参数值，h1、h2 的值为 300.0，d1、d2 的值为 50.0，宽度和长度的值为 1600.0，Hc（柱长）和 Bc（柱宽）的值为 400.0，基础厚度的值为 600.0，在"标识数据"参数中设置"类型标记"为"J-1"，完成独立基础"J-1"的创建，如图 2.1.4 所示。

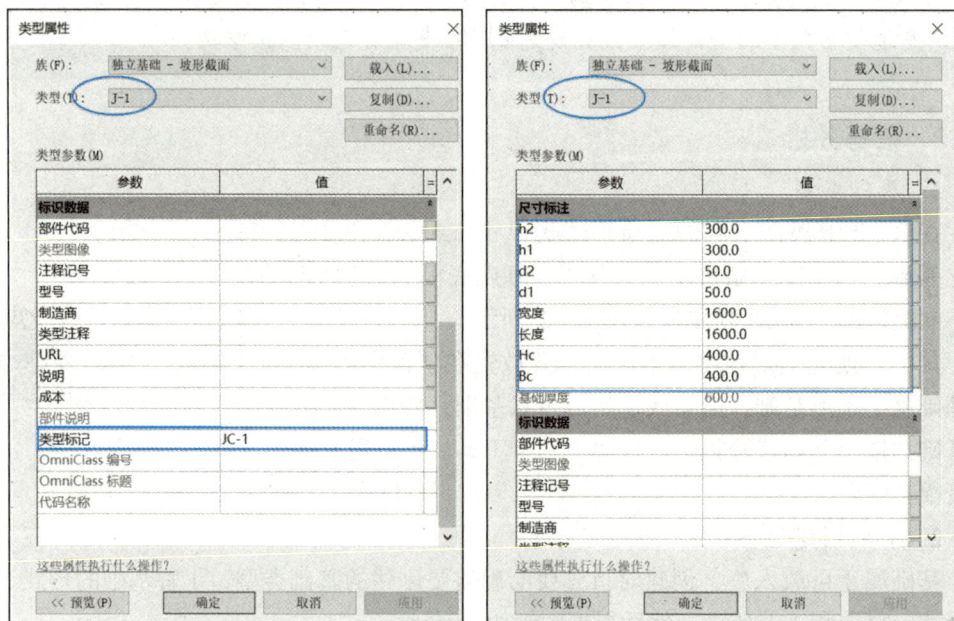

图 2.1.4　基础 J-1 参数

【步骤 4】重复相同操作，使用复制的方式完成其他几个类型基础的创建。

【步骤 5】选择"J-1"，单击"属性"面板下"结构材质"参数后的"编辑类型"按钮，进入"材质浏览器"，赋予基础材质为"C30"，如图 2.1.5 所示。

2. 放置独立基础

在项目中所有的基础类型创建完成后，就可以根据图纸指示信息，进行独立基础的放置。如果项目中的基础类型较多，一定要注意按照规律的顺序逐个进行放置，避免发生错误，保证模型的精准度。

图 2.1.5　基础材质 C30

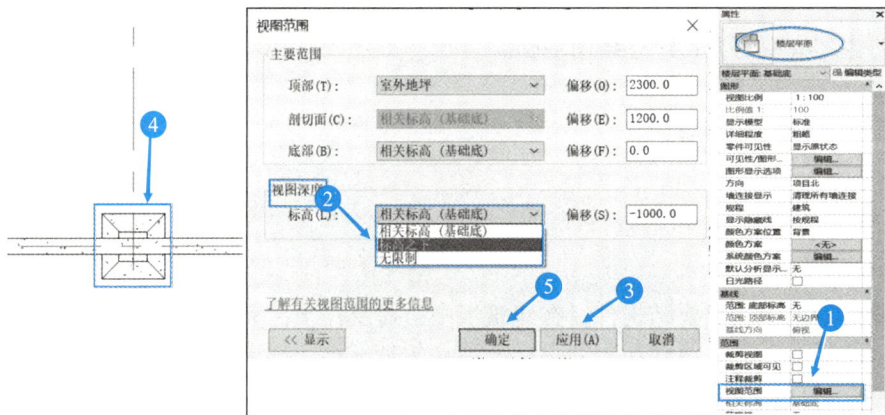

【步骤 1】切换到"基础底"楼层平面，依次单击"结构"选项卡→"基础"面板→"独立"基础按钮，在"属性"面板类型选择器中选择"J-1"，在①轴和④轴的相交处单击放置基础。

【步骤 2】放置后发现，在当前视图中看不见放置的基础。切换到三维视图，发现基础已经放置，只是在平面视图中看不到，此时需要调整"视图范围"，能够在平面视图中看见放置的基础，方便后面的操作。

【步骤 3】切换回到"基础底"视图，确认"属性"面板为楼层平面，在"范围"参数栏中单击"视图范围"编辑按钮，弹出"视图范围"对话框，其中的"视图深度"是指从当前视图平面向下观察的距离，调整"视图深度"标高至"标高之下"，其他参数可以不用调整，单击"应用"按钮，会发现在当前视图中已经可以看到放置的基础，此时单击"确定"按钮退出视图范围的调整，如图 2.1.6 所示。

图 2.1.6　调整视图范围

小知识

"视图范围"对话框在建模过程中用于调整在平面视图观察模型的效果，为了保证制图环境的清晰，有时需要暂时隐藏一些图元元素，或者有时为了制图方便需要拾取下一视图层线条的时候，这个功能非常有用。

【步骤 4】本项目别墅的基础并不在轴线的相交处，有两种方法调整放置，一种是通过先绘制参照平面，然后放置基础；另一种是先放置基础，再对放置尺寸进行调整。在实际中可以根据自己的习惯和偏好进行调整，案例中选择第二种方式，先放置后调整。单击"J-1"，适当放大视图，调整临时尺寸以确定基础放置的位置，完成独立基础"J-1"的放置，如图 2.1.7 所示。用相同方法完成其他基础的放置。

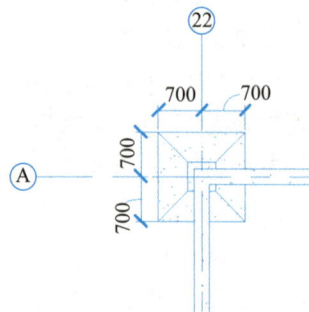

图 2.1.7　放置 J-1

【步骤 5】切换到任意立面视图，按照图纸尺寸，独立基础底所在标高为"-1350"，使用"过滤器"将所有基础选中，在"属性"面板的"约束"条件中调整标高为"基础梁"，或者保持标高为"基础底"，调整"自标高的高度偏移"参数值设置为"600"，单击"应用"按钮，保证基础底部标高为"-1350"，如图 2.1.8 所示。

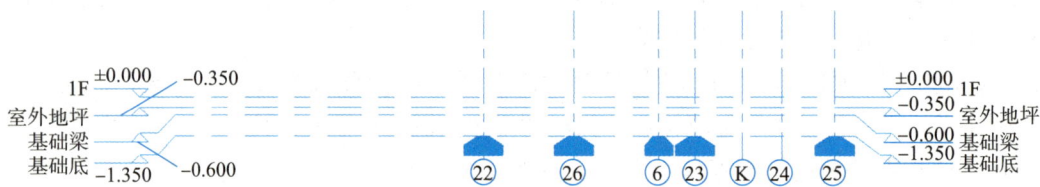

图 2.1.8　立面观察调整

2.1.4　拓展训练

通过内建模型的方式建立结构基础。

任务 2.2　创建结构柱

2.2.1　任务分析

1. 柱的类型

柱是建筑物中的重要结构件，在建筑当中，提及柱子，大部分人首先想到的是结构柱。结构柱作为结构体系中的垂直承重构件，在建筑工程中不仅承受竖向的压力，还有横向的拉力，并从上往下传递荷载。Revit 中提供了两种柱，结构柱和建筑柱，如图 2.2.1 所示。

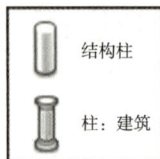

图 2.2.1　Revit 柱的类型

结构柱和建筑柱的操作基本一致，但是由于功能不同，因此在属性、连接方式等方面上会有差异，见表 2.2.1 结构柱和建筑柱差异对比表。

表 2.2.1　结构柱和建筑柱差异对比表

类型	功能	形式	属性	连接方式	绘制方式
结构柱	承重、支撑	垂直柱、斜柱	建模、分析、配筋	与结构对象连接，形成结构体系	可以批量添加
建筑柱	装饰、围护	垂直柱	建模	与建筑对象连接，并继承其主体（如建筑墙）的包络特性	只能逐一布置

2．结构柱创建思路

柱属于可载入族，可以根据需要随时载入项目中使用。根据图纸信息创建项目所需的柱类型，再按照图纸指示放置柱。

3．创建结构柱

无论是结构柱还是建筑柱，创建和放置都很类似。现代建筑中，单纯只作为装饰的建筑柱较少，在此主要介绍结构柱的创建。

提示

在"1+X"建筑信息模型（BIM）职业技能等级考试初级建模考试中，结构的考核主要是对结构柱进行考核，熟练掌握类型的创建方式，是提升建模速度的关键。

（1）依次单击"建筑"选项卡→"构建"面板→"柱"下拉箭头→"结构柱"工具，如图 2.2.2 所示。

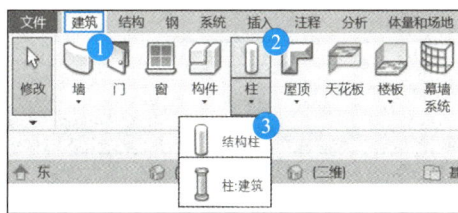

微课：
创建柱

图 2.2.2　建筑选项卡结构柱工具

（2）依次单击"结构"选项卡→"结构"面板→"柱"工具，如图 2.2.3 所示。

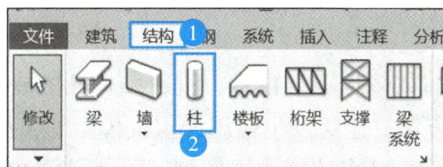

图 2.2.3　结构选项卡结构柱工具

（3）按快捷键 CL，直接激活"结构柱"工具。

2.2.2　操作演示

完成本项目案例小别墅结构柱的创建。

1．创建结构柱

【步骤 1】打开上一节保存的项目文件，或者直接打开本书配套资源中工程文件"别

墅 . 结构基础"文件，双击切换进入"基础梁"楼层平面视图。

【步骤 2】使用快捷键 CL 激活"结构柱"，切换到"修改｜放置结构柱"选项卡进入结构柱放置界面。单击"模式"面板"载入族"工具，从资源库中调用"混凝土 . 矩形 . 柱"到项目中使用。

【步骤 3】在"属性"面板中单击"编辑类型"按钮，以"复制"的方式创建柱"KZ1"，在"尺寸标注"参数栏中，b、h 的值修改为"400.0"，在"标识数据"参数栏中设置"类型标记"为"KZ1"，如图 2.2.4 所示。

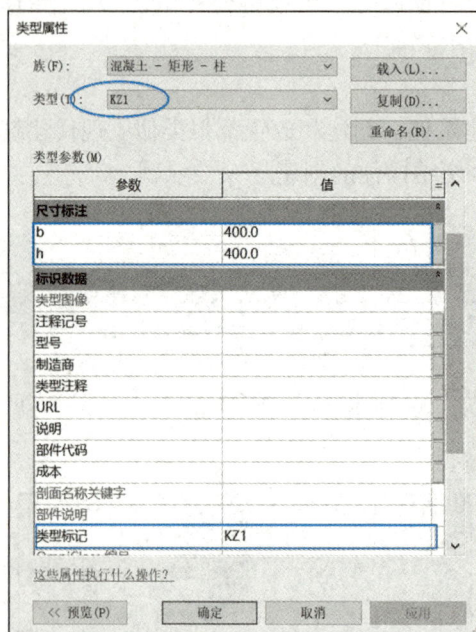

图 2.2.4　结构柱 KZ1 参数

【步骤 4】在"类型选择器"中选择"KZ1"，单击"属性"面板下"结构材质"参数后的编辑按钮，进入"材质浏览器"，赋予柱的材质为"C30"。

【步骤 5】用相同的方法，完成本项目柱"KZ2"至"KZ18"的创建。

2. 放置结构柱

创建完所有的柱类型后，依据图纸指示，进行结构柱的放置，本案例中由于类型较多，所以采用逐个放置的方法，避免发生错误，保证模型的精准度。

如果实际项目中如果没有过多的结构柱类型，或者结构柱和轴线不发生偏移，也可以使用批量放置结构柱的方法加快建模速度。

项目实例：完成本项目案例小别墅结构柱的放置。

【步骤 1】切换到"基础梁"平面，对标高层进行放置。因为结构柱中心和基础中心重合，而从立面图中可以看出，基础顶的标高正好在"基础梁"标高位置，因此可以直接切换到"基础梁"标高层进行放置。

【步骤 2】调整"视图范围"，让已经放置的基础能够在当前平面视图中观察到，便于操作。由于项目结构柱的中心和独立基础的中心重合，因此只需要捕捉到基础中心即可直接放置柱。

【步骤3】使用快捷键 CL,切换进入"修改 | 放置 结构柱"选项卡,在"属性"面板"类型选择器"中选择"KZ1"类型,确认"放置"面板中是"垂直柱"形式,修改状态栏中生成方式为"高度",在其后的框中单击下拉按钮,在下拉菜单中选择"2F",表示此结构柱的底标高为"基础梁",顶标高为"2F",移动光标到①轴和Ⓐ轴的相交处,单击独立基础中心放置结构柱,如图 2.2.5 所示。

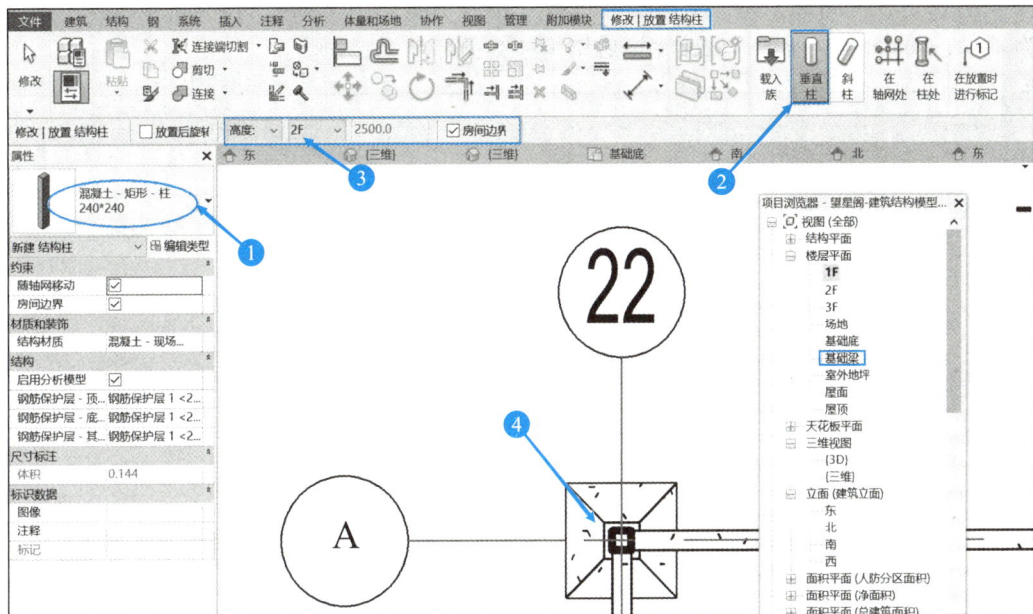

图 2.2.5　放置 KZ1 结构柱

【步骤4】重复相同的操作方法,完成其他结构柱的放置。完成一层结构柱的放置后,三维图如图 2.2.6 所示。

图 2.2.6　三维基础和一层结构柱

小知识

由于材质类型较多,如果之前没有逐一赋予材质,也可以完成放置后批量进行材质的赋予。切换到平面视图配合"过滤器"选中所有的结构柱,再打开"材质浏览器",选中所需材质即可将所有选中的柱的材质进行批量赋予。

【步骤5】使用"剪贴板"功能快速完成二层结构柱的放置。选中所有结构柱后自动切换进入"修改|结构柱"选项卡，依次单击"剪贴板"面板→"复制"工具→"粘贴"下拉箭头→"与选定的标高对齐"命令，在弹出的"选择标高"对话框中选中"2F"，单击"确定"按钮，选中的结构柱将被复制到2F标高层中。

【步骤6】切换到2F平面视图，发现结构柱已经复制到该标高层，切换到立面视图，观察发现结构柱位置不精确，需要根据实际情况进行调整。使用"过滤器"工具，选中2F所有柱，在"属性"面板中修改"约束"条件中的"顶部偏移"和"底部偏移"数值为"0"，如图2.2.7所示，修改完毕后结构柱的下部与下层相接。

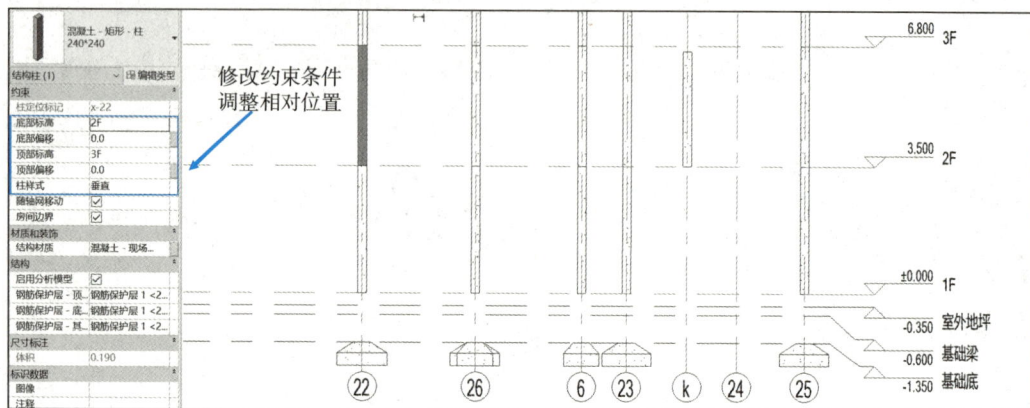

图 2.2.7　修改约束条件

【步骤7】切换到2F楼层平面视图，使用"剪贴板"功能，快速完成三层结构柱的放置，如图2.2.8所示。

图 2.2.8　三层结构柱

> **小知识**
>
> 在实际项目操作或者考试题目中，可能没有那么多类型，特别是结构柱中心和轴线相交处重合时，可以选择批量放置。

使用快捷键CL进入"修改|放置 结构柱"选项卡，选择"放置"面板中的"垂直柱"类型，根据需要选择是否激活"标记"面板中的"在放置时进行标记"，单击"多个"面板中的"在轴网处"放置，如图2.2.9所示。

图 2.2.9　在轴网处放置柱

单击相交的两条轴线，Revit 将自动在轴线交接处放置结构柱，例如，需要在①轴和Ⓐ轴相交处放置"KZ1"，依次单击①轴和Ⓐ轴，将会在两轴交点处出现将要放置的结构柱"KZ1"的预览，确认要放置后在"修改 | 放置 结构柱 > 在轴网交点处"选项卡中单击"多个"面板中的"完成"按钮即可，如图 2.2.10 所示。

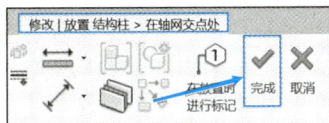

图 2.2.10　完成放置

2.2.3　拓展训练

通过内建模型的方式建立结构柱。

任务 2.3　创建结构梁

2.3.1　工作任务

定义结构梁，布置项目结构梁构件，如图 2.3.1 ～图 2.3.3 所示。

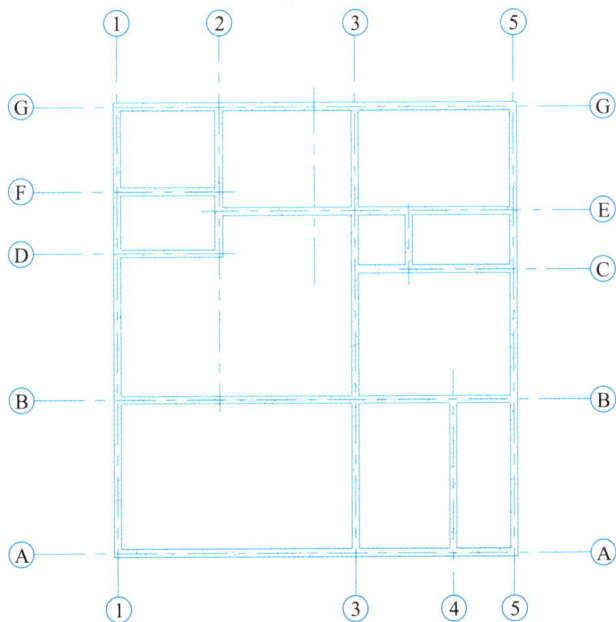

图 2.3.1　地梁平面图

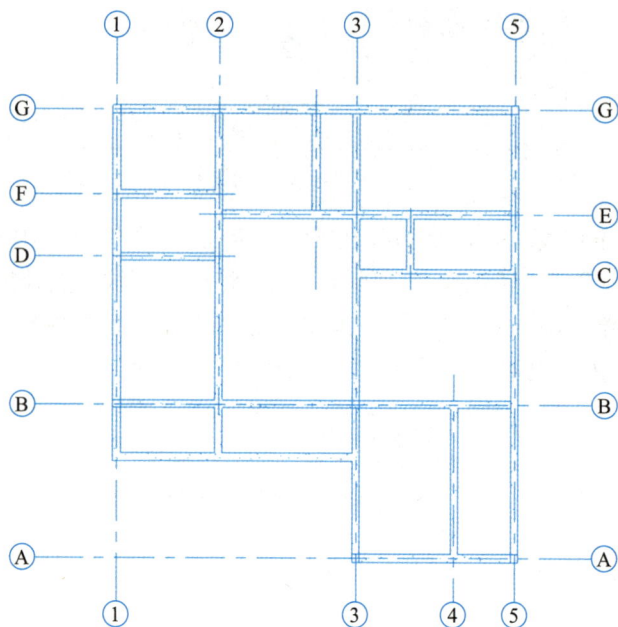

图 2.3.2　2F 层梁平面图

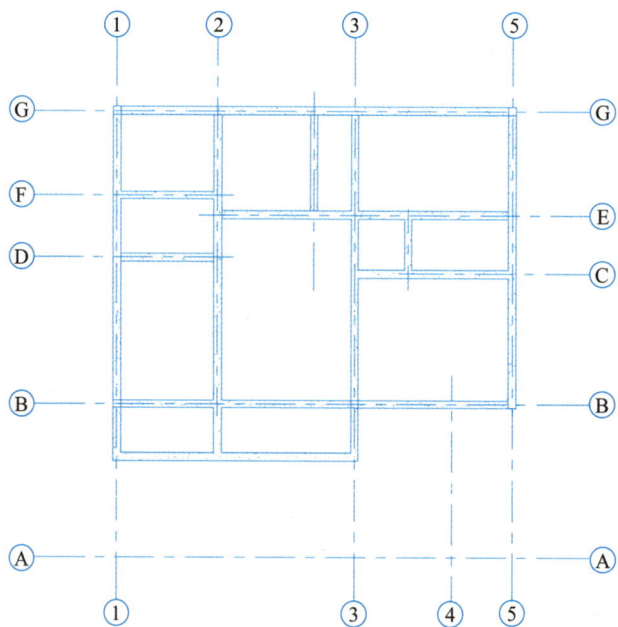

图 2.3.3　屋面层梁平面图

2.3.2　任务分析

1. 梁概述

梁是承受竖向荷载，以受弯为主的构件，一般水平放置，用来支撑板并承受板传来的各种竖向荷载和梁的自重，是建筑上部构架中最为重要的部分。依据梁的具体位置、详细形状、具体作用等的区别有不同的名称。在 Revit 中，梁是用于承重的结构图元，软件中提供了四种创建结构梁的方式，分别是梁、桁架、支撑和梁系统，如图 2.3.4 所示。

其中，梁和支撑通过绘制路径生成梁图元，创建放置的方法和墙类似；桁架是通过放置桁架族，设置梁族类型属性，生成复杂的桁架图元；梁系统是在指定区域内按照指定距离通过阵列生成梁图元。

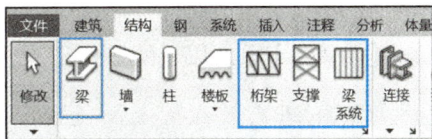

图 2.3.4　Revit 中的梁

2. 梁创建思路

梁的创建方法和基础、结构柱相同，通过载入族的方法进行创建。梁的放置是通过绘制路径自动生成图元，在创建梁前，需要先对图纸进行观察和分析，清楚梁的具体信息，创建项目所需的梁类型，再按照图纸指示放置梁。

2.3.3　操作演示

1. 创建梁

要创建梁，首先要定义项目中需要的梁类型。Revit 中创建梁的方法有两种。

（1）依次单击"结构"选项卡→"结构"面板→"梁"工具按钮。

（2）使用快捷键 BM，直接激活功能。

项目实例：完成本项目案例小别墅梁的创建。

【步骤 1】打开上一节保存的项目文件，或者直接打开本书配套资源中工程文件"别墅→结构柱"文件，双击切换进入"基础梁"楼层平面视图。

【步骤 2】使用快捷键 BM，切换到"修改 | 放置 梁"选项卡，单击"模式"面板→"载入族"命令，从资源库中调用"混凝土 - 矩形梁"到项目中使用。

【步骤 3】在"属性"面板中单击"编辑类型"按钮，弹出"类型属性"对话框，单击"复制"按钮，创建类型为"DL1 250*400"，在"尺寸标注"参数栏中，修改值为"b-250.0、h-400.0"，在"标识数据"参数栏中设置"类型标记"为"DL1-250*400"，单击"确定"按钮，完成地梁"DL1-250*400"的创建，如图 2.3.5 所示。

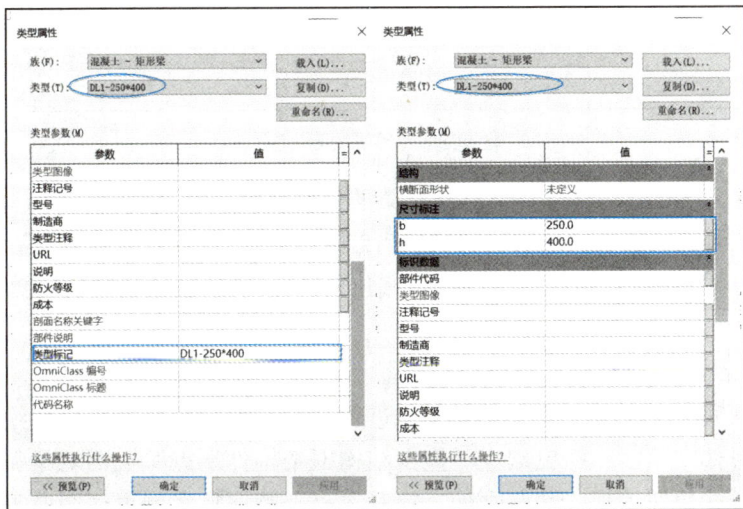

微课：创建结构梁

图 2.3.5　DL1-250*400 参数

【步骤 4】在"属性"面板"结构材质"中赋予梁"C30"材质。

【步骤 5】重复以上的操作步骤，以复制的方式完成其他类型梁的创建。

> **小知识**
>
> 　　图元材质的赋予可以在创建类型时进行，也可以在放置时修改，或者等所有的图元放置完毕后，全部选中再统一进行材质赋予。

创建完放置梁类型后，依据图纸指示放置梁，在放置时注意按照一定的规律进行，避免发生错误，保证模型的精准度在实际项目中也可以一边创建类型，一边进行放置，操作的方法都是一致的，只是根据个人的习惯进行即可，并没有强制性的规定。

2. 放置结构梁

项目实例：完成本项目案例小别墅梁的放置。

【步骤 1】确定当前视图为"基础梁"楼层平面视图。

【步骤 2】使用快捷键 BM，切换进入"修改 | 放置 梁"选项卡，在"类型选择器"中选择"DL1-250*400"，在"绘制"面板中选择"直线 /"工具，激活"在放置时进行标记"工具，单击捕捉①轴和Ⓐ轴相交位置上的结构柱面，将其作为梁的起点，沿轴线垂直向上移动光标至①轴和Ⓓ轴相交位置上的结构柱面，单击作为梁的终点，完成梁的绘制，Revit 将沿绘制路径自动生成梁图元，如图 2.3.6 所示。

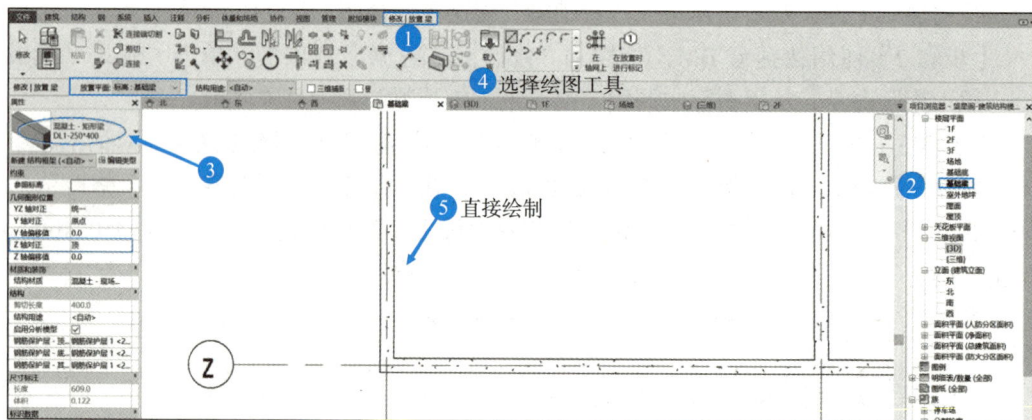

图 2.3.6　放置并标记梁

【步骤 3】以相同的方法绘制其他梁，梁的位置参见具体项目施工图纸。没有准确定位线的构件，可以采用参照平面的方式或者绘制完成后调整尺寸的方式完成梁的绘制。在绘制过程中可以使用"可见性"功能隐藏独立基础，方便绘制和调整梁的位置，以保证视图清晰。

3. 编辑梁

创建绘制完毕梁之后，可以对其细节进行进一步编辑和调整。前面绘制梁的时候已经讲过通过选中梁后，拖曳端点"拖曳结构框架构件端点"灵活对梁调整，也可以使用复制的方式快速编辑，除此之外，针对本小别墅项目案例再说明一下其他的编辑方式。

通过分析图纸可知，梁边是与柱边对齐的，在绘制或者放置的时候并没有严格对齐，可以在后面进行调整。

调整梁位置：选中要编辑调整的梁，切换到"修改 | 结构框架"选项卡，单击"修改"面板中的"对齐"工具，调整梁的位置。

本项目较为特殊的是有折梁，这是项目建模的难点之一，可以通过调整梁的标高位置将直梁转换为折梁。折梁创建的方法是将直梁进行拆分，对拆分后的两段梁的起点和终点位置进行编辑，形成两段斜梁，斜梁相交在一起可以构成折梁。

项目实例：完成本项目案例小别墅的斜梁。

【步骤 1】切换到"屋面"楼层平面视图，选中要修改的梁，自动切换进入"修改 | 结构框架"选项卡，在"修改"面板中单击"拆分图元"按钮，单击选中的梁中部位置，梁图元即被拆分为 2 段，如图 2.3.7 所示。

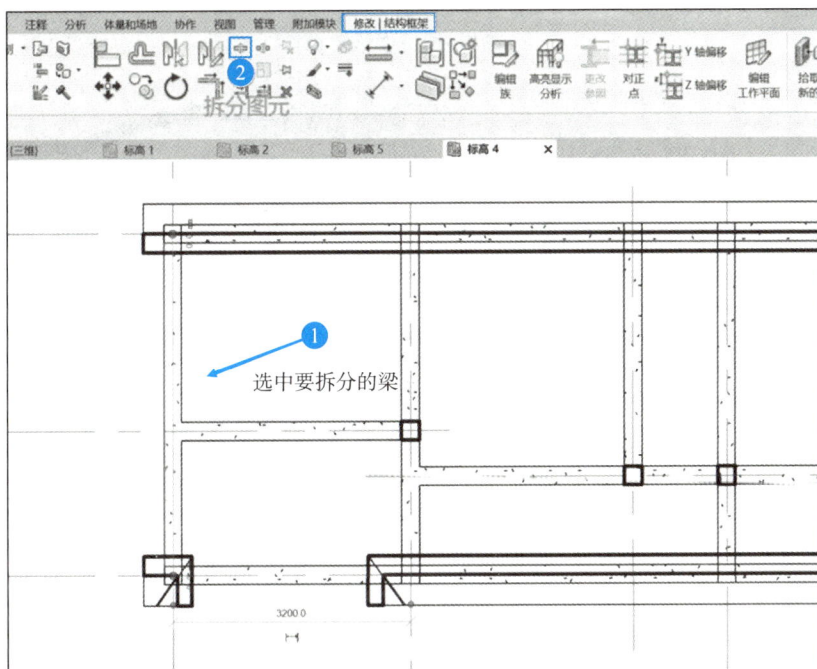

图 2.3.7　拆分图元

【步骤 2】选中左半边的梁，起点和终点会出现参数值，左侧参数保持"0.0"，调整右侧终点值为"1800.0"，用同样的方法调整右半边的一段梁，将该梁的左端起点数值设为"1800.0"，保持右端参数值为"0.0"，如图 2.3.8 所示，完成后的效果如图 2.3.9 所示。

【步骤 3】以相同的原理编辑"LL14 200*300"，使用"拆分图元"先打断，而后编辑每一段的起点和终点参数，从下至上，第一段起点为"1800"，终点为"1800"；第二段起点为"1800"，终点为"2100"；第三段起点为"2100"，终点为"2100"，完成后的效果如图 2.3.10 所示。

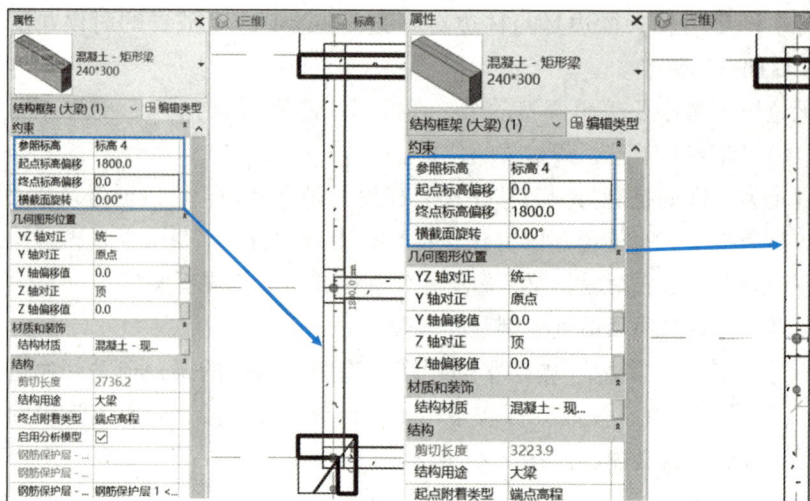

图 2.3.8　拆分梁修改参数

图 2.3.9　编辑为折梁

图 2.3.10　编辑垂直梁

【步骤 4】同理可编辑 KL28、KL24、KL25 折梁。修改"KL28-250*400"左半段起点为"0",终点为"1800",右半段起点为"1800",终点为"0";修改"KL24-200*300"和"KL25-200*300"的起点为"0",终点为"1800",完成后如图2.3.11所示。使用同样的方法,完成其他梁的创建,如图2.3.12所示。

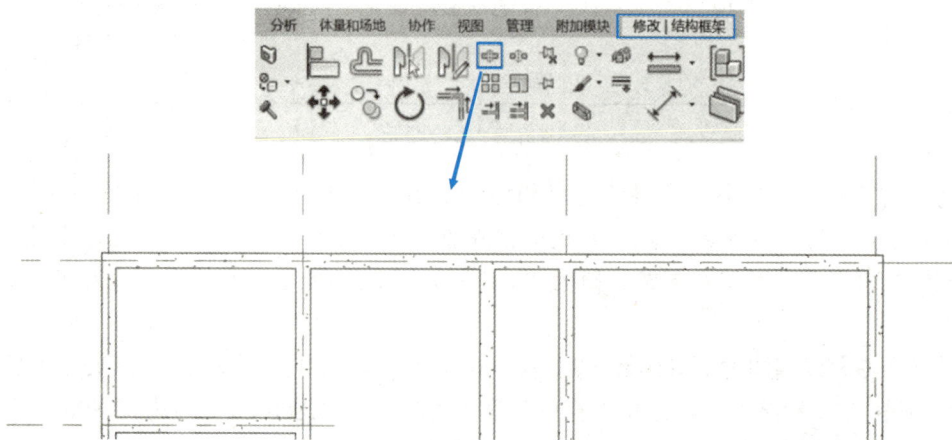

图 2.3.11　编辑 KL28、KL24、KL25

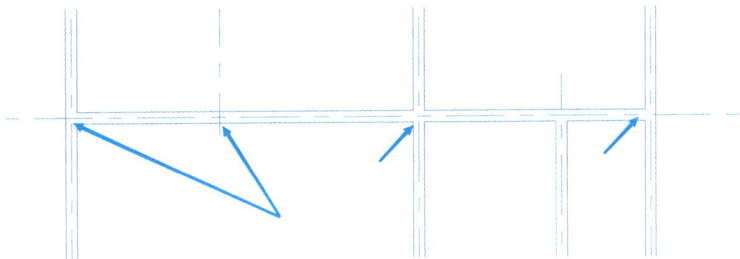

图 2.3.12　梁的编辑

【步骤5】选中三层的柱，激活"修改 | 结构柱"选项卡，单击"附着顶部 / 底部"工具，单击要附着的梁，将柱和梁连接到一起，如图 2.3.13 所示。

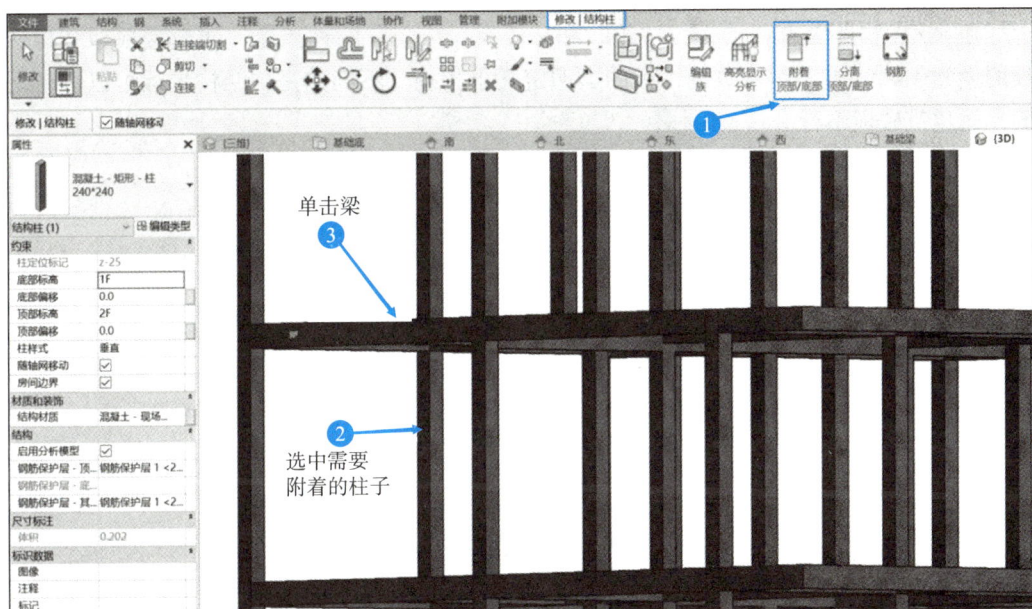

图 2.3.13　柱附着到梁

2.3.4　拓展训练

1. 在 Revit 软件中，创建结构柱时不可以与（　　）图元进行连接。

　　A. 梁　　　　　　　　　　B. 屋顶　　　　　　　　C. 支撑　　　　　　　　D. 基础

2. 在 Revit 软件立面视图中，对结构梁的编辑操作可以实现的是（　　）。

　　A. 通过"移动"命令实现沿 Z 轴方向移动

　　B. 通过"镜像"命令实现关于任意轴线的镜像

　　C. 通过"旋转"命令实现绕指定基点旋转

　　D. 通过"偏移"命令实现沿其长度垂直方向上的偏移

3. 在 Revit 软件中，下列有关采用拾取支座方式创建结构楼板的叙述不正确的是（　　）。

　　A. 结构梁可以作为结构楼板的支座

　　B. 结构墙可以作为结构楼板的支座

C. 结构柱可以作为结构楼板的支座

D. 建筑墙不可以作为结构楼板的支座

4. 在 2 层（标高为 4000mm）平面图中，创建 600mm 高的结构梁，将梁属性栏中的 Z 轴对正设置为底，将 Z 轴偏移设置为 −200mm，那么该结构梁的顶标高为（　　）mm。

A. 4600　　　　　　B. 3400　　　　　　C. 4400　　　　　　D. 4800

5. 在 Revit 软件中，创建结构梁的快捷键命令为（　　）。

A. AL　　　　　　B. BM　　　　　　C. WA　　　　　　D. BL

任务 2.4　创建结构板

在 Revit 软件中有"楼板：建筑"和"楼板：结构"两种指令。建筑楼板和结构楼板的创建、绘制方法是一致的，板的类型定义也相同。不同的是，结构楼板可以进行配筋，而建筑楼板不行。

本教材将在项目 3 中详细讲解，本小节不再讲述。

项目 3　创建建筑模型

本项目以实际的小别墅案例为蓝本，按照常用的设计流程，从分析项目开始，直至项目布局，对建筑模型创建详细进行分解说明，让读者掌握试用 Revit 创建建筑模型的方式和技巧。

培养实事求是、独立思考、开拓创新的理性精神，通过项目的实际操作，培养科学精神。

教学目标

（1）能够掌握 Revit 建筑模型的基本操作步骤。

（2）能够熟练掌握创建建筑模型的方法。

素养目标

（1）培养精益求精的工匠精神。学生在学习知识和技术的过程中，通过模型创建的操作，养成善于动脑、勤于思考、积极主动及时发现问题解决问题的学习习惯，养成诚实、守信、吃苦耐劳的品德。

（2）强化社会主义法治精神和意识。学生通过模型创建过程中技术标准和规范的学习与执行，养成良好的法治意识和职业道德基本素养。

（3）培养科学缜密、严谨工作的科学精神。通过模型的创建，通过三维模型的参数化关联性，使学生养成严谨的工作态度和一丝不苟的工作作风。

（4）强化安全意识。在构件放置和设置过程中，通过方案的实际操作，养成学生防患于未然的安全意识。

任务 3.1　创建墙体

3.1.1　工作任务

创建各层房间的墙体，并确定墙体的各类参数，如图 3.1.1～图 3.1.3 所示，具体参数请查阅对应项目施工图纸。

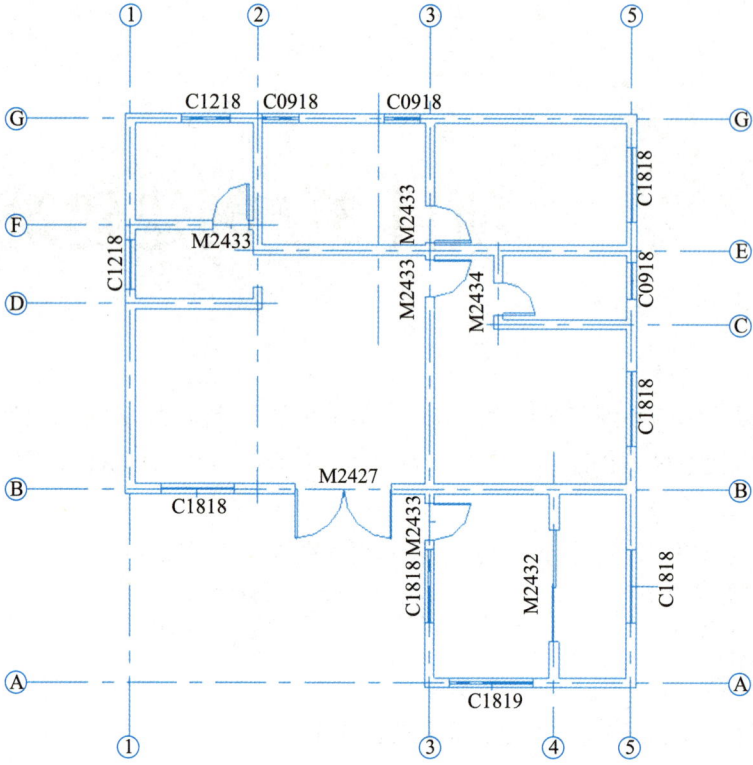

图 3.1.1　一层平面图

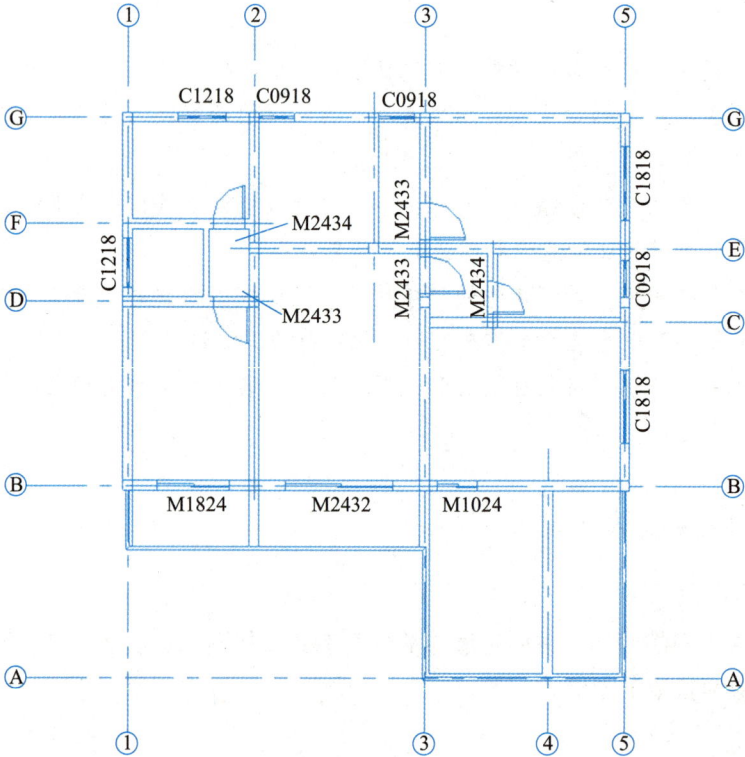

图 3.1.2　二层平面图

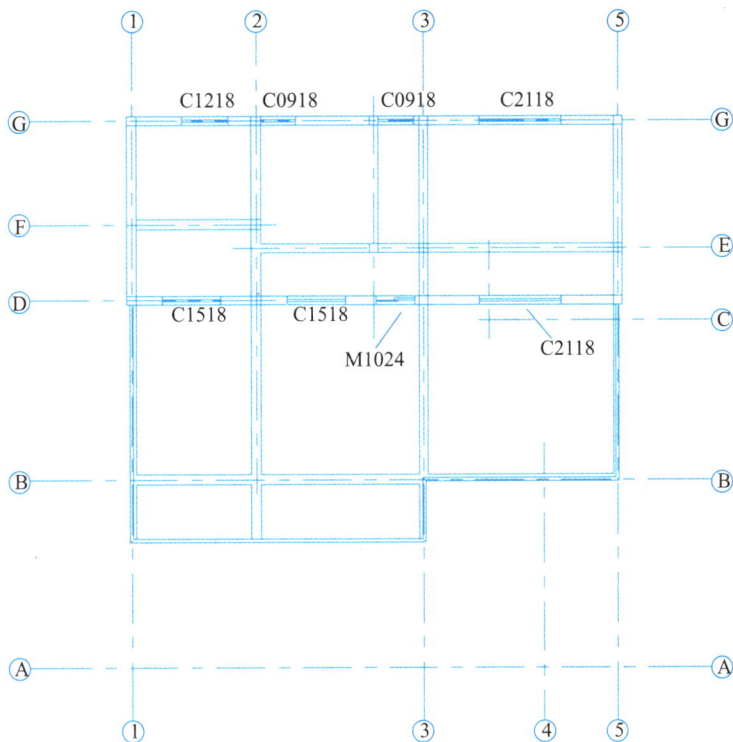

图 3.1.3 三层平面图

3.1.2 任务分析

在 Revit 中，模型创建可以根据习惯灵活进行，可以先创建结构图元，也可以先创建建筑图元，还可以交叉创建，并没有严格的规定。

本书以"1+X"建筑信息模型（BIM）职业技能等级考试初级建模考试为标准，由于考试更侧重建筑部分，因此本书讲解构件创建时也先从建筑部分开始。

墙体是建筑重要的组成部分，不仅起到围护和划分建筑空间的作用，还是门窗、墙饰条、灯具等建筑、设备构件的承载主体。墙体的构造及材质的设置在建筑设计中是重点考虑的因素，也是施工中重要的环节。

在 Revit 中对墙体的定义会影响墙体在三维视图、立面视图、透视图中的外观表现，也会影响施工图中墙身大样图、节点详图等墙体截面的显示。

1. Revit 中的墙体分类

用户可以使用 Revit 中提供的墙工具创建不同形式的墙体。Revit 提供了"墙：建筑""墙：结构""面墙"三种不同的墙体创建方式和"墙：饰条""墙：分隔条"两种在墙体上添加装饰构件的方式，如图 3.1.4 所示。

"墙：建筑"主要用于创建建筑的隔

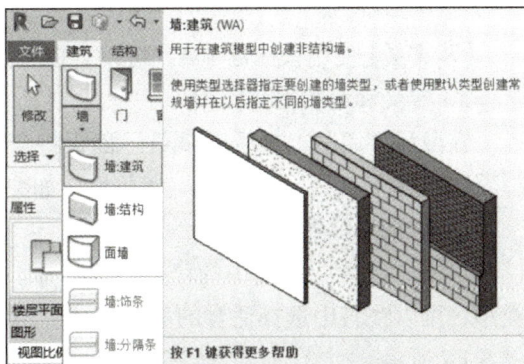

图 3.1.4 墙工具

墙，用于分割建筑空间。"墙：结构"用于创建承重的结构墙，结构墙的创建和建筑墙相同，但使用结构墙工具创建的墙体可以启用分析模型，可以在结构专业中为墙图元指定结构受力计算模型，并为墙配置钢筋，因此可以用于创建剪力墙等墙图元。"面墙"是根据创建或者导入的体量表面生成异形的墙体图元。

"墙：饰条"和"墙：分隔条"只有在三维视图中才能激活使用，用于对已创建好的墙体添加墙饰条和墙分隔条。

Revit 中，墙属于系统族，"墙：建筑"命令可以绘制三种类型的墙体，即基本墙、叠层墙和幕墙。

（1）基本墙既可以用来创建单一材料的实体墙，也可以用于创建多种材料的组合墙，在基本墙中可以通过添加、修改各个不同的功能层来创建项目所需要的墙体类型。

（2）叠层墙是由两种或者两种以上不同类型的普通墙在高度方向上叠加而成的墙类型，叠加在一起的子墙在不同的高度可以具有不同的墙厚度。

（3）幕墙在 Revit 中有三种默认模式，即幕墙、外墙玻璃和店面。

2. 墙体创建思路

Revit 中墙体属于系统族，不需要从外部载入。根据图纸信息和设计说明，获取墙体的厚度、构造、材质、功能等信息，创建墙体类型和定义墙体的信息，通过绘制墙路径生成项目墙体。

3.1.3 操作演示

1. 定义墙体类型

绘制墙体之前，先根据相关信息创建参数化墙体的类型，以提升建模效率。

1）激活墙体工具

【步骤1】依次单击"建筑"选项卡→"构建"面板→"墙"工具下拉按钮，在下拉列表中选择"墙：建筑"命令，如图 3.1.5 所示。

图 3.1.5 建筑墙工具

【步骤2】使用快捷键 WA，可以直接激活"墙：建筑"工具按钮。

2）定义和编辑墙体类型

在激活"墙"工具后，"属性"面板将会显示与墙体相关的属性信息，包括"类型选择器""实例属性""编辑类型"等信息，如图 3.1.6 所示。

3）类型选择器

单击"属性"面板中的"类型选择器"下拉按钮，里面包括了已有的参数化构件类型，可以在其中选择适合的类型直接使用，或者选择之后根据需要进行编辑修改，如图 3.1.7 所示。

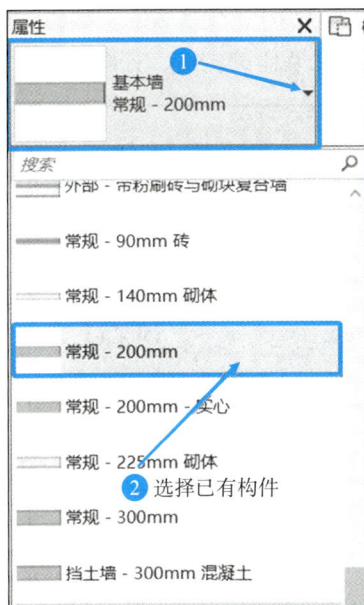

图 3.1.6 建筑墙属性面板

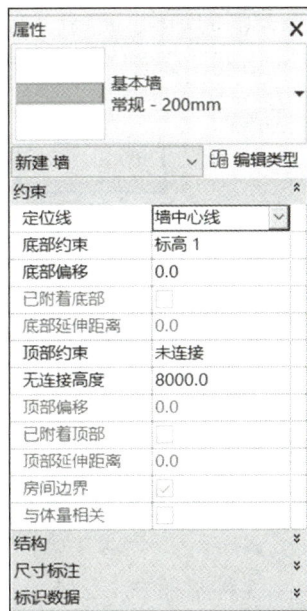

图 3.1.7 属性面板类型选择器

4）类型编辑器

单击"属性"面板中的"编辑类型"按钮，可以根据需要自定义墙体的具体参数化信息，如构造、功能、尺寸、材质等，如图 3.1.8 所示，其中的信息为类型参数。

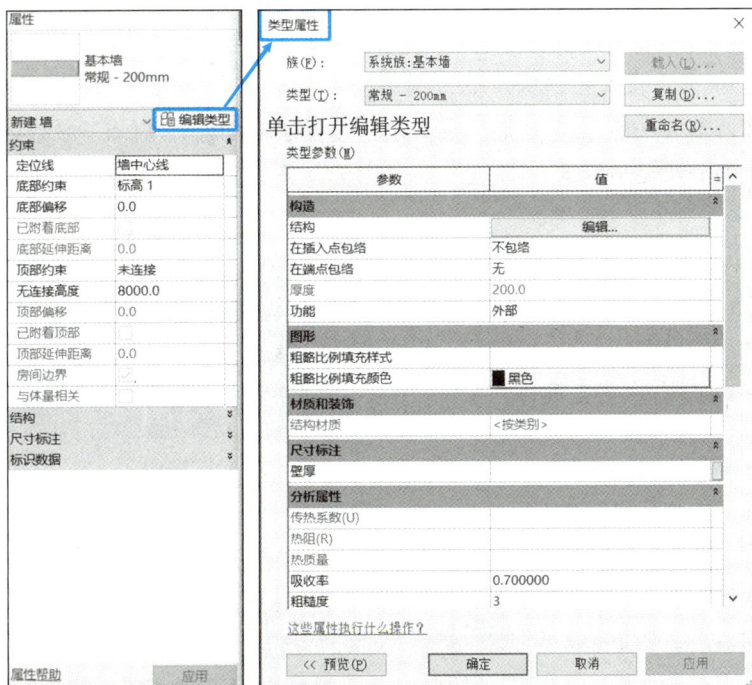

图 3.1.8 建筑墙类属性

在"类型属性"面板中，根据要求通过编辑完成新类型的创建。对于"墙"而言最主要的参数是墙的结构。单击"构造"参数栏"结构"参数后的"编辑"按钮，弹出"编辑部件"对话框，单击"确定"按钮，用于定义墙体的构造，如图 3.1.9 所示。

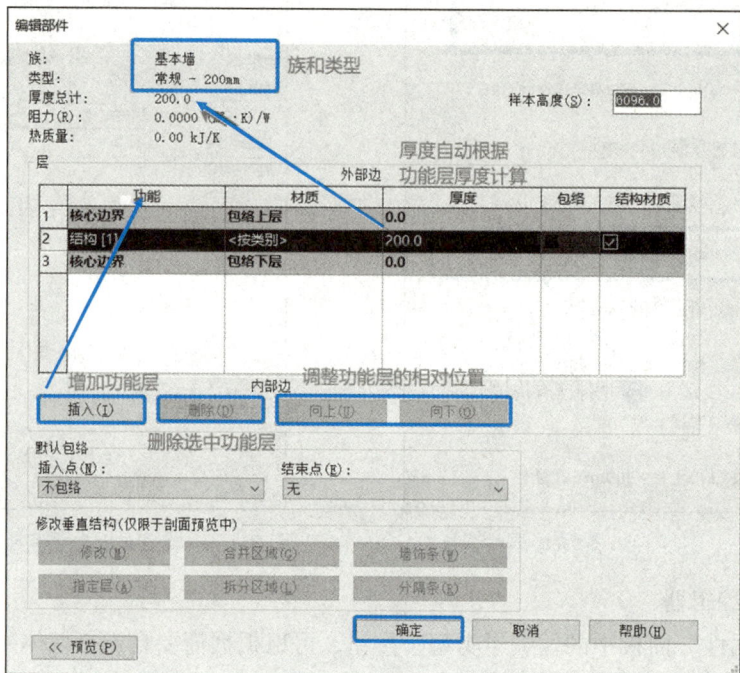

图 3.1.9　建筑墙类型属性

其中会显示目前编辑的类型名称，厚度总计是根据下方的功能层的厚度自动进行计算出的数值，中部是墙体的结构，下方的"插入""删除""向上""向下"按钮分别用于增加、删除和调整各功能层，"功能"参数用于选择层的功能，"材质"参数用于选择和编辑所需的材质类型及显示样式，"厚度"参数用于调整功能层的厚度。

> **小知识**
>
> 　　在 Revit 中，无论是墙体，还是其他构件，创建类型的方法是一致的，激活相应构件工具，然后通过"属性"面板中的"编辑类型"进入"类型属性"编辑面板以完成构件的定义和修改。

2. 创建小别墅墙体

项目实例：完成本项目案例小别墅墙体类型的创建。

【步骤 1】打开上一节保存的项目文件，或者直接打开本书配套资源中工程文件"别墅 - 基准"文件。

【步骤 2】双击"项目浏览器"面板中的 1F 楼层平面视图，单击"建筑"选项卡→"构建"面板→"墙"工具下拉按钮，在下拉列表中选择"墙：建筑"命令。

【步骤 3】单击"属性"面板中的"类型选择器"下拉按钮，选择"常规 -200mm"为模板进行复制创建类型。

【步骤 4】单击"属性"面板中的"编辑类型"按钮，弹出"类型属性"对话框，单击"复制"按钮，弹出"名称"对话框，在名称中输入"别墅 – 外墙 – 外石内漆 –240mm"，完成后单击"确定"按钮，返回"类型属性"对话框，如图 3.1.10 所示。

微课：
编辑墙体

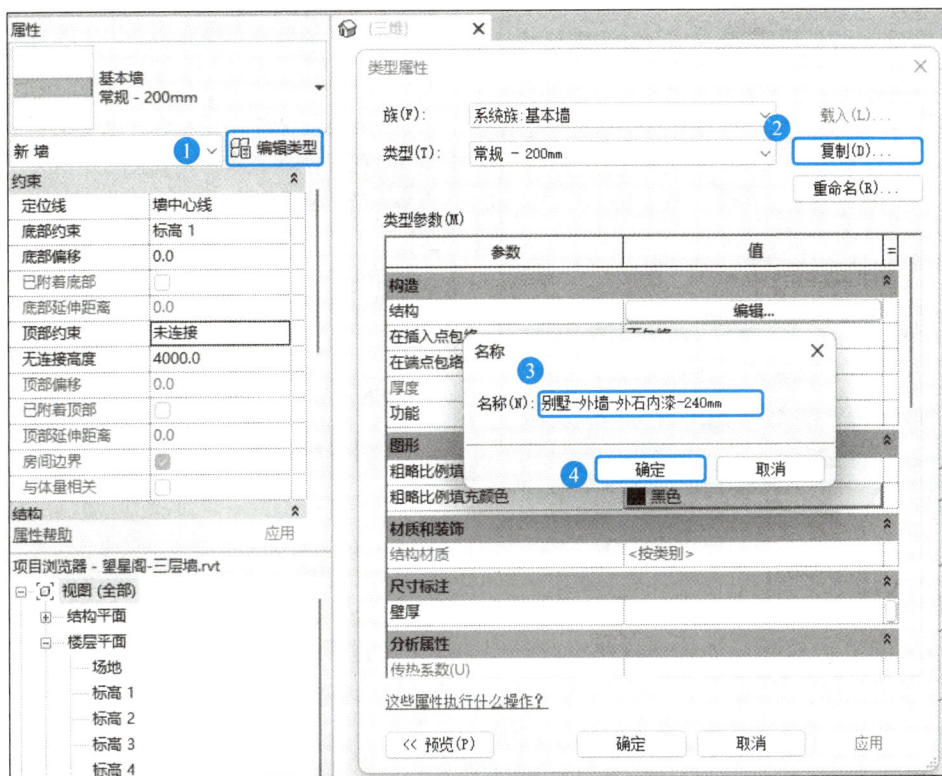

图 3.1.10　别墅一层外墙类型创建

提示

　　在"1+X"建筑信息模型（BIM）职业技能等级考试初级建模考试中，对主要建筑构件墙体的创建是重要考点之一，对命名规则也有相应要求。

　　按照《建筑工程设计信息模型交付标准》（GB/T 51301—2018），文件的命名宜用汉字、拼音或英文字符、数字和连字符"–"组合，在同一项目中，使用统一的文件命名格式。

　　根据《建筑工程设计信息模型分类和编码标准》（GB/T 51269—2017）的规定，命名应该保持前后一致，定制多个关键字段，以便后续查询和统计。例如，墙的命名规则中包括类型名称、类型、材质、总厚度等字段。

　　【步骤 5】单击"构造"参数栏"结构"参数后的"编辑"按钮，弹出"编辑部件"对话框，用于定义墙体的构造。

　　墙体构件相关参数如下：①外墙为 240mm 厚混凝土砌块，一层外墙外部采用文化石贴面，内部采用乳胶漆喷涂，其他层外墙外部采用外墙漆，内部采用乳胶漆喷涂；②内墙楼梯间墙体为 40mm 厚混凝土砌块，房间墙身内外均采用乳胶漆喷涂，卫生间和厨房内墙面使用瓷砖。

单击"插入"按钮，按照需要新增功能层，配合单击"向上"或"向下"按钮调整新增的功能层到相应位置，如图 3.1.11 所示。

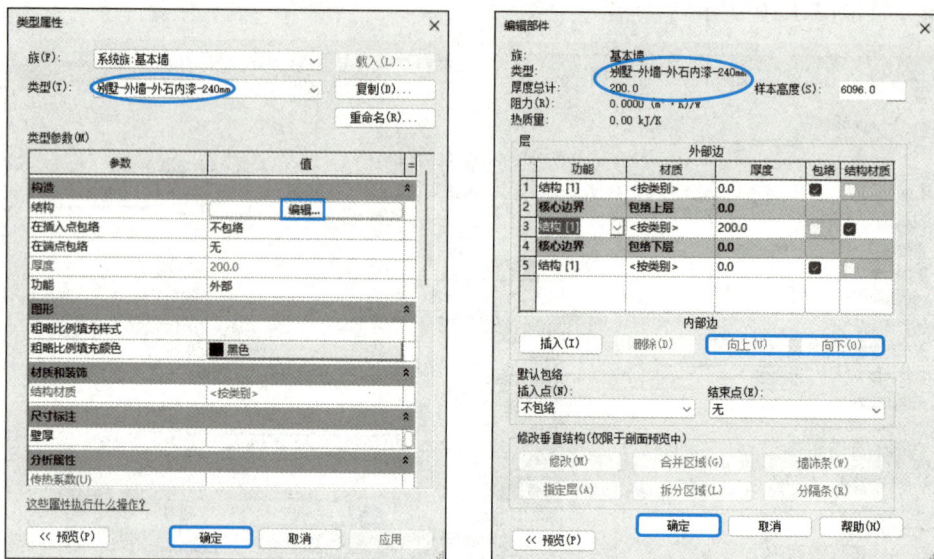

图 3.1.11　编辑部位添加层

【步骤 6】新增功能层移动到相应位置后，单击"功能"列表框后的下拉列表，指定各层的功能，并按照墙体构造说明修改各层的厚度，进行各功能层尺寸修改时，"编辑部件"对话框中的"厚度总计"会随各层厚度的改变自动进行计算。根据本项目说明，编辑完成的功能层和各层的厚度如图 3.1.12 所示。

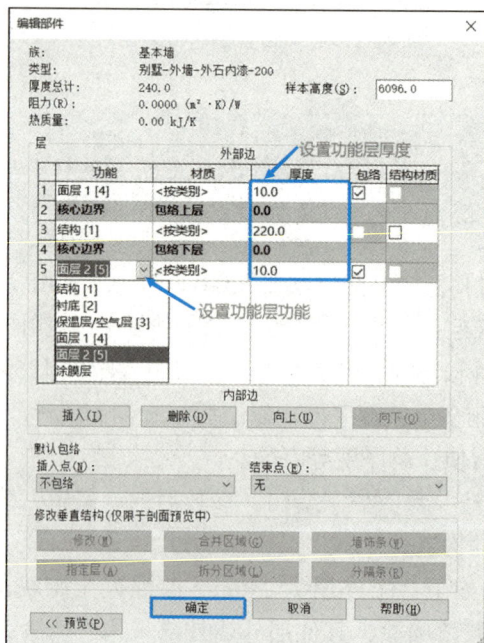

图 3.1.12　别墅一层外墙功能层功能及厚度编辑

小知识

　　Revit 中预设了 6 种功能层，如图 3.1.13 所示，其中"结构 [1]"用于支撑其余墙、楼板或屋顶，"衬底 [2]"是其他材质的基础，"保温层 / 空气层 [3]"是为了隔绝并防止空气渗透，"面层 1[4]"通常是外层，"面层 2[5]"通常是内层，"涂膜层"通常用于防止水蒸气渗透。"[ ]"内的数字代表连接的优先级，墙体连接时，会首先连接优先级高的层，再连接优先级低的层，"结构 [1]"是最高优先级，"面层 2[5]"是最低优先级。

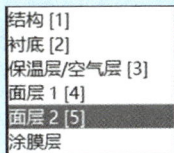

```
结构 [1]
衬底 [2]
保温层/空气层 [3]
面层 1 [4]
面层 2 [5]
涂膜层
```

图 3.1.13　功能层

提示

　　在"1+X"建筑信息模型（BIM）职业技能等级考试初级建模考试中，除了考察新类型的创建外，还会对结构设计进行考察。

　　考题中会对主要建筑构件参数进行具体的规定，在对构件进行创建的时候会考察到不同的面层，例如，对墙的结构设计，对板的结构设计，除了核心材质外，有时候还可能会增加装饰面层。

　　在实际项目建模中，在对图纸进行观察和分析的时候还要注意"室内装修表"对材质的要求，保证在进行编辑类型的时候，对于厚度、构造、材质等细节有一定的掌握，这也是对识图能力的考察。

　　【步骤 7】选择"结构 [1]"，单击"材质"栏进行编辑，进入"材质浏览器"，在上方"搜索栏"内输入"混凝土砌块"，在搜索栏下方的项目可用材质中显示的搜索结果，在搜索结果中选中需要的材质后双击，或单击"确定"按钮，如图 3.1.14 所示，完成"结构 [1]"的材质编辑。

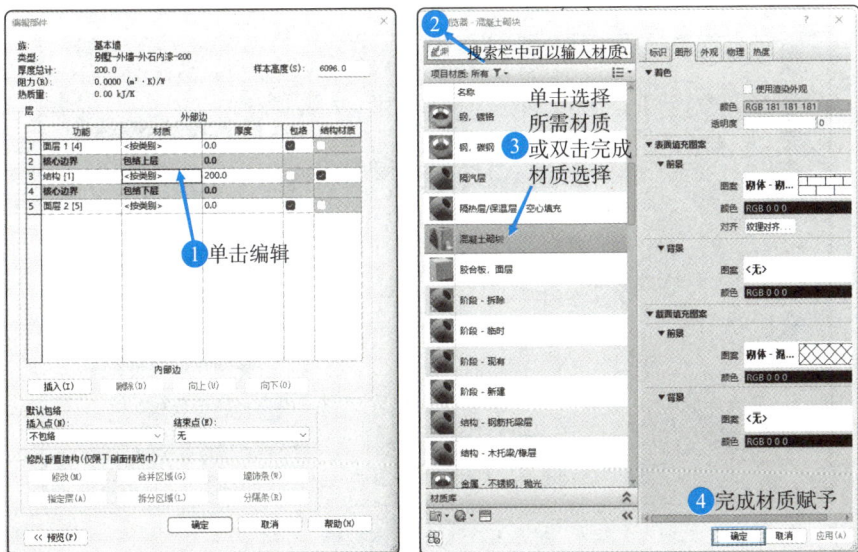

图 3.1.14　别墅一层外墙核心层材质编辑

小知识

Revit 中构件的创建有一个重要的环节就是赋予材质。

Revit 中的材质起到 5 个方面的作用：①用于定义各构造的立面和被剖切时的显示样式；②用于定义对象在着色模式下的显示样式；③用于定义对象在真实模式及渲染时的显示样式；④用于定义对象的结构计算参数信息；⑤用于定义对象的热工物理特性。

材质的查看、赋予和管理通过"材质浏览器"完成。通过依次单击"管理"选项卡→"设置"面板→"材质"工具，如图 3.1.15 所示，调出"材质浏览器"。

图 3.1.15　材质命令

"材质浏览器"主要由 5 个部分组成，分别是搜索栏、项目材质列表、材质库材质列表、材质浏览器工具栏和材质编辑器，如图 3.1.16 所示。

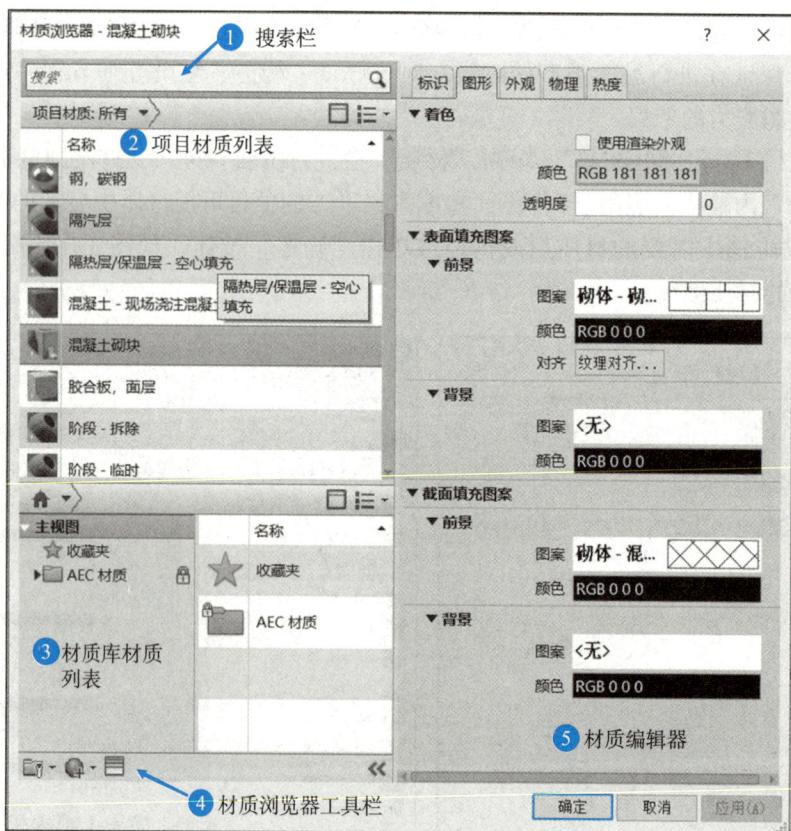

图 3.1.16　材质浏览器

（1）搜索栏：通过搜索关键字快速查找项目的可用材质和材质库的材质。

（2）项目材质列表：用于显示当前项目可以使用的已经定义的材质。如果没有需要的材质，可以通过新建、复制、重命名等方法设置新材质。

（3）材质库材质列表：用于显示材质库中的默认材质，可以浏览材质库中的类别。

（4）材质浏览器工具栏：用于管理、新建、复制材质，以及打开资源浏览器调用材质。

（5）材质编辑器：用于材质的编辑，可以查看或者编辑材质的标识、外观、图形显示、物理等特性。需要说明的是，只能编辑当前项目中的材质，如果是选择库中的材质，则面板中材质的特性是只读的，不能编辑。

【步骤 8】重复相同的步骤，定义其他功能层的材质。选择第一行"面层 1[4]"，单击进行编辑，进入"材质浏览器"，在上方"搜索栏"内输入"石"，项目可用材质中没有合适的材质，通过新建材质的方法创建材质。

单击下方"创建并复制材质"下拉按钮，选择"新建材质"命令，在项目可用材质中新建一个材质，右击新建的材质，在右键菜单中选择"重命名"工具，重命名新建的材质为"文化石"，单击"打开 / 关闭资源浏览器"按钮，如图 3.1.17 所示。

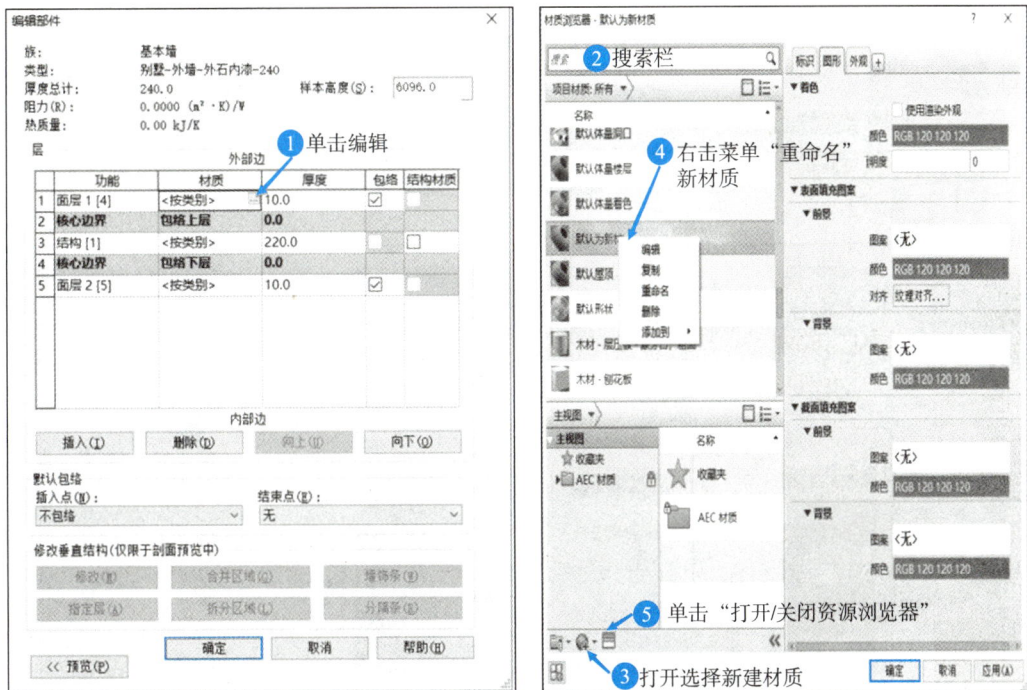

图 3.1.17　材质浏览器创建项目材质

在打开的"资源浏览器"中，搜索"石"材质，在"外观库"中选择"石料"，浏览右方资源，选择合适的资源后，单击材质后的"使用此资源替换编辑器中的当前资源"按钮，将选中的材质替换进项目材质中，完成后单击"确定"按钮，完成对"面层1[4]"的材质编辑，如图 3.1.18 所示。

【步骤 9】选择第五行"面层 2[5]"，单击"编辑"按钮，进入"材质浏览器"，在上方"搜索栏"输入"漆",项目可用材质中没有合适的材质,重复上一步骤的方法创建新材质"乳胶漆",完成对"面层 2[5]"的材质编辑,如图 3.1.19 所示。

完成功能层材质的编辑,相关参数及材质编辑如图 3.1.20 所示。

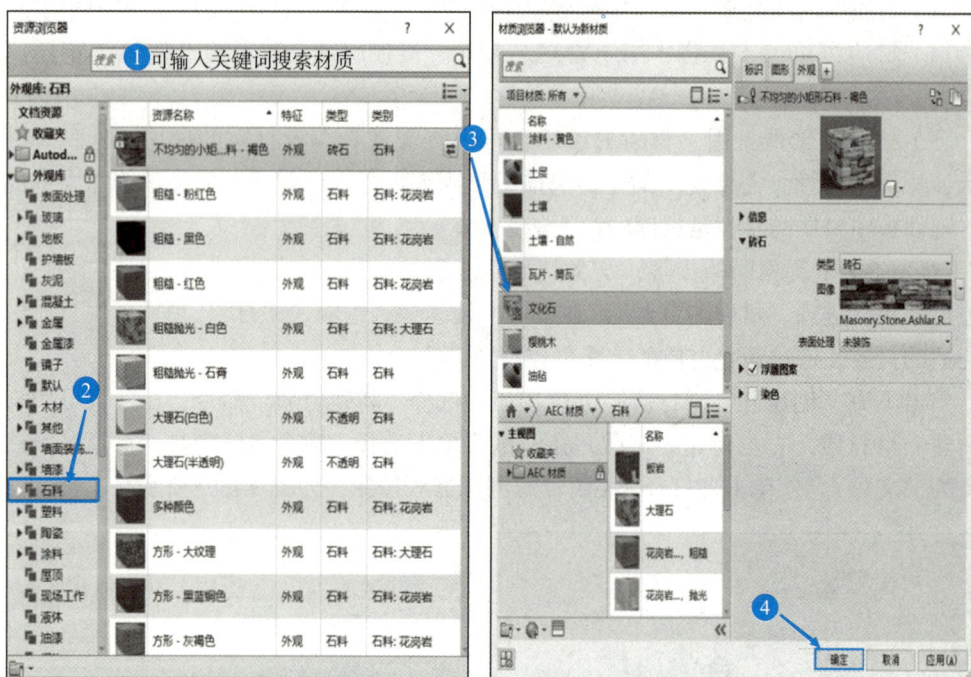

图 3.1.18　资源浏览器替换创建的项目材质

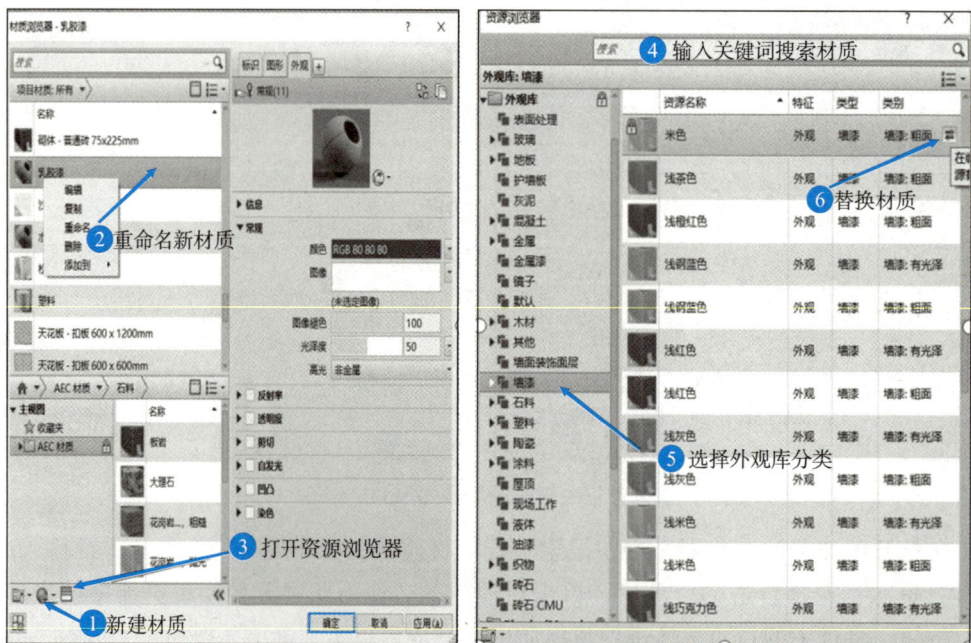

图 3.1.19　资源浏览器新建材质

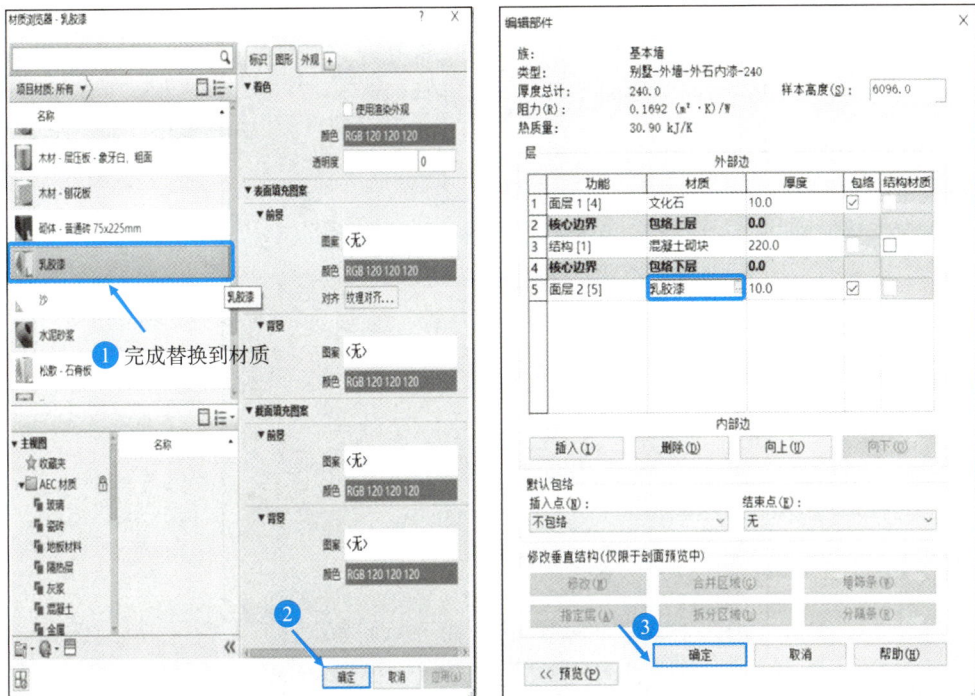

图 3.1.20　外墙参数及材质编辑

【步骤 10】使用"复制"的方法，创建其他类型的墙体。

（1）其他层外墙定义。以一层外墙"别墅 – 外墙 – 外石内漆 –240mm"为模板，"复制"创建"别墅 – 外墙 – 外漆内漆 –240mm"，调整外部边"面层 1[4]"材质为"外墙漆"，如图 3.1.21 所示，其他功能层、材质、厚度参数不变，如图 3.1.22 所示。

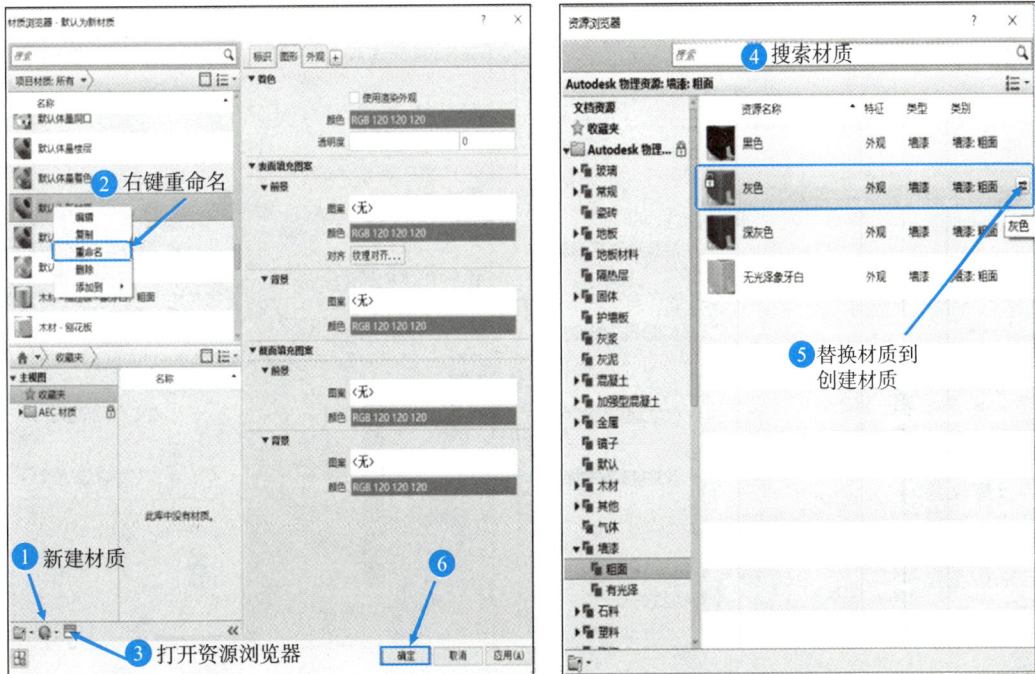

图 3.1.21　一层外墙"别墅 – 外墙 – 外漆内漆 –240mm"材质编辑

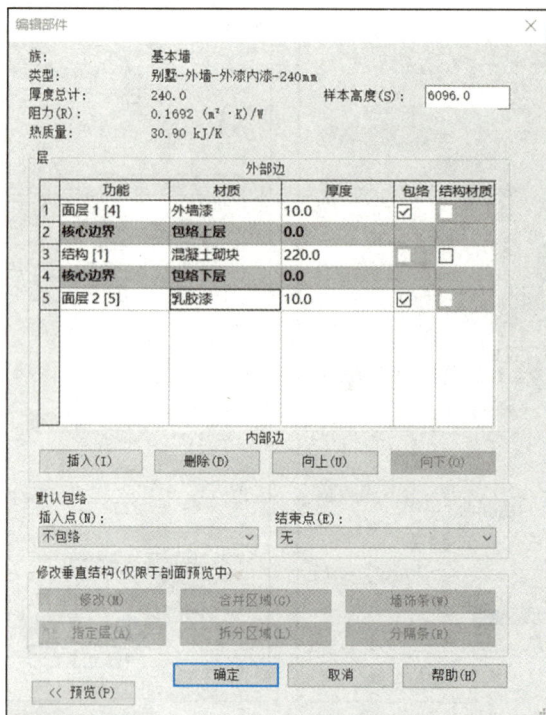

图 3.1.22 "别墅 - 外墙 - 外漆内漆 -240mm"参数

（2）一层卫生间及厨房外墙定义。以一层外墙"别墅 - 外墙 - 外石内漆 -240mm"为模板，"复制"创建"别墅 - 外墙 - 外石内砖 -240mm"，调整功能层"面层 2[5]"的材质参数，创建新材质"釉面砖"，如图 3.1.23 所示，其他功能层、厚度参数不变，如图 3.1.24 所示。

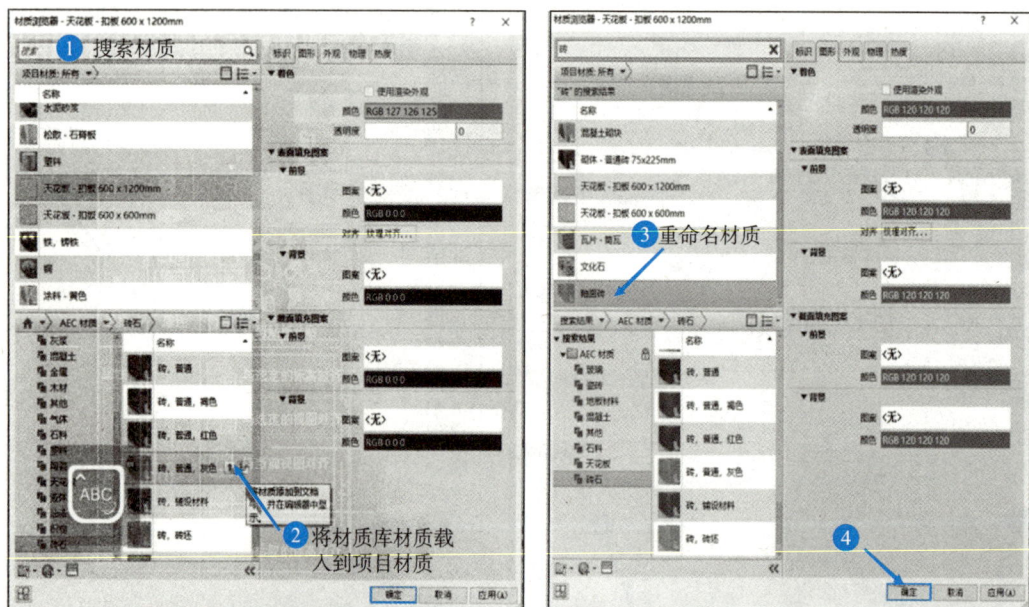

图 3.1.23　一层卫生间及厨房外墙"别墅 - 外墙 - 外石内砖 -240mm"材质编辑

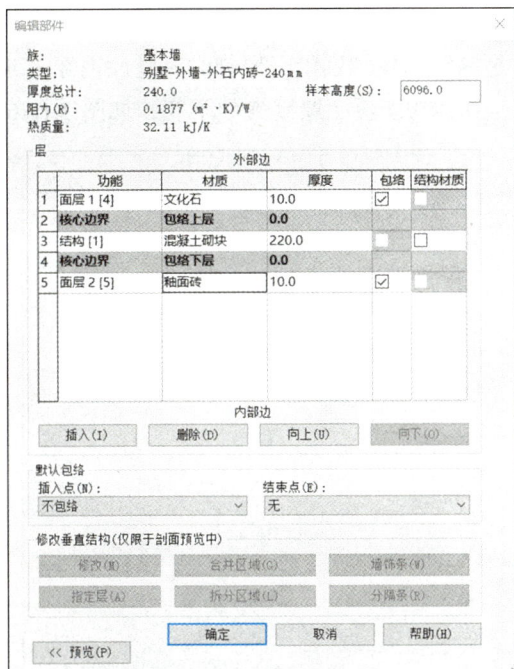

图 3.1.24　"别墅 – 外墙 – 外石内砖 –240mm"参数

（3）其他层卫生间及厨房外墙定义。以一层卫生间及厨房外墙"别墅 – 外墙 – 外石内砖 –240mm"为模板，"复制"创建"别墅 – 外墙 – 外漆内砖 –240mm"，调整外部"面层 1[4]"材质为"外墙漆"，其他功能层、厚度参数不变，如图 3.1.25 所示。

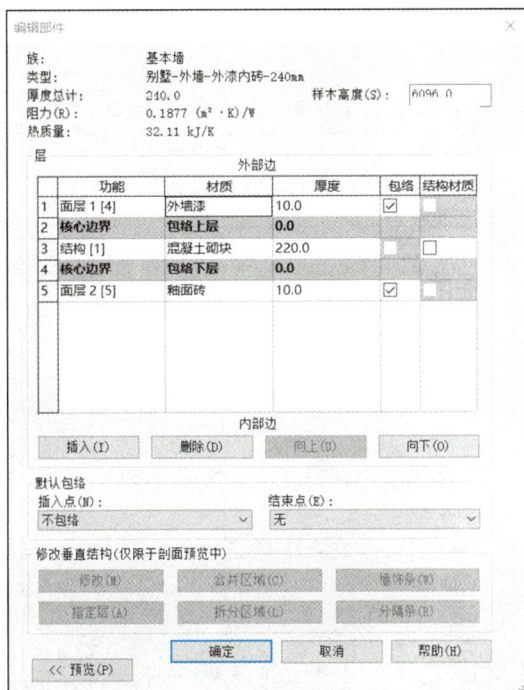

图 3.1.25　其他层卫生间及厨房外墙"别墅 – 外墙 – 外漆内砖 –240mm"参数

（4）楼梯间内墙定义。以其他层卫生间及厨房外墙"别墅－外墙－外漆内漆－240mm"为模板，"复制"创建"别墅－楼梯间－外漆内漆－240mm"，调整外部"面层 2[5]"材质为乳胶漆，其他功能层、厚度参数不变，如图 3.1.26 所示。

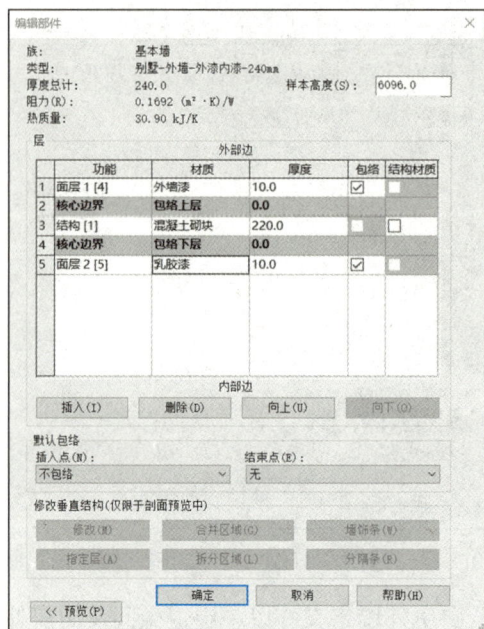

图 3.1.26 "别墅－楼梯间－外漆内漆－240mm"参数

再次"复制"创建"别墅－楼梯间－外漆内砖－240mm"，调整内部"面层 2[5]"材质为釉面砖，其他功能层、厚度参数不变，如图 3.1.27 所示。

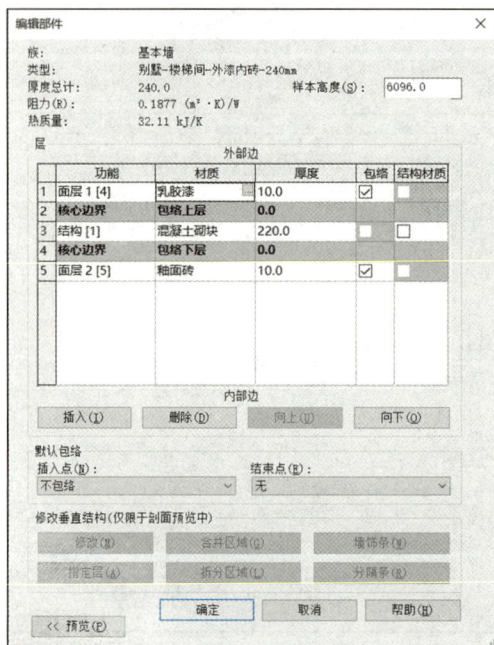

图 3.1.27 "别墅－楼梯间－外漆内砖－240mm"参数

其他房间内墙定义。创建"别墅－内墙－外漆内漆－240mm"和"别墅－内墙－外漆内砖－240mm",其他功能层、材质及厚度参数设置如图 3.1.28 和图 3.1.29 所示。

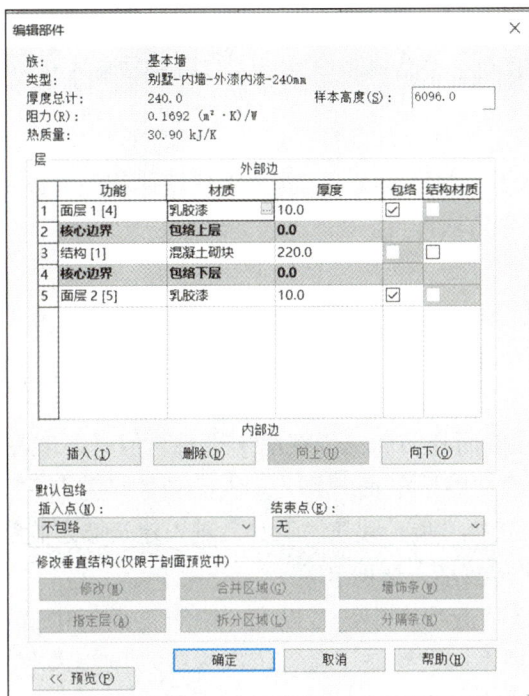

图 3.1.28　"别墅－内墙－外漆内漆－240mm"参数

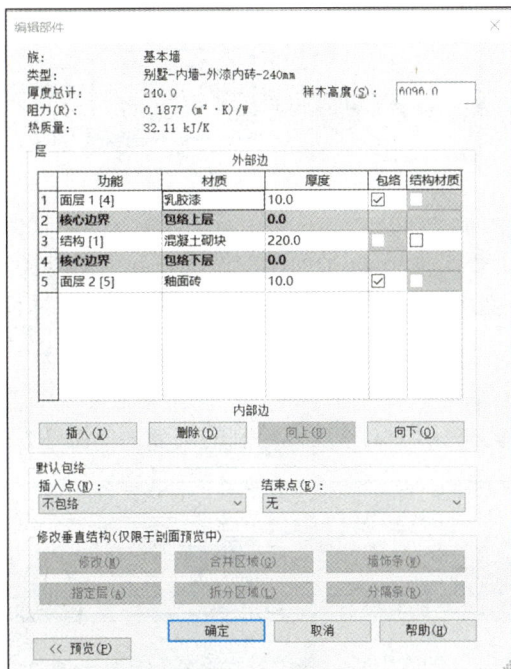

图 3.1.29　"别墅－内墙－外漆内砖－240mm"参数

> **提示**
>
> 　　在"1+X"建筑信息模型（BIM）职业技能等级考试初级建模考试中，对墙体结构设计的考查是必考内容。在考试时一定要先对墙体类型进行定义，特别是墙体的厚度、构造、材质和颜色。要注意区分外墙、内墙、隔墙的相关参数。

　　在考试中未明确规定的部分可以自行定义，因此在学习中主要是掌握类型的创建、结构的编辑、材质的赋予、厚度的编辑。本书案例墙体相关参数及材质作为参考，可以作为练习使用，熟练掌握方法即可。

　　3. 墙体的绘制

　　完成墙体的类型定义设置之后，就可以进行墙体的绘制。在实际项目操作中，可以一边创建类型，一边绘制墙体，或绘制墙体后再进行类型的编辑。

　　1）绘制墙体

　　墙体的绘制可以在平面视图和三维视图中进行，但是不能在立面视图中进行。切换到"工作视图"中的"楼层平面视图"，依次单击"建筑"选项卡→"构建"面板→"墙"下拉箭头，选择"墙：建筑"工具，进入建筑墙绘制状态，或者使用快捷键WA，直接进入"修改 | 放置墙"选项卡。

　　在"修改 | 放置 墙"选项卡中，可以在"绘制"面板中选择墙体绘制的不同方式，Revit 中提供了多种不同的绘制工具，依次为"线""矩形""内接多边形""外接多边形""圆形""起点 – 终点 – 半径弧""圆心 – 端点弧""相切 – 端点弧""圆角弧""拾取线""拾取面"，如图 3.1.30 所示。

图 3.1.30　墙体绘制工具

　　"拾取线"工具用于有二维 .dwg 平面图的情况，导入二维图作为底图，使用该工具可以快捷方便地拾取平面图中的墙线，快速生成 Revit 墙体。"拾取面"工具用于拾取体的面生成墙体。

　　2）"修改 | 放置 墙"选项设置墙体参数

　　"修改 | 放置 墙"选项栏用于调整墙体绘制的细节，如图 3.1.31 所示。

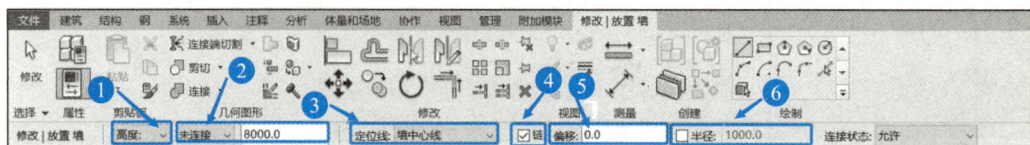

图 3.1.31　"修改 | 放置 墙"选项卡

　　（1）高度 / 深度："高度"是指从当前视图向上方创建墙体；"深度"是指从当前视图

向下方创建墙体。

（2）未连接：在该选项中，单击下拉列表，可以选择各个楼层的标高，如果选择某楼层标高，则墙体高度由标高限制，后方数字栏不输入数值；如果选择"未连接"，墙体高度由后面数字栏中的数值确定。

（3）定位线："定位线"用于指定墙体的某个面与将在绘图区域中选定的线或者面对齐。该下拉列表中提供了6种墙的定位方式："墙中心线""核心层中心线""面层面：外部""面层面：内部""核心面：外部""核心面：内部"，如图3.1.32所示。"核心层中心线"指墙体结构层中心线，"墙中心线"指包括图3.1.32定位各构造层在内的整个墙体的中心线，"核心层中心线"和"墙中心线"并不一定重合。

（4）链：勾选该选项，可以绘制在端点处连续的墙体，即绘制时第二墙面的起点和第一墙面的终点。

（5）偏移：偏移值为墙体定位线与光标位置之间的距离。

（6）半径：两面直墙的端点相连处根据设定的半径值自动生成圆弧墙。

3）"属性"面板设置墙体的实例参数

进入绘制状态时，"属性"面板将自动切换，在"属性"面板中可以设置墙的实例参数，包括墙体的定位线、底部约束和顶部约束、底部偏移和顶部偏移等，如图3.1.33所示。

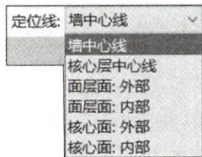

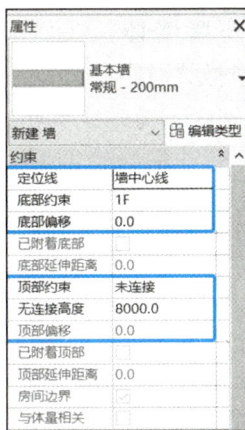

图 3.1.32　定位线　　图 3.1.33　墙体属性

微课：绘制墙体

（1）定位线：和选项栏中的"定位线"设置方式相同。

（2）底部约束：可调整墙体底部的位置。

（3）底部偏移：以"底部约束"位置为基准，通过设置偏移值，调整墙体底部的位置。

（4）顶部约束：可调整墙体顶部的位置。

（5）无连接高度：在没有设置"顶部约束"时设置墙体高度，和状态栏中的"未连接"使用方式相同。

（6）顶部偏移：以"顶部约束"位置为基准，通过设置偏移值，调整墙体顶部的位置。

（7）房间边界：勾选"房间边界"，Revit 会将该图元用作房间的一个边界，用于计算房间的面积和体积。可以在平面视图和剖面视图中查看。

项目实例：完成本项目案例小别墅的墙体绘制。

【步骤 1】切换选择楼层平面。在"项目浏览器"中展开"楼层平面"，双击切换到"室外地坪"楼层平面图。

【步骤 2】激活墙命令。依次单击"建筑"选项卡→"构建"面板→"墙"下拉箭头→"墙：建筑"工具按钮，进入绘制状态，此时在绘图区域内，光标指针变为十字状态，在"属性"面板的"类型选择器"中选择"基本墙：别墅－外墙－外石内漆－240mm"墙类型，依次单击"修改 | 放置 墙"选项卡→"绘制"面板→"线"工具。

在"修改|放置 墙"选项卡中选择"高度"，设置高度到"2F"，选择定位线为"核心层中心线"，勾选"链"，保证连续绘制，如图 3.1.34 所示，观察"属性"面板，发现约束条件和选项栏信息一致，如图 3.1.35 所示。

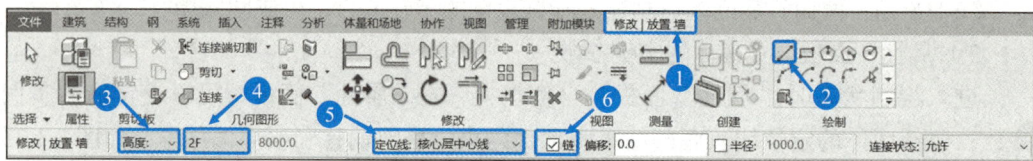

图 3.1.34 修改 | 放置 墙选项栏

【步骤 3】绘制一层外墙墙体。在"属性"面板的"类型选择器"中选择"别墅－外墙－外石内砖－240mm"，把光标移至轴线①与轴线Ⓖ相交处，光标会自动捕捉交点，单击交点作为绘制起点，按照图 3.1.1 所示，沿水平方向向右绘制墙体至轴线②与轴线Ⓖ相交处并单击完成第一段墙体绘制，按 Esc 键取消。

在"属性"面板的"类型选择器"中选择"别墅－楼梯间－外漆内漆－240mm"，把光标移至轴线②与Ⓖ轴线相交处，光标会自动捕捉交点，单击作为绘制起点，向右绘制墙体至轴线③与轴线Ⓖ相交处，按 Esc 键取消；在"属性"面板的"类型选择器"中选择"别墅－外墙－外石内砖－240mm"，把光标移至轴线③与轴线Ⓖ相交处，单击此处作为绘制起点，向右绘制至轴线⑤与轴线Ⓖ相交处，向下绘制至轴线⑤与轴线Ⓐ相交处，向左绘制至轴线③与轴线Ⓐ相交处，向上绘制至轴

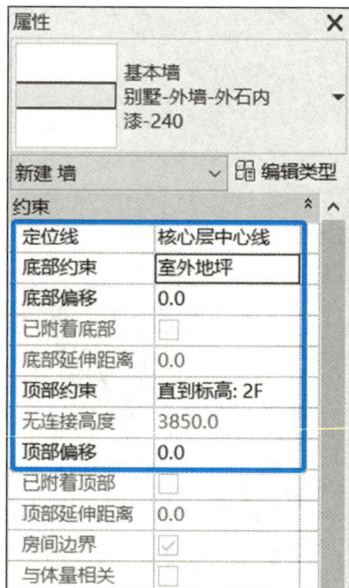

图 3.1.35 别墅外墙属性

线③与轴线Ⓑ相交处，向左绘制至轴线①与Ⓑ相交处，向上绘制至轴线①与Ⓖ相交处终点。完成后的效果如图 3.1.36 所示。

【步骤 4】创建三维视图。依次单击"视图"选项卡→"创建"面板→"三维视图"下拉箭头→"默认三维视图"工具按钮，创建三维视图，可见绘制完成的一层墙体三维图如图 3.1.37 所示。

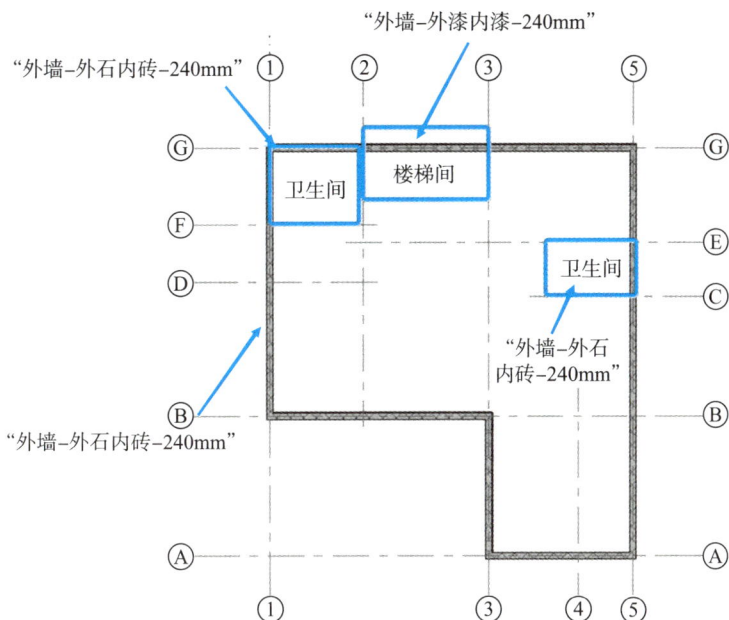

图 3.1.36 一层外墙示意图

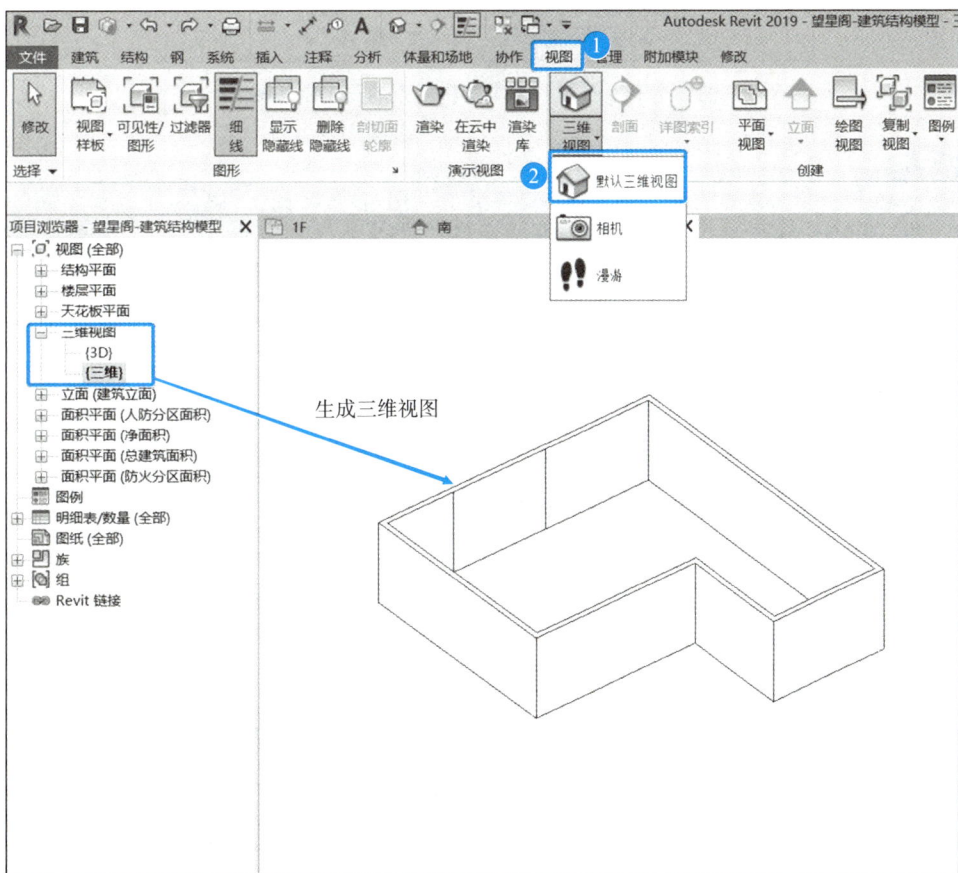

图 3.1.37 创建三维视图

【步骤5】选择视觉样式。为更好地观察墙体，单击操作界面下方"视图控制栏"中的"视觉样式"按钮，选择"真实"，将直观看到赋予了材质的墙体真实效果，如图3.1.38所示。

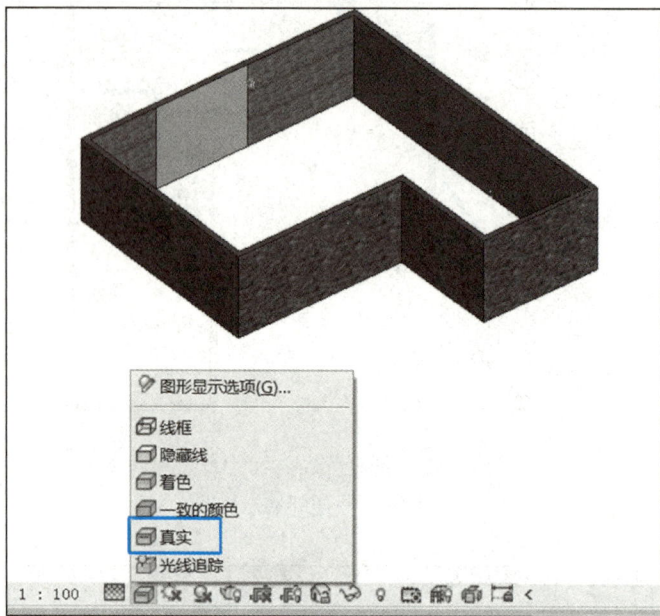

图 3.1.38　一层外墙真实样式下的三维示意图

> **提示**
>
> 　　在"1+X"建筑信息模型（BIM）职业技能等级考试初级建模考试中，墙体的绘制一般采用"线"的方式绘制即可，但要注意绘制的方向。Revit和CAD相同，顺时针和逆时针绘制的方向不同会让显示的结果有所不同，由于墙体的内侧、外侧材质定义不相同，建议绘制时按照顺时针方向绘制，可以确保墙体的"内、外"方向，即外墙的外面层朝外。

【步骤6】设置参照平面。除了外墙，建筑室内还有隔墙，由于部分内部隔墙并不在建筑轴线上，因此在放置墙体时为能够精准地定位墙体，可以绘制参照平面来提高绘制的准确性和提高效率。

依次单击"建筑"选项卡→"工作平面"面板→"参照平面"工具，如图3.1.39所示，进入参照平面绘制模式，自动切换进入"修改 | 放置 参照平面"选项卡，在"绘制"面板中选择"直线"工具，如图3.1.40所示。

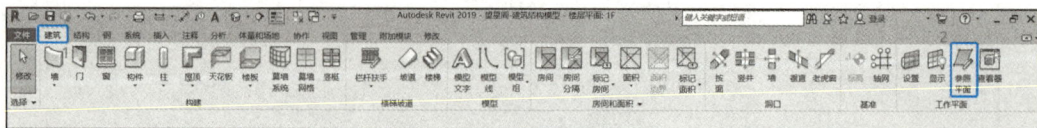

图 3.1.39　绘制参照平面

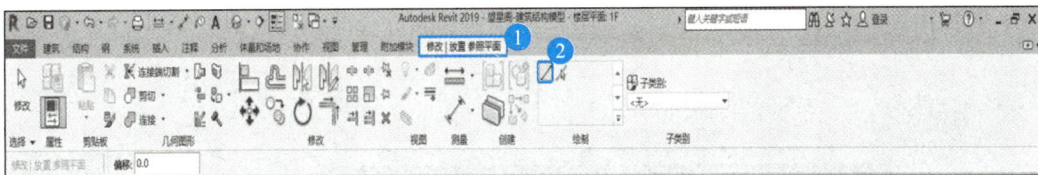

图 3.1.40 修改 | 放置 参照平面

在轴线③和轴线④之间放置 1 个参照平面，参照平面绘制出来是一根绿色的虚线，单击临时尺寸，调整参照平面与轴线的尺寸，输入数值后单击或者按 Enter 键，完成放置后按 Esc 键两次退出绘制模式，如图 3.1.41 所示。

小知识

"参照平面"工具是 Revit 建模的辅助工具，"参照平面"工具可以根据需要绘制辅助线，为模型的精准定位提供帮助。绘制过程中的辅助线会在模型创建的每个平面视图中显示。"参照平面"工具只是作为建模绘制的辅助工具，因此不能对参照平面使用修剪、打断等命令。

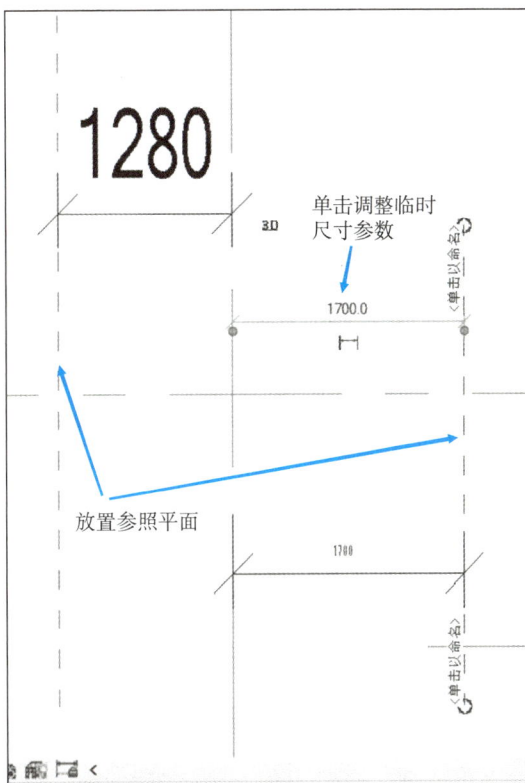

图 3.1.41 参照平面尺寸

【步骤 7】绘制一层内墙墙体。重复墙体的绘制方法，依照图纸绘制别墅一层内墙墙体，因为本项目墙体类型较多，需要注意绘制过程中应根据房间功能选择不同的墙体类型。

依次单击"建筑"选项卡→"构建"面板→"墙"下拉箭头→"墙：建筑"工具，进入建筑墙绘制状态，此时绘图区域内光标指针变为十字状态，在"属性"面板的"类型选择器"中选择"别墅 – 楼梯间 – 外漆内砖 –240mm"，适当放大视图，移动光标指针，依次单击"修改 | 放置 墙"选项卡→"绘制"面板→"线"工具按钮，沿轴③和轴④绘制楼梯间墙体，完成后按 Esc 键退出绘制模式，如图 3.1.42 所示。

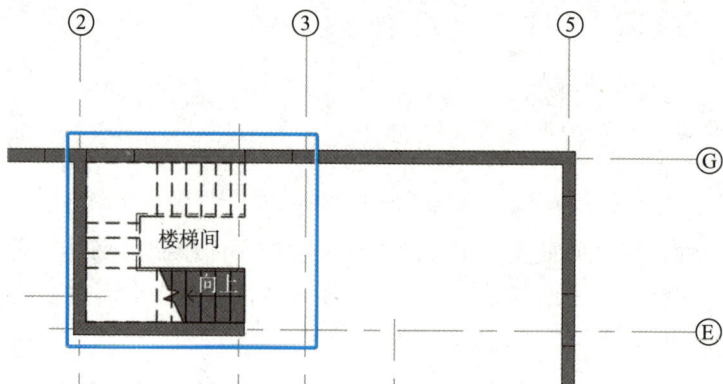

图 3.1.42　一层楼梯间墙体示意图

　　在"属性"面板"类型选择器"中切换选择"别墅 – 内墙 – 外漆内砖 –240mm"绘制卫生间墙体，绘制完成后按 Esc 键退出，如图 3.1.43 所示。

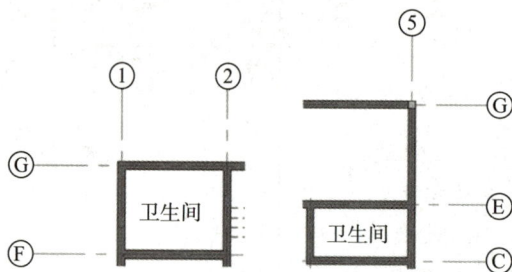

图 3.1.43　一层卫生间墙体示意图

　　在"属性"面板的"类型选择器"中切换选择"别墅 – 内墙 – 外漆内漆 –240mm"绘制一层其他房间的隔墙墙体，如图 3.1.44 所示。

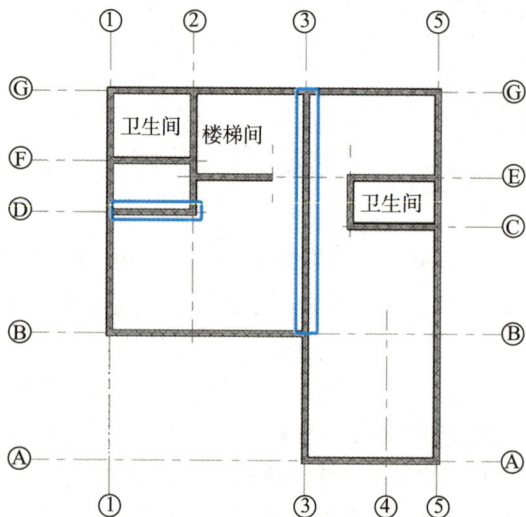

图 3.1.44　一层其他房间的隔墙墙体示意图

绘制完成切换到三维视图观察，卫生间、厨房墙面均为瓷砖，三维效果如图 3.1.45 所示。

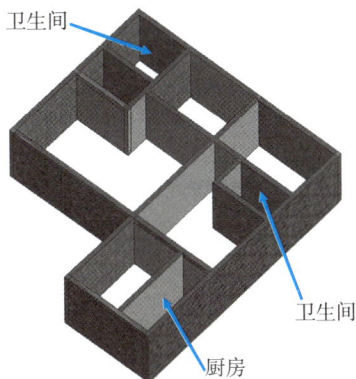

图 3.1.45　一层墙体三维视图

　　如果已经绘制完成的墙体，内外方向相反，可以选中该墙体，单击墙体附近出现的翻转控件调整，如图 3.1.46 所示，或使用空格键进行翻转。

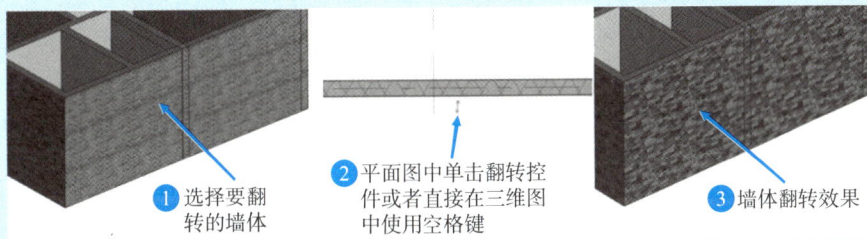

❶ 选择要翻转的墙体　❷ 平面图中单击翻转控件或者直接在三维图中使用空格键　❸ 墙体翻转效果

图 3.1.46　墙体方向翻转

　　【步骤 8】绘制二层外墙墙体。在"项目浏览器"中双击切换到 2F 楼层平面视图，依次单击"建筑"选项卡→"构建"面板→"墙"→"墙：建筑"命令，在"属性"面板的"类型选择器"中选择"别墅 – 外墙 – 外漆内漆 –240mm"，依次单击"修改|放置墙"选项卡→"绘制"面板→"线"工具，确认"修改|放置 墙"选项栏中"高度"为"2F"，绘制别墅二层外墙墙体，注意在卫生间位置切换墙体的类型，如图 3.1.47 所示。

　　【步骤 9】绘制二层内墙墙体。重复墙体的绘制方法，依照图纸示意绘制别墅二层内墙墙体，注意卫生间位置墙体为釉面砖，其他房间墙体为乳胶漆，在进行绘制时注意选择正确的墙体类型，如图 3.1.48 所示。

　　【步骤 10】复制三层部分墙体。在 2F 楼层平面视图中，使用鼠标左键配合按 Ctrl 键选中与三层类型和位置相同的墙体，依次单击"修改|墙"选项卡→"剪贴板"面板→"复制"按钮，当"粘贴"按钮由灰色转为黑色时，单击"粘贴"功能下拉箭头按钮，如图 3.1.49 所示。

　　在"粘贴"下拉列表中选择"与选定的标高对齐"命令，弹出"选择标高"对话框，选择"3F"，单击"确定"按钮，如图 3.1.50 所示。

【步骤 11】绘制三层其他部分墙体。双击切换到 3F 楼层平面视图，可以看见已经复制了选定的墙体，如图 3.1.51 所示。

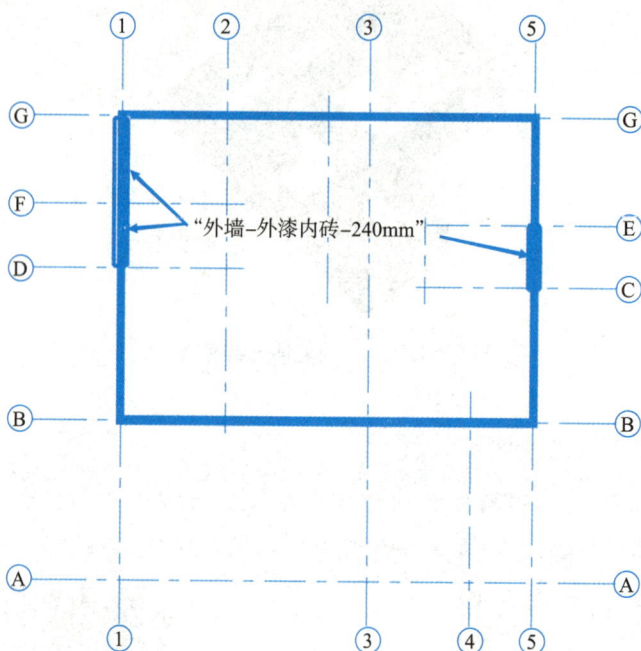

图 3.1.47　二层外墙墙体示意图

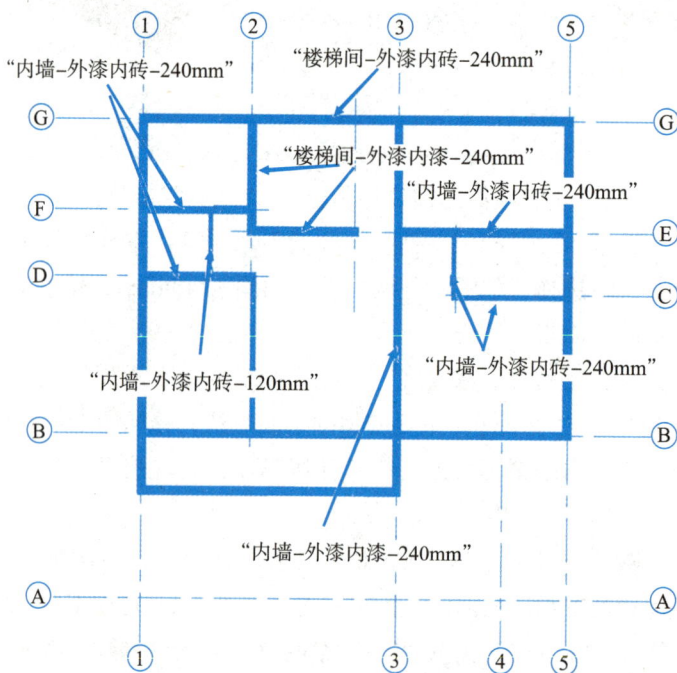

图 3.1.48　二层内墙墙体示意图

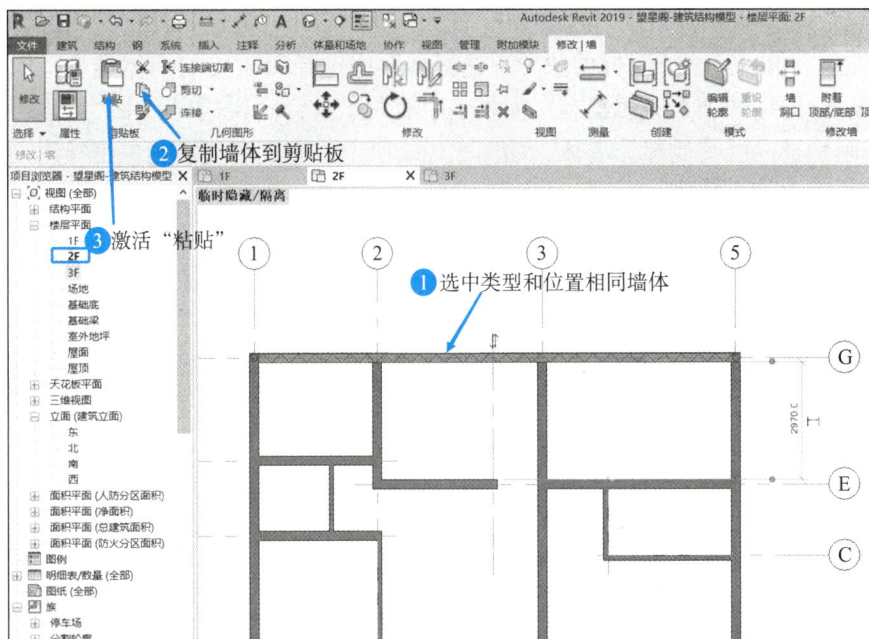

图 3.1.49　选择要复制的墙体并复制到剪贴板

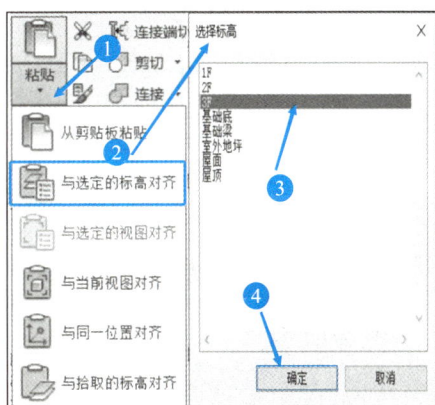

图 3.1.50　粘贴到选定的标高层

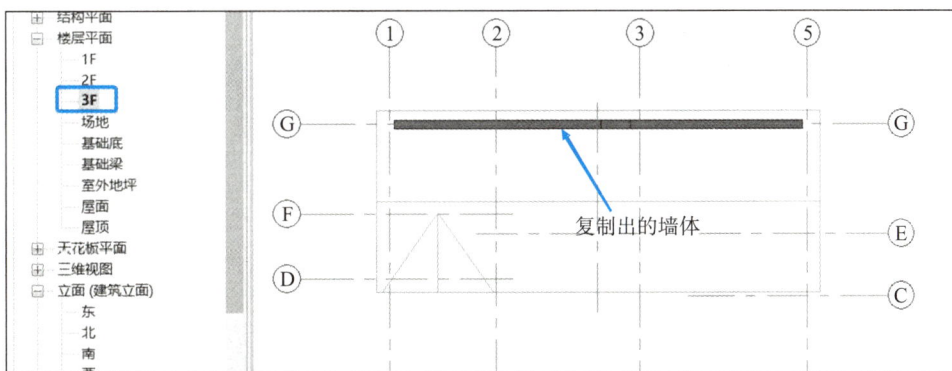

图 3.1.51　三层复制出的墙体

切换到 3F 楼层平面视图，依次单击"建筑"选项卡→"构建"面板→"墙"→"墙：建筑"命令，在"属性"面板的"类型选择器"中选择所需要的墙体类型，依次单击"修改|放置 墙"选项卡→"绘制"面板→"线"工具，确认选项栏中"高度"为"屋面"，绘制别墅三层其他部分墙体，如图 3.1.52 所示。完成后切换到三维视图，观察别墅墙体，三维效果如图 3.1.53 所示。

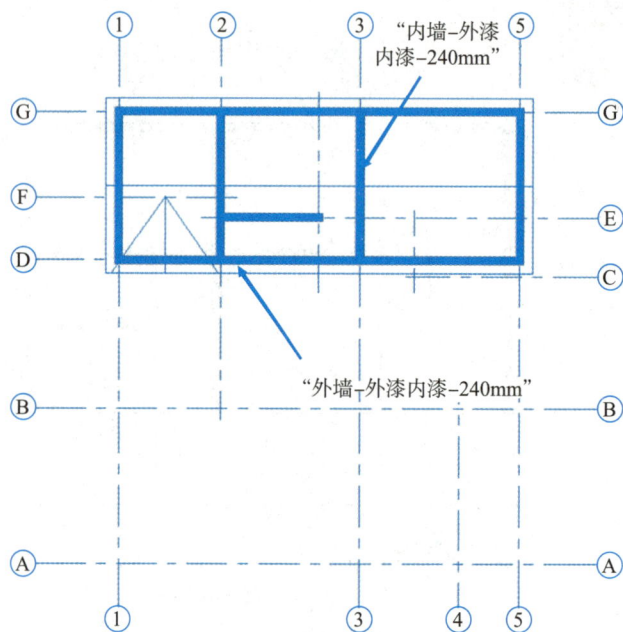

图 3.1.52　三层墙体示意图

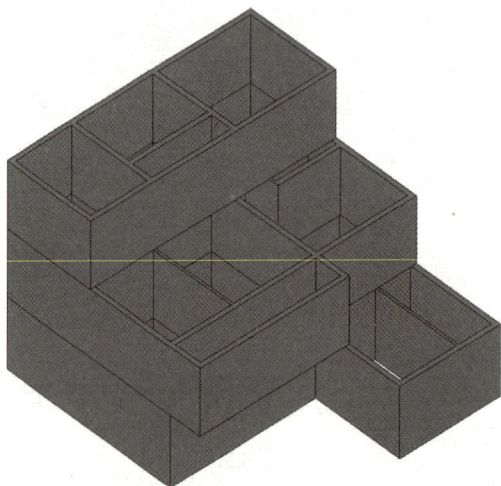

图 3.1.53　墙体三维视图

3.1.4　拓展训练

根据给定图纸（图 3.1.54）及信息完成项目墙体的创建，设置其材质及纹理。

其中外墙外侧材质为红色砖墙，厚为 90mm；外墙核心层厚为 200mm；外墙内侧及内墙两侧均采用大白粉刷，厚为 10mm；内墙核心层厚为 140mm。

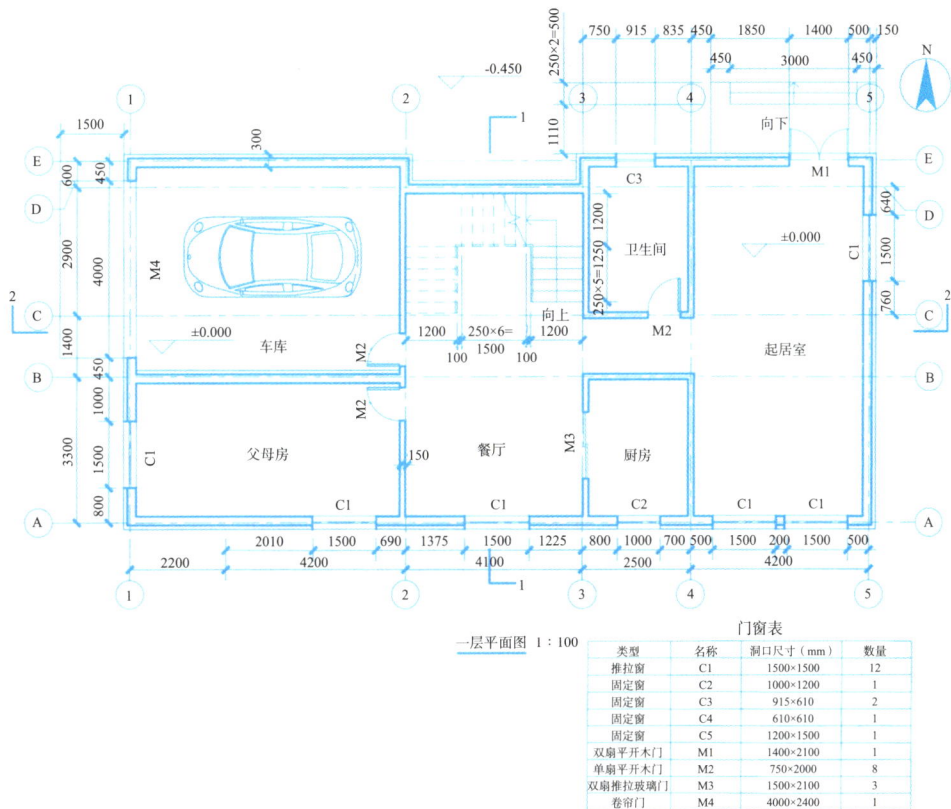

一层平面图 1∶100

门窗表

类型	名称	洞口尺寸（mm）	数量
推拉窗	C1	1500×1500	12
固定窗	C2	1000×1200	1
固定窗	C3	915×610	2
固定窗	C4	610×610	1
固定窗	C5	1200×1500	1
双扇平开木门	M1	1400×2100	1
单扇平开木门	M2	750×2000	8
双扇推拉玻璃门	M3	1500×2100	3
卷帘门	M4	4000×2400	1

图 3.1.54 墙体拓展训练图

任务 3.2 创建幕墙

3.2.1 工作任务

完成别墅模型幕墙的创建及编辑。

3.2.2 任务分析

幕墙是建筑外墙的一种类型，是现代建筑中常用的一种带有装饰效果的轻质墙体，起到围护作用，具有质轻灵活、抗震能力强、维修方便等优点。

1. Revit 中的幕墙的组成和分类

1）幕墙的组成

幕墙主要由三个部分构成，分别是"幕墙网格""幕墙嵌板"和"幕墙竖梃"，如图 3.2.1 所示，"幕墙网格"用于划分幕墙，其尺寸和形状可以决定"幕墙嵌板"的尺寸和形状，"幕墙竖梃"则是基于"幕墙

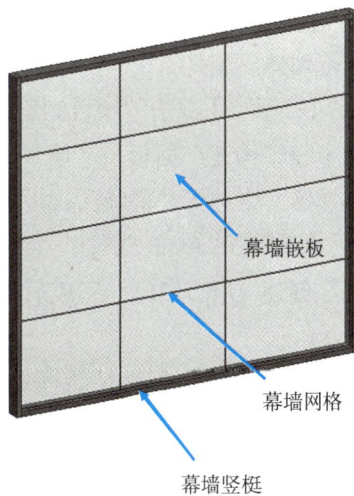

图 3.2.1 幕墙组成

网格"生成的构件。

2）幕墙的分类

在 Revit 中，幕墙按照创建的方法不同，分为常规幕墙和幕墙系统两大类，常规幕墙属于建筑墙的一种，幕墙系统则属于构件。常规幕墙的创建和编辑方法和常规的墙体相似，在 Revit 中提供三种默认常规幕墙类型，分别是"幕墙""外部玻璃""店面"，如图 3.2.2 所示。

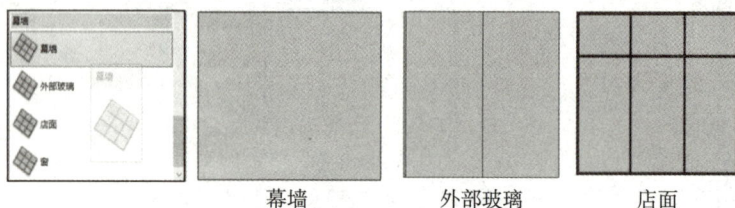

图 3.2.2　常规幕墙类型

2. 幕墙创建思路

在 Revit 中，幕墙属于建筑墙中的一类，属于系统族，创建和绘制的方法和墙体类似。不同的是幕墙根据需要可以添加幕墙网格，并进行幕墙嵌板的替换，生成个性化的幕墙。根据图纸信息和设计说明，获取幕墙的基本形状和信息，根据幕墙的尺寸绘制墙体即可。

3.2.3　操作演示

1. 创建幕墙类型

幕墙命令和墙体命令同在"建筑"选项卡→"构建"面板→"墙"工具中。创建幕墙类型的方式和创建其他构件的方式一致，通过"属性"面板中的"编辑类型"按钮，在"类型属性"对话框中创建并定义幕墙的具体信息。

项目实例：完成本项目案例小别墅幕墙的创建。

【步骤1】打开上一节保存的项目文件，或者直接打开本书配套资源中工程文件"别墅－墙体"文件。

【步骤2】双击"项目浏览器"面板中的"1F"楼层平面视图，依次单击"建筑"选项卡→"构建"面板→"墙"下拉按钮→"墙：建筑"命令，在"属性"面板的"类型选择器"中选择"幕墙"，如图 3.2.3 所示。

【步骤3】单击"属性"面板中的"编辑类型"按钮，弹出"类型属性"对话框，"复制"创建"MC7521"，完成后单击"确定"按钮，返回"类型属性"对话框，如图 3.2.4 所示。

在"类型属性"对话框中，勾选"自动嵌入"，下拉到"标识数据"栏中，输入"类型"值为"MC7521"，如图 3.2.5 所示。

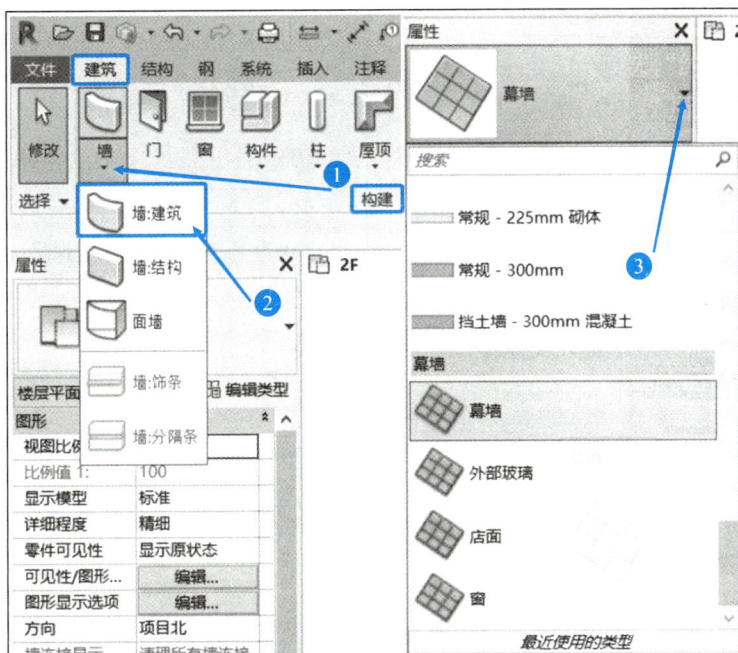

图 3.2.3　幕墙命令

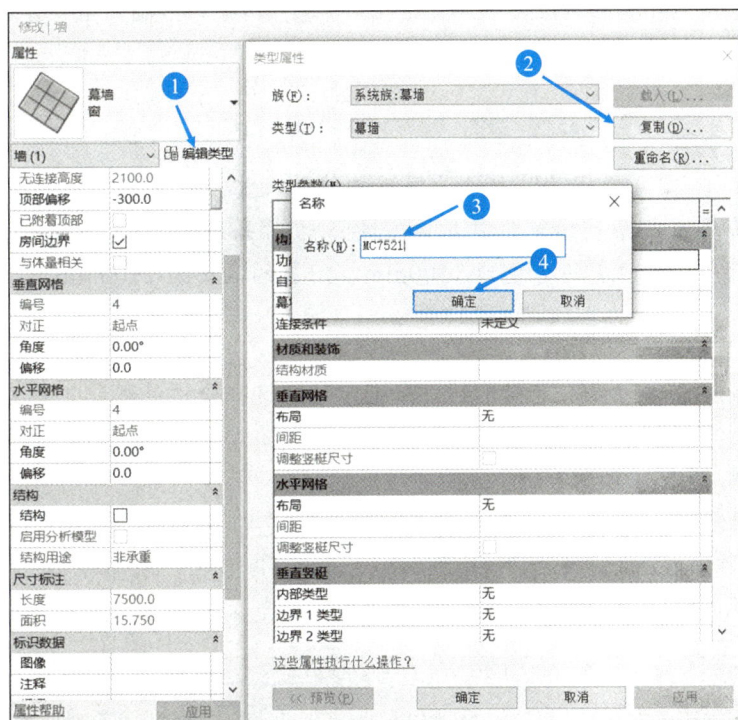

图 3.2.4　创建幕墙类型

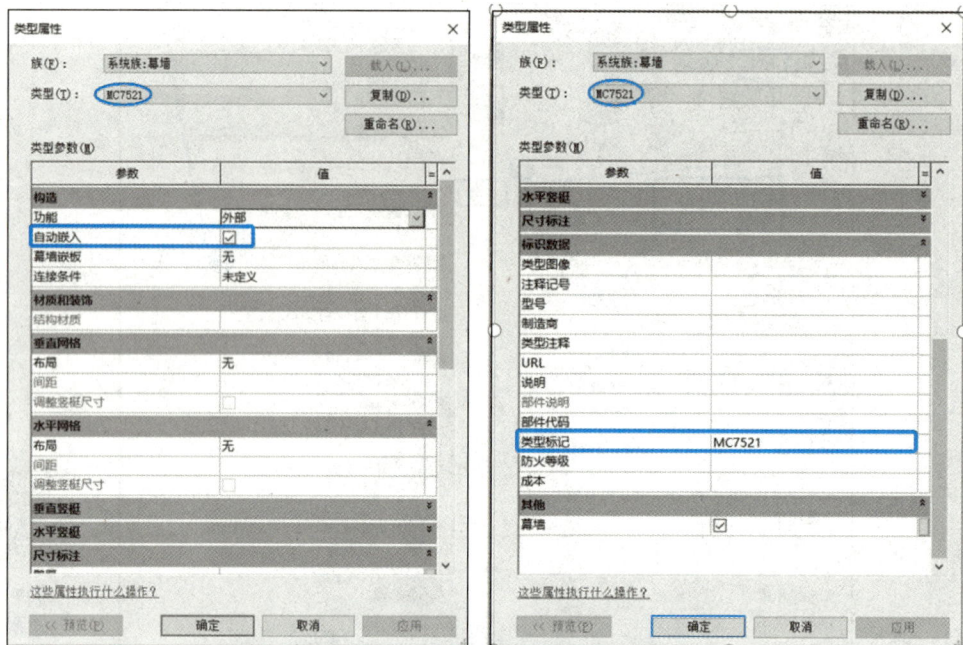

图 3.2.5　修改 MC7521 参数

【步骤 4】使用相同的方法，"复制"创建"MC1621"新幕墙类型，分别调整类型标记为"MC1621"。

> **小知识**
>
> 　　"类型标记"参数可以用于显示门窗构件的尺寸，通常用"M"表示门，"C"表示窗，前两位数字表示宽度，后两位数字表示高度，例如"MC7521"，表示此构件有门有窗，门窗的宽度为 7500mm，门窗的高度为 2100mm。

2. 绘制幕墙

幕墙绘制的方法与墙体绘制相同，在指定位置选择合适的绘制工具直接进行绘制即可。

项目实例：完成本项目案例小别墅幕墙的绘制。

【步骤 1】切换到"1F 楼层平面视图"，在"属性"面板的"类型选择器"中选择"MC7521"，在"修改|放置 墙"选项栏中确认"高度"为"未连接"，"未连接"参数值设置为"2100.0"，取消勾选"链"，如图 3.2.6 所示。

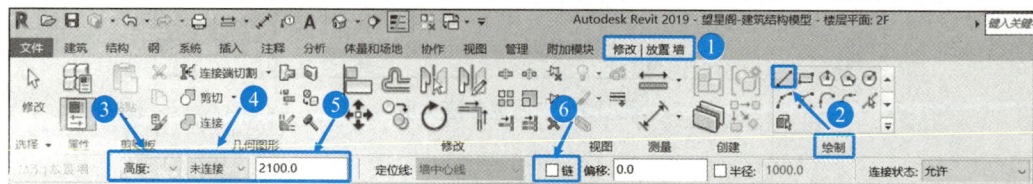

图 3.2.6　放置幕墙

【步骤2】在"属性"面板中顶部约束设置未连接，设置"顶部偏移"为"–300.0"、"底部偏移"为"900.0"，移动光标至轴①与Ⓐ轴线交点处，单击作为起点向右绘制至③轴线与Ⓐ轴线交点处，单击完成 MC7521 幕墙绘制，按 Esc 键退出绘制，如图 3.2.7 所示。

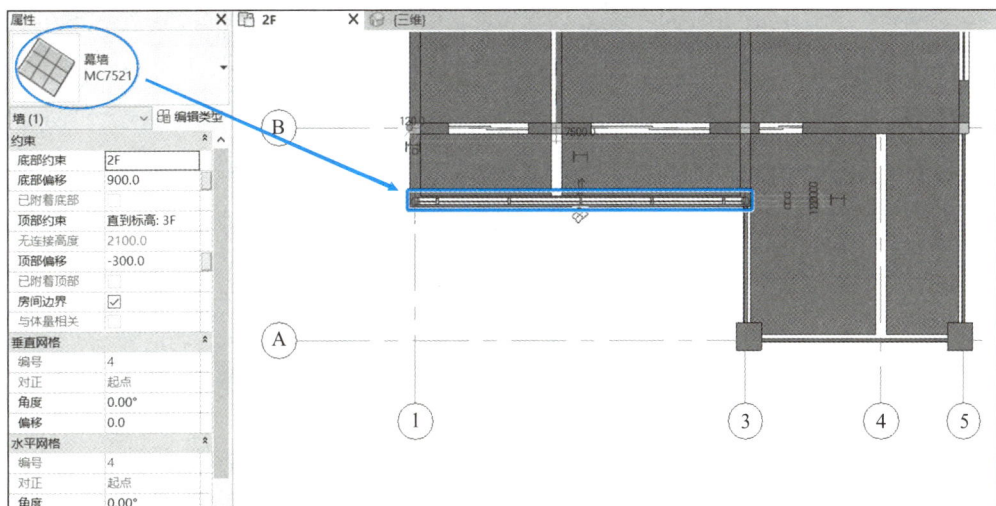

图 3.2.7　南侧幕墙绘制位置示意图

【步骤3】在"属性"面板的"类型选择器"中选择"MC1621"，"顶部约束"设置为 3F，设置"顶部偏移"为"–300.0"，"底部偏移"为"900.0"，移动光标至①轴线与Ⓑ轴线交点处墙边，单击绘制起点向下绘制 1600mm，单击完成 MC1621 幕墙绘制，如图 3.2.8 所示。继续使用"MC1621"移动光标至③轴线与Ⓑ轴线交点处墙边，单击绘制起点向下绘制 1600mm，单击完成 MC1721 幕墙绘制，如图 3.2.9 所示。

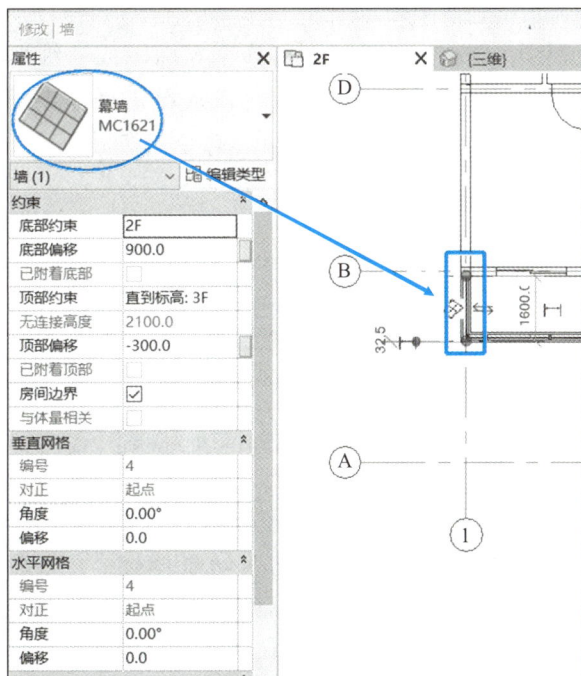

图 3.2.8　二层西侧幕墙示意图

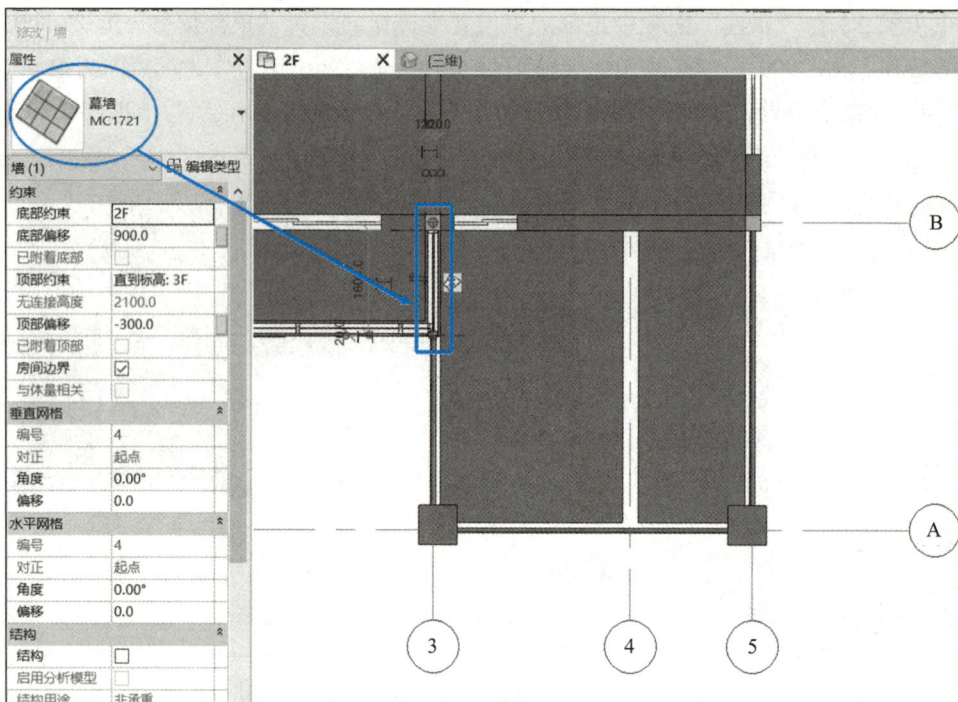

图 3.2.9　二层东侧幕墙示意图

3. 编辑幕墙

1）编辑幕墙轮廓

有时幕墙不一定是标准的矩形轮廓，需要重新调整。通过"编辑轮廓"功能，可以按照设计重新定义幕墙的整体轮廓形状。

项目实例：完成幕墙的轮廓编辑示范。

【步骤 1】在平面图中绘制一堵幕墙，切换至立面图或三维视图进行幕墙轮廓编辑，如果项目有很多构件，不便进行编辑，可依次单击操作界面下方的"视图控制栏"→"临时隐藏 / 隔离口"功能→"隔离图元"命令，如图 3.2.10 所示。

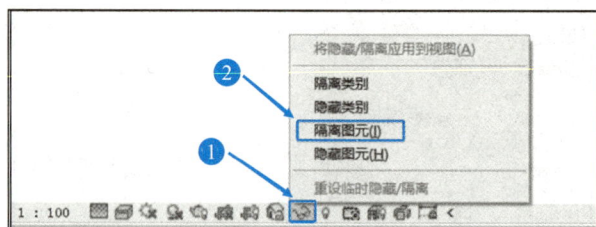

图 3.2.10　视图控制栏临时隐藏 / 隔离图元

> **小知识**
>
> "视图控制栏"中的"临时隐藏 / 隔离"功能按钮，可以将选中的图元单独隔离出来进行编辑，这样既可以避免在编辑过程中影响到其他的图元，也可以保证清晰的操作界面，更便于编辑。

【步骤 2】隔离出需要编辑轮廓的幕墙，依次单击"修改 | 墙"选项卡→"模式"面板→"编辑轮廓"工具，在隔离出的三维视图中，通过"View Cube"工具调整到"前视图"，如图 3.2.11 所示，方便进行轮廓编辑。

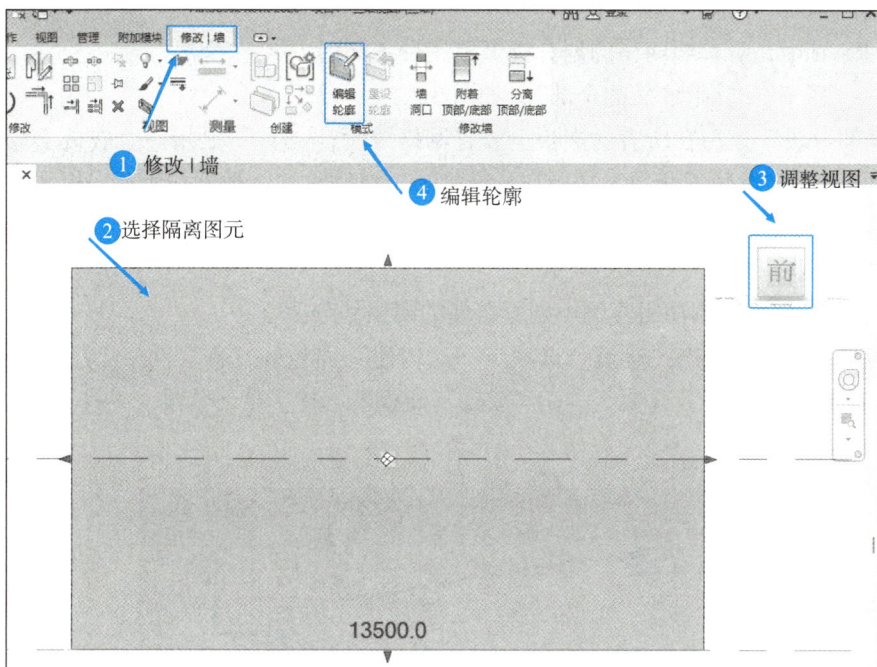

图 3.2.11　隔离编辑轮廓

【步骤 3】依次单击"修改 | 墙＞编辑轮廓"选项卡→"绘制"面板→"线"工具，按照图纸参数绘制轮廓边线，选择"修改"面板中的"修 / 延伸为角"工具，修剪边界轮廓为闭合轮廓，如图 3.2.12 所示，完成后单击"模式"面板中的"完成编辑模式"按钮，完成幕墙轮廓的编辑。

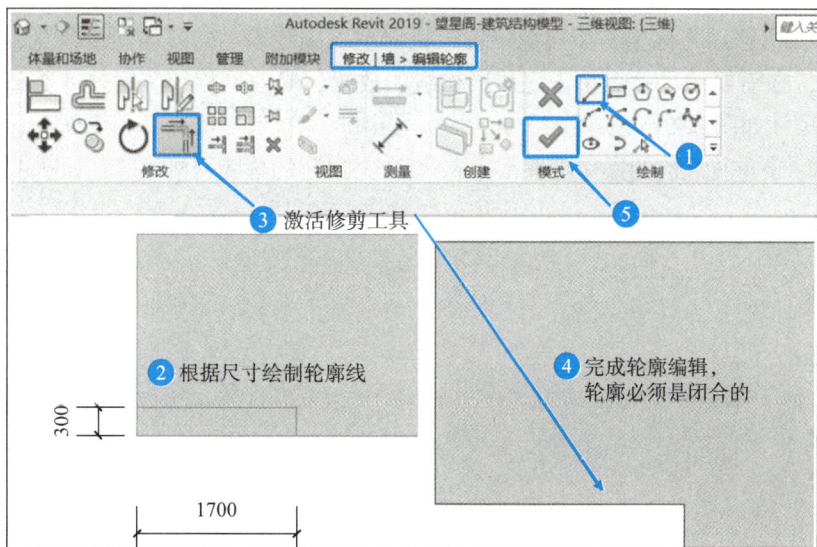

图 3.2.12　编辑幕墙轮廓参数

2）划分幕墙网格

由于门、窗构件无法直接插入幕墙当中，因此需要对幕墙先划分区域，以方便后期对幕墙进行编辑，幕墙网格就是由用于划分区域的分割线组成。

图 3.2.13　放置网格

在 Revit 中，对幕墙网格的划分提供了三种不同的方式："全部分段""一段"和"除拾取外的全部"，如图 3.2.13 所示。

"全部分段"是指在所有的嵌板上放置网格线段；"一段"是指一个嵌板上放置一条网格线段；"除拾取外的全部"是指在分段除了选择排除的嵌板外的所有嵌板上放置网格线段，该方式需要两个步骤，第一步确定网格的位置，显示为红色的线，第二步开始一个新的幕墙网格命令。

项目实例：完成本项目案例小别墅幕墙的网格划分。

【步骤 1】依次单击"建筑"选项卡→"构建"面板→"幕墙网格"工具，切换到"修改 | 放置 幕墙网格"选项卡，在"放置"面板中选择"全部分段"工具，如图 3.2.14 所示。

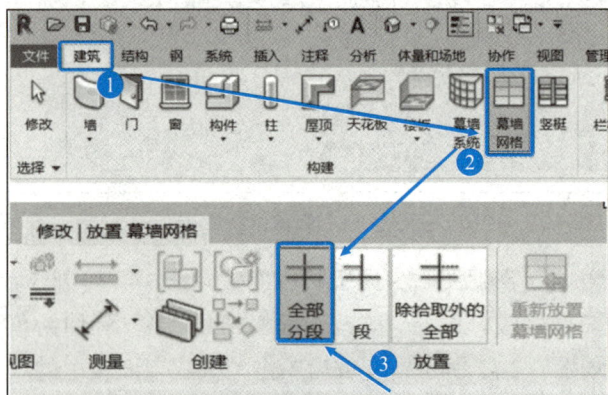

图 3.2.14　幕墙网格命令

【步骤 2】移动光标至幕墙边缘位置，将出现以虚线表示的幕墙网格预览，并会出现临时尺寸，在需要的尺寸点单击完成网格线的放置，修改网格线临时尺寸数值建立网格线，具体尺寸如图 3.2.15 所示。

【步骤 3】重复之前的操作步骤，完成"MC7521"的幕墙网格划分，如图 3.2.16 所示。

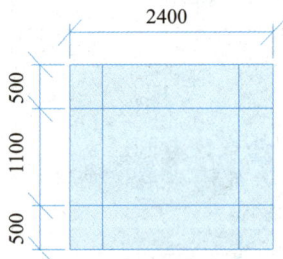

图 3.2.15　MC1621 幕墙网格尺寸

图 3.2.16　MC7521 幕墙网格

选中需要删除的网格线，切换到"修改 | 幕墙网格"选项卡，单击"幕墙网格"面板中的"添加 / 删除线段幕墙网格"工具，再次单击需要删除的线段，如图 3.2.17 所示，调整完毕后的效果如图 3.2.18 所示。

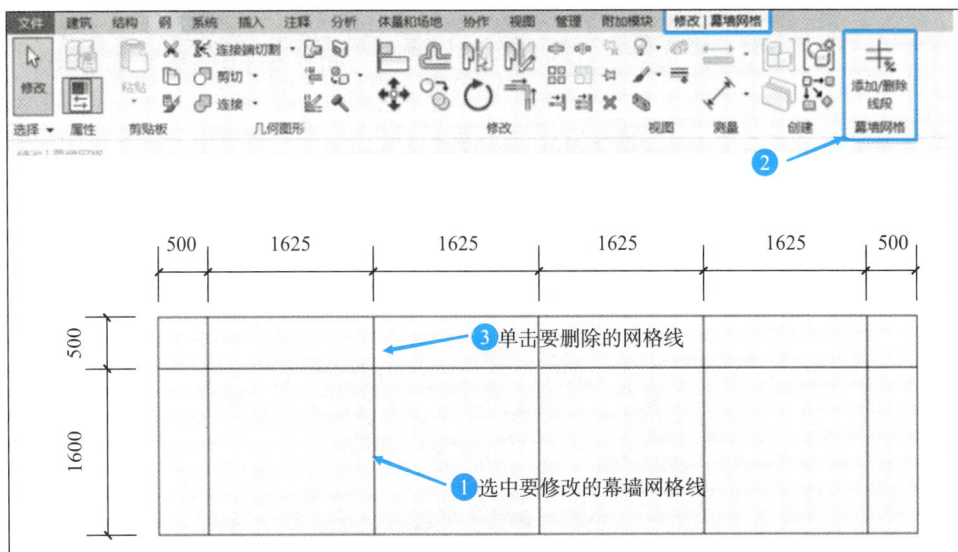

图 3.2.17　添加 / 删除线段幕墙网格

图 3.2.18　完成"MC7521"的幕墙网格

【步骤 4】重复之前的操作步骤，完成"MC1721"的幕墙网格划分，如图 3.2.19 所示。

3）添加幕墙竖梃

幕墙竖梃是竖梃轮廓沿幕墙网格方向放样生成的实体模型，使用幕墙竖梃工具可以自由地在幕墙网格处生成指定类型的幕墙竖梃。

项目实例：完成本项目案例小别墅幕墙的竖梃添加。

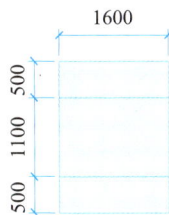

图 3.2.19　"MC1621"
幕墙的网格尺寸

【步骤 1】依次单击"建筑"选项卡→"构建"面板→"竖梃"工具，切换进入"修改 | 放置 竖梃"选项卡，在"放置"面板中选择"全部网格线"按钮，使用默认的竖梃类型，如图 3.2.20 所示。

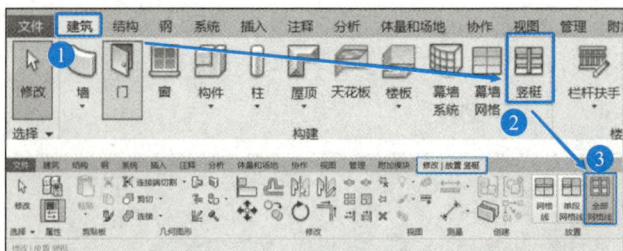

图 3.2.20　添加幕墙竖梃工具

【步骤 2】移动光标放置到"MC7521"上，单击完成竖梃的放置。观察发现，放置的竖梃没有对齐，这是因为在添加竖梃时是以竖梃的边界添加的，为了下一步替换幕墙嵌板，需要调整竖梃以保证幕墙嵌板的整个轮廓是规整的，如图 3.2.21 所示。

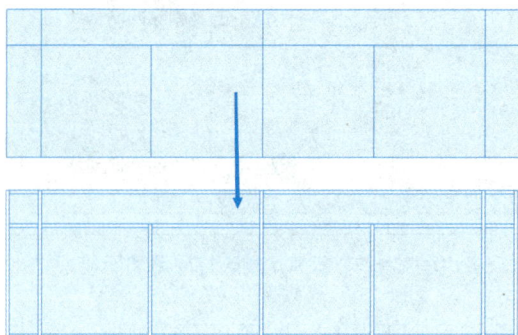

图 3.2.21　放置完竖梃的幕墙

【步骤 3】用同样的方式，为其他幕墙添加竖梃，完成后如图 3.2.22 所示。

图 3.2.22　MC1621 幕墙竖梃

4）设置幕墙嵌板

幕墙网格完成后，需要在 Revit 根据网格线段形状将幕墙分为多个独立的幕墙嵌板，可以根据需要自由制定和替换每个幕墙嵌板。

幕墙嵌板可以替换为系统嵌板族、外部嵌板族、任意基本墙及叠层墙族类型。其中 Revit 软件提供的"系统板族"包括"玻璃""实体"。例如默认的幕墙板是"玻璃"，如果要替换幕墙的嵌板，需要将所需替换的系统嵌板族、外部嵌板族、任意基本墙及叠层墙族载入项目中。

项目实例：完成本项目案例小别墅幕墙嵌板的替换。

【步骤 1】选择 "MC7521"，进行图元隔离，按 Tab 键进行切换，直到需要替换的嵌板为高亮显示时，单击选中，在 "属性" 面板中单击 "编辑类型" 按钮，如图 3.2.23 所示。

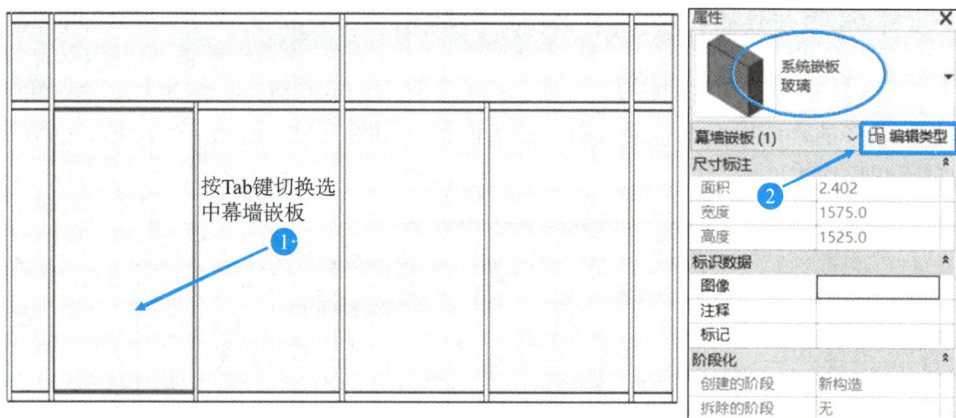

图 3.2.23　选中替换嵌板

> **小知识**
>
> 在幕墙编辑的过程中，由于在同一位置会有很多不同的图元重叠在一起，想要直接选中需要编辑的图元很不方便，此时可以移动光标到需要选择的图元位置，配合按 Tab 键进行切换选择，Revit 会循环高亮显示各个图元，当需要的图元高亮时，单击即可选中该图元。

【步骤 2】在 "类型属性" 面板中单击 "载入" 按钮，弹出 "载入族" 对话框，在族存储文件夹中 "C://ProgramData/Autodesk/RVT2019/Libraries/Libraries/China/ 建筑 / 幕墙门窗嵌板" 浏览选择合适的 "族"，如图 3.2.24 所示。

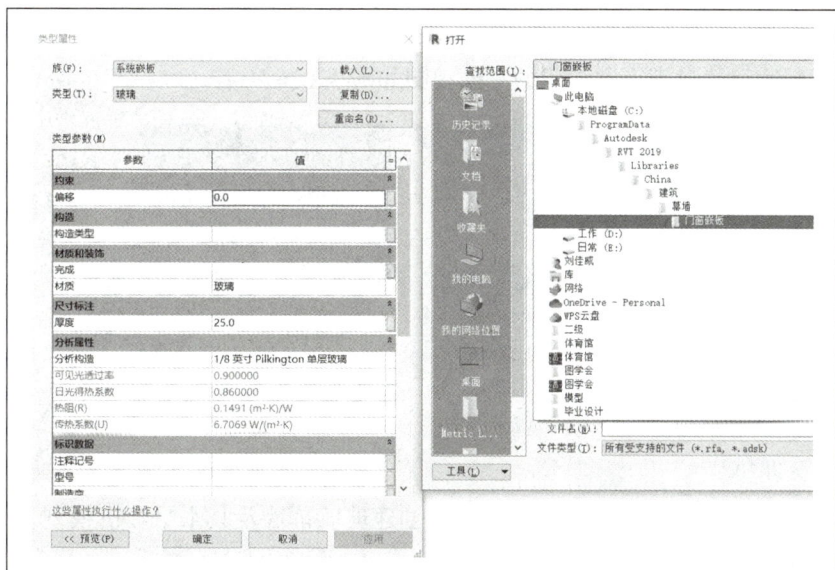

图 3.2.24　载入幕墙门窗嵌板族

> **提示**
>
> 在"1+X"建筑信息模型(BIM)职业技能等级考试初级建模考试中,由于考试的时间有限,因此,在没有对构件进行具体要求的时候,可以通过从族库中载入族的方式直接选择可以使用的图元,以提高考试时的操作效率。

【步骤3】在"属性"面板的"类型选择器"列表中选择载入的嵌板族,选择需要的窗嵌板,选中的幕墙嵌板将替换成载入的窗嵌板,如图 3.2.25 所示。使用相同的方法可将其他嵌板换成窗嵌板。

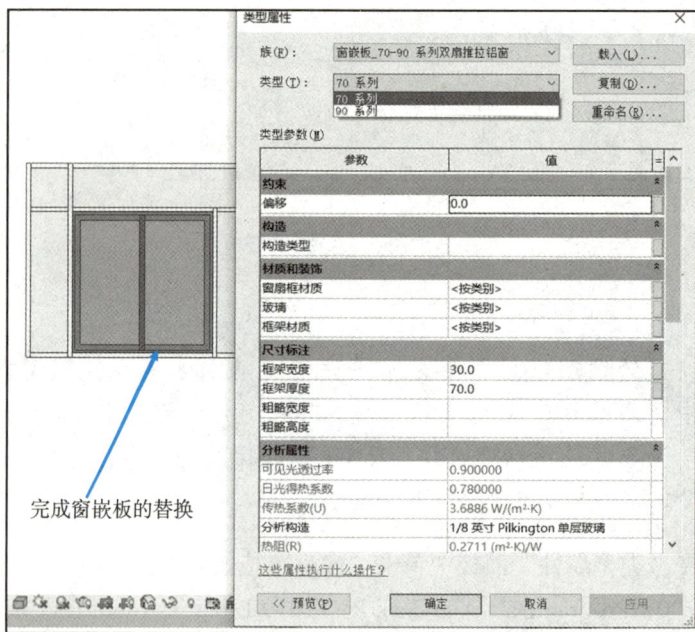

图 3.2.25　替换成窗嵌板

【步骤4】使用相同的方法,完成项目幕墙的编辑。完成后保存项目文件到指定文件夹中,以备后续继续建模。完成后的三维视图如图 3.2.26 所示。

> **提示**
>
> 在"1+X"建筑信息模型(BIM)职业技能等级考试初级建模考试中,幕墙既可能会单独考核,也可能在综合建模当中考核,在现代建筑中,幕墙是一种很常见的墙类型,常规幕墙的设置方法应该要掌握。

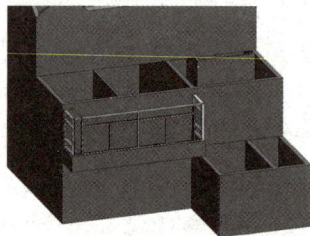

图 3.2.26　别墅幕墙三维视图

微课:体量
创建幕墙

3.2.4　拓展训练

根据图 3.2.27 给定的北立面和东立面,创建玻璃幕墙及其水平竖梃模型。请将模型文件以"幕墙 .rvt"为文件名保存提交。

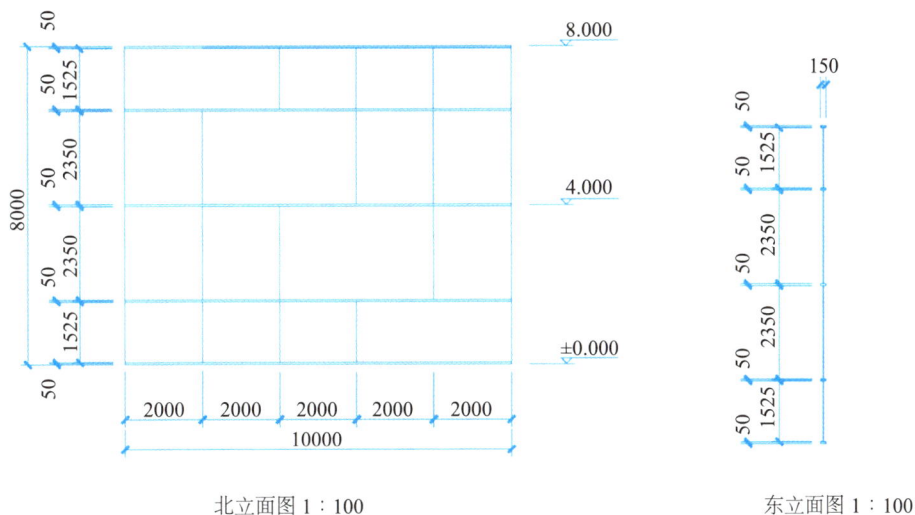

北立面图 1∶100　　　　　　　　　　　　　东立面图 1∶100

图 3.2.27　幕墙拓展训练图

任务 3.3　创建门

3.3.1　工作任务

创建各层房间的门，并确定门的各类参数，如图 3.3.1～图 3.3.3 所示，具体参数请查阅项目施工图纸。

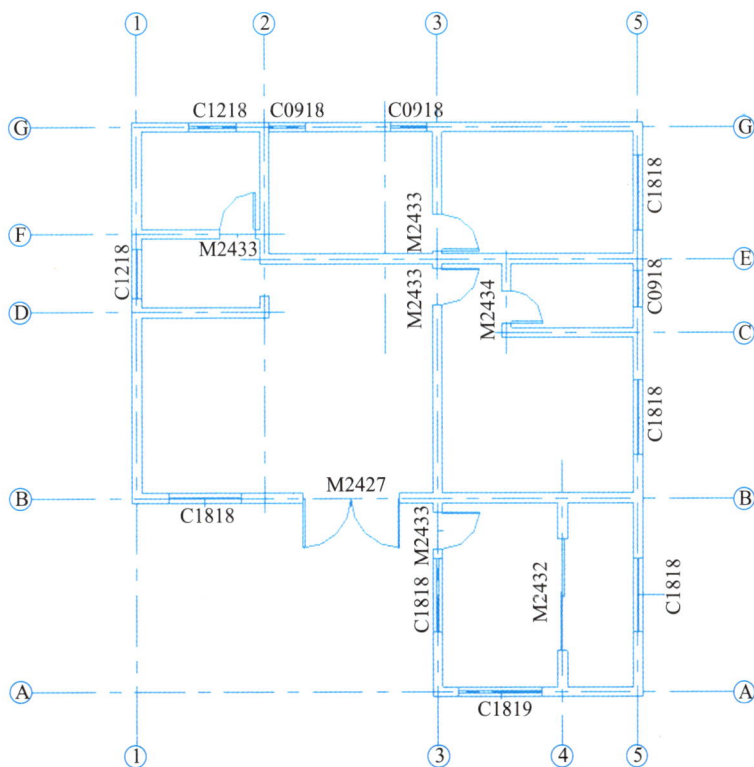

图 3.3.1　一层平面图

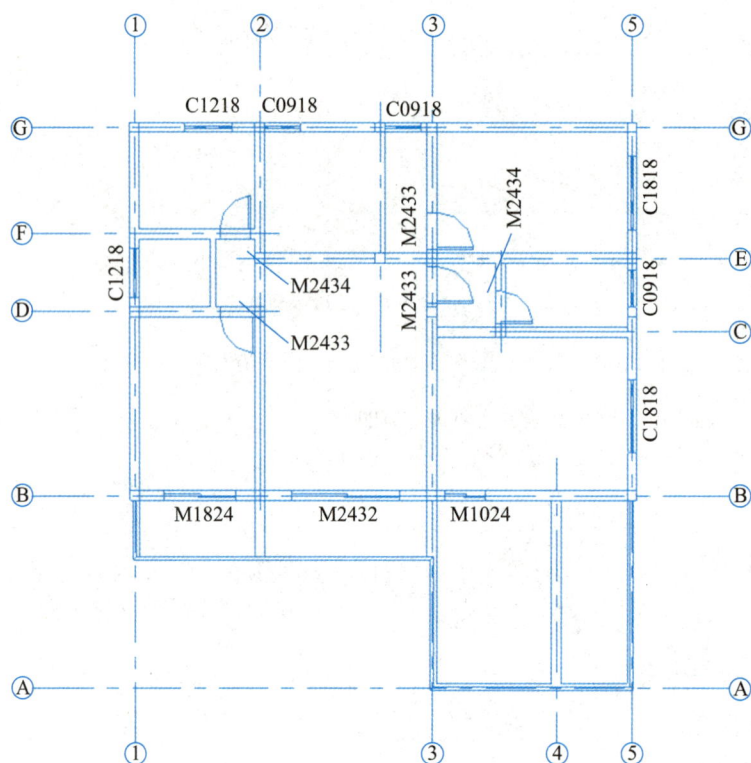

图 3.3.2　二层平面图

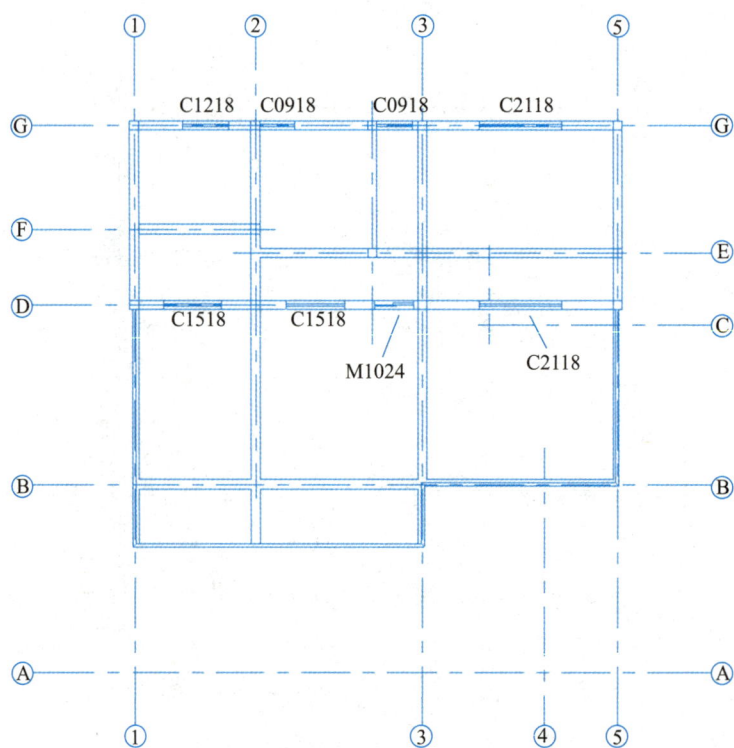

图 3.3.3　三层平面图

3.3.2 任务分析

门是建筑的重要组成部分，是最常见的建筑构件之一。门的主要功能是室内空间、室内外空间的交互联系。

1. 门的基本类型

在建筑中，门的形式非常多，可以按照不同的分类方式对它们进行分类。但是在图纸中通常取决于门的开启方式，其他例如材质、功能、性能等在平面图纸表达中对于开启方式而言属于次要属性。

2. 门的创建思路

在 Revit 中，门属于可载入族，是基于墙体的构件。门必须放置在墙等主体图元中，这种依赖于主体图元而存在的构件称为"基于主体的构件"，即墙体或屋顶是门的主体，门放置其上系统会自动剪切门的洞口，移动门的位置，门的洞口会自动调整，删除墙体，门也随之被删除。

微课：创建
和编辑门

门的操作可以在平面视图、立面视图、剖面视图或三维视图中进行操作，门可以自动识别并剪切墙体。

门的创建与编辑一般是在清楚了解项目门的信息后，通过载入已经做好的（带有参数驱动）门族到项目环境中，通过编辑属性参数得到不同型号门的类型，再直接放置就能完成门的创建和放置。

3.3.3 操作演示

1. 创建和编辑门

门可以添加到任何类型的墙体之中，创建门类型的方法和其他图元类型创建的方法是一致的。通过"编辑类型"创建和编辑门。

Revit 中样板文件自带的门种类很少，不能满足实际的项目需要，因此可以提前从族库中载入需要的族以方便后面建模的需要。

项目实例：完成本项目案例小别墅门的创建。

【步骤 1】打开上一节保存的项目文件，或者直接打开本书配套资源中工程文件"别墅 . 幕墙"文件。

【步骤 2】依次单击"插入"选项卡→"从库中载入"面板→"载入族"工具，如图 3.3.4 所示，先行载入项目所需的门族。

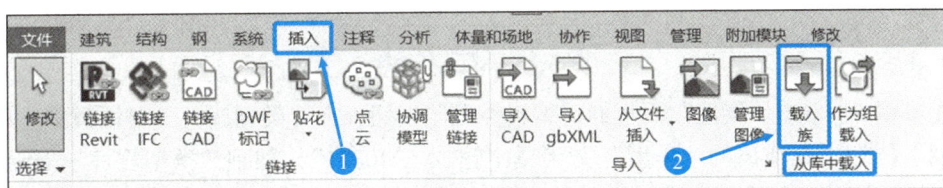

图 3.3.4 载入族

在"载入族"对话框中，在"查找范围中"找到软件安装时族的安装位置，门族的存储位置为"C/ProgramData/Autodesk/RVT2019/Libraries/Libraries/China/ 建筑 / 门 / 普通门"，打开文件夹后，根据项目需要，打开"平开门"文件夹，依次选择"单扇嵌板木门"→"双扇嵌板木门"后，单击"打开"按钮可打开"推拉门"文件夹，选择"双扇推拉门"，把所需要的族载入项目当中，在库中有很多类型的门，根据图纸示意去选择，在选择族时可以拖动光标浏览需要的族，在右侧"预览"小图中可以观察选中的族的预览图。

【步骤3】在"项目浏览器"中双击切换到1F楼层平面，依次单击"建筑"选项卡→"构建"面板→"门"工具，如图3.3.5所示。

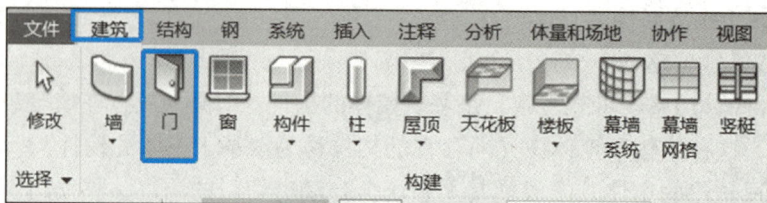

图 3.3.5　门命令

【步骤4】在"属性"面板的"类型选择器"中选择载入的"单嵌板木门"中的"800×2100mm"类型，如图3.3.6所示。

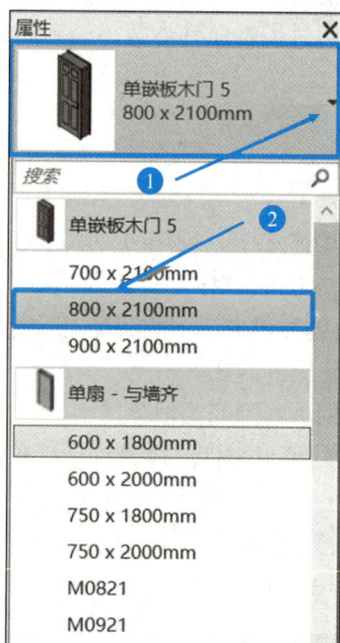

图 3.3.6　类型选择器

【步骤5】单击"属性"面板的"编辑类型"按钮，在"类型属性"对话框中，单击"复制"按钮，在弹出的"类型"文字栏中输入"M0821"，回到"类型属性"对话框，修改"尺寸标注"栏中门的"高度"为"2100.0"，"宽度"为"800.0"，向下拖动浏览条至"标识数据"栏，修改"类型标记"为"M0821"，单击"确定"按钮，完成新的门类型"M0821"的创建，如图3.3.7所示。

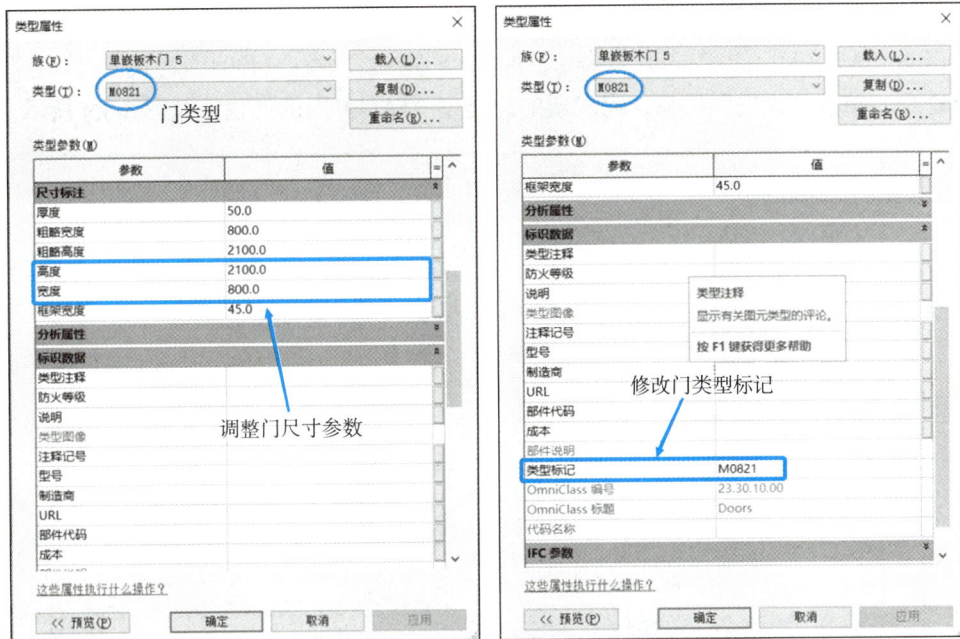

图 3.3.7　修改 M0821 参数

【步骤 6】使用"复制"创建类型的方式，创建新的门类型"M0921"，修改"尺寸标注"的门"高度"保持为"2100.0"，"宽度"为"900.0"，修改"类型标记"为"M0921"，单击"确定"按钮，完成"M0921"的创建，如图 3.3.8 所示。

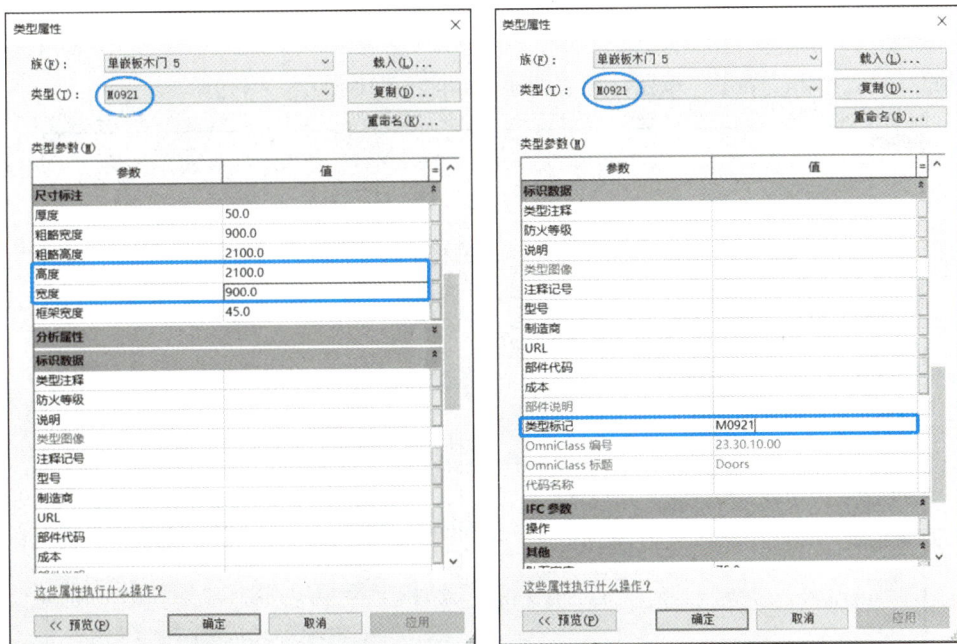

图 3.3.8　修改 M0921 参数

【步骤 7】重复相同的方法和步骤，在"属性"面板"类型选择器"中选择载入的

"双面嵌板木门",使用"复制"的方法创建"M2427"。

修改"M2427"的"高度"为"2700.0","宽度"为"2400.0","类型标记"为"M2427",单击"确定"按钮,完成新的门类型"M2427"的创建,如图 3.3.9 所示。

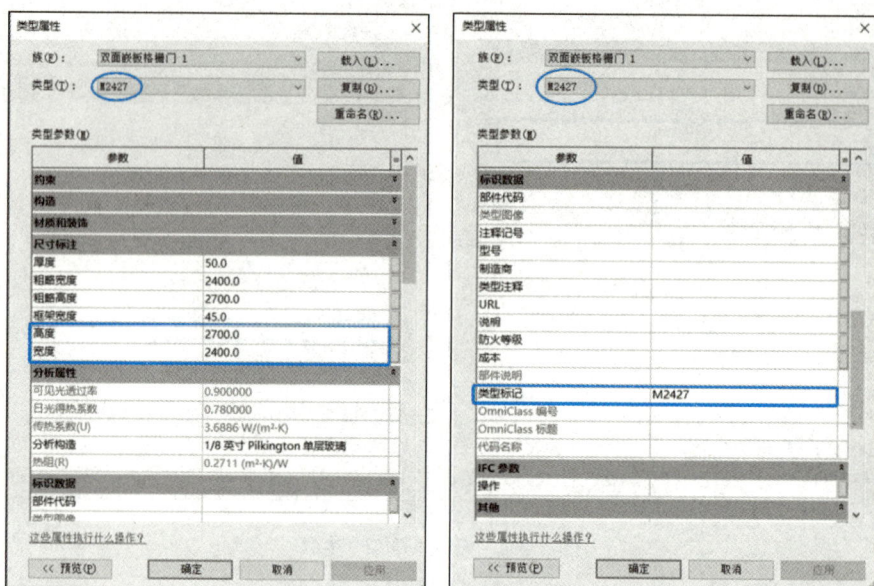

图 3.3.9　修改 M2427 参数

【步骤 8】在"属性"面板的"类型选择器"中选择载入的"双扇推拉门",使用"复制"的方法创建"TLM2724"。

修改"TLM2724"的"高度"为"2400.0","宽度"为"2700.0","类型标记"为"TLM2724",单击"确定"按钮,完成创建,如图 3.3.10 所示。

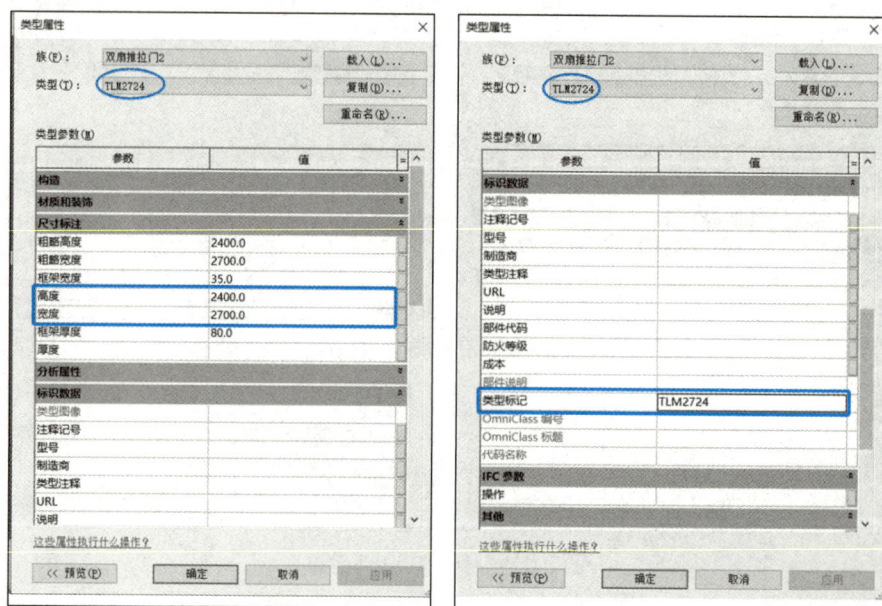

图 3.3.10　修改 TLM2724 参数

2. 放置门

门的放置可以在平面、立面、剖面或三维中进行，Revit 中门的"底高度"为"0"，即默认门的底部与标高层齐平，因此在放置的时候我们主要考虑的是门在墙上的相对位置。

项目实例：完成本项目案例小别墅门的放置。

【步骤 1】确认在 1F 楼层平面视图，依次单击"建筑"选项卡→"构建"面板→"门"工具，切换进入"修改 | 放置门"选项卡，在"属性"面板的"类型选择器"中选择"M0821"，移动光标至需要放置门的墙体处，会有预览放置，轻微上下移动光标可以调整放置门的内外方向，单击"确认"按钮放置，Revit 将在指定位置放置指定的门类型。

微课：
放置门

按照项目图纸所示位置放置门，如图 3.3.11 所示，未具体说明门距离墙体的尺寸时，门放置在靠墙位置即可，放置完毕后，按 Esc 键退出放置。

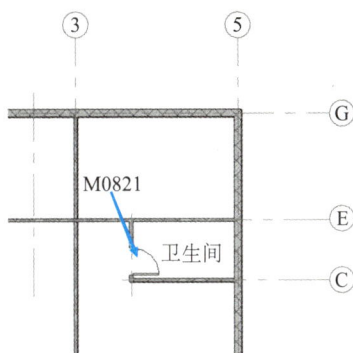

图 3.3.11　一层 M0821 位置示意图

> **小知识**
>
> 　放置门时，如果需要调整方向，可以轻微上下移动光标，或者直接按空格键进行翻转调整，或者选中门之后单击门附近的翻转控件来进行调整。

【步骤 2】重复上一步操作，在"属性"面板的"类型选择器"中选择"M0921"，按照图纸所示位置放置门，放置好后按 Esc 键退出；再一次在"属性"面板的"类型选择器"中选择"M2427"，在一层入口处居中放置双开门，放置好后按 Esc 键退出，继续在"属性"面板的"类型选择器"中选择"TLM2724"进行放置，完成一层门的放置，如图 3.3.12 所示。

【步骤 3】观察图纸，可见轴线Ⓒ和轴线Ⓖ之间的卧室门和轴线③和轴线⑤之间的卧室门和卫生间门，在二层的位置和类型相同，可以使用"剪贴板"快速完成放置。

选中要复制的门，依次单击"修改 | 门"选项卡→"剪贴板"面板→"复制"工具→单击"粘贴"下拉按钮→选择"与选定的标高对齐"命令，如图 3.3.13 所示，在弹出的"选择标高"对话框中，选择要复制到的标高层为 2F，单击"确定"按钮，完成门的快捷放置。

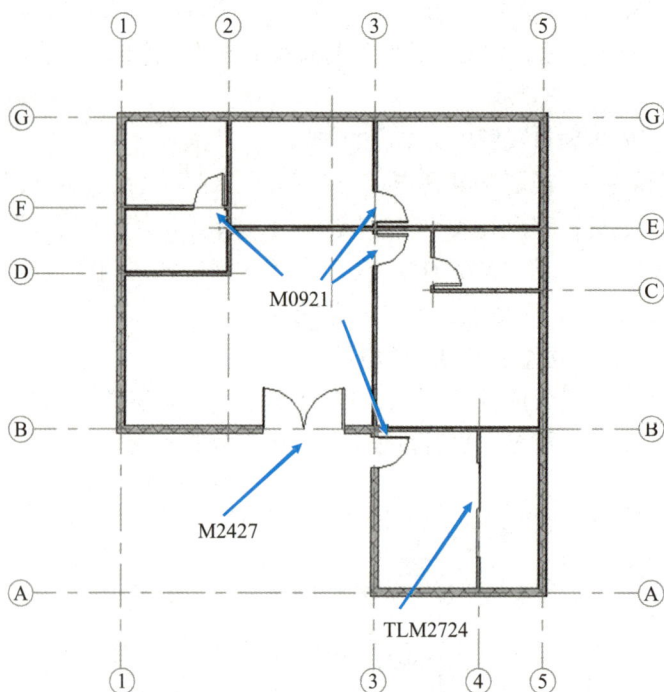

图 3.3.12　一层门的放置

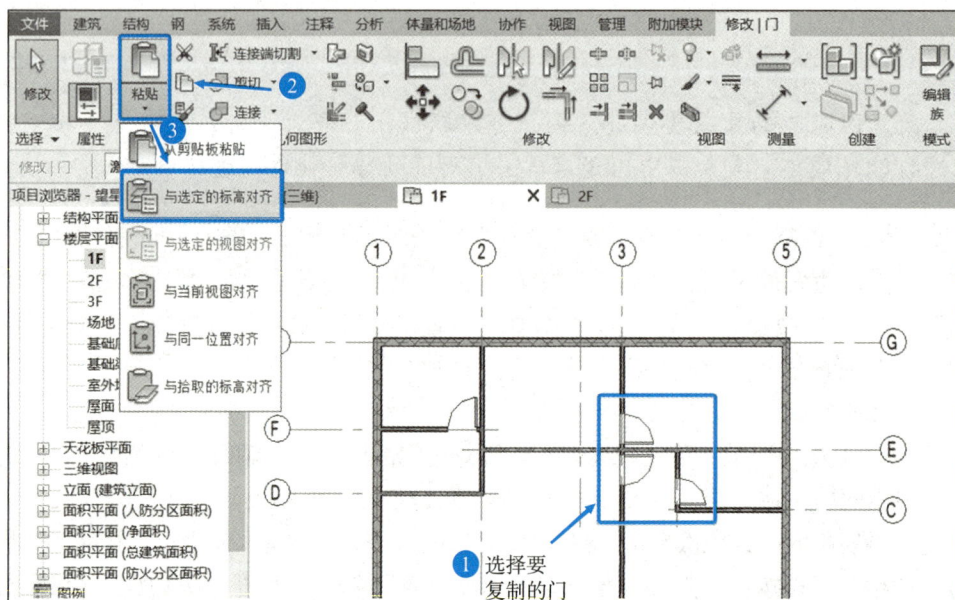

图 3.3.13　复制门

【步骤 4】切换到三维视图，拖动旋转可以进行观察，三维效果如图 3.3.14 所示。

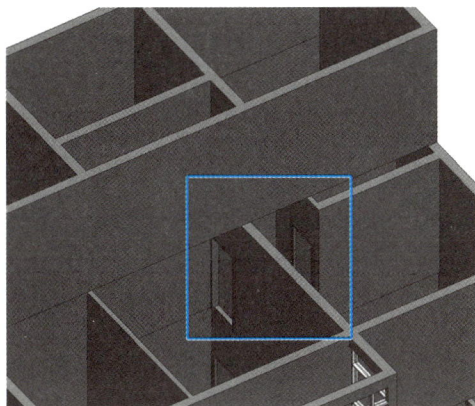

图 3.3.14　快捷放置门的三维效果

小知识

　　如果要观察建筑内的构件，可以使用"剖面框"工具。在"三维视图"的"属性"面板中，在"范围"栏中勾选"剖面框"，使用光标拖动绘图界面中剖面框的方向控件，可以根据需要灵活调整剖切的范围和方向，更好地对内部构件进行观察，如图 3.3.15 所示。例如本案例中要观察复制的门是否正确，可以拖动剖面框方向控件至图 3.3.16 所示范围，内部门将会一览无余。

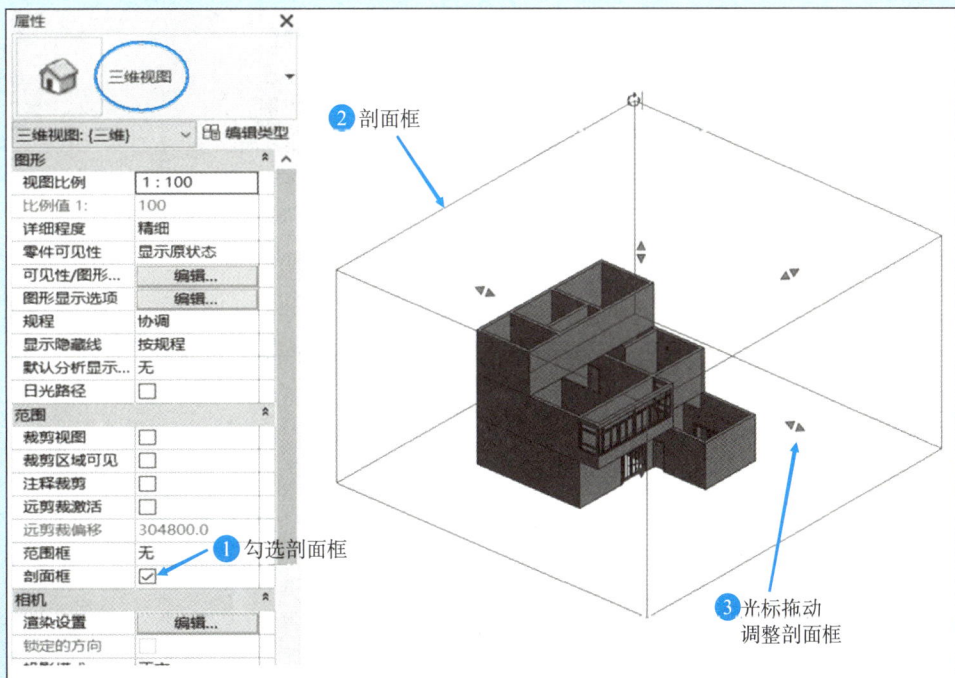

图 3.3.15　打开剖面框

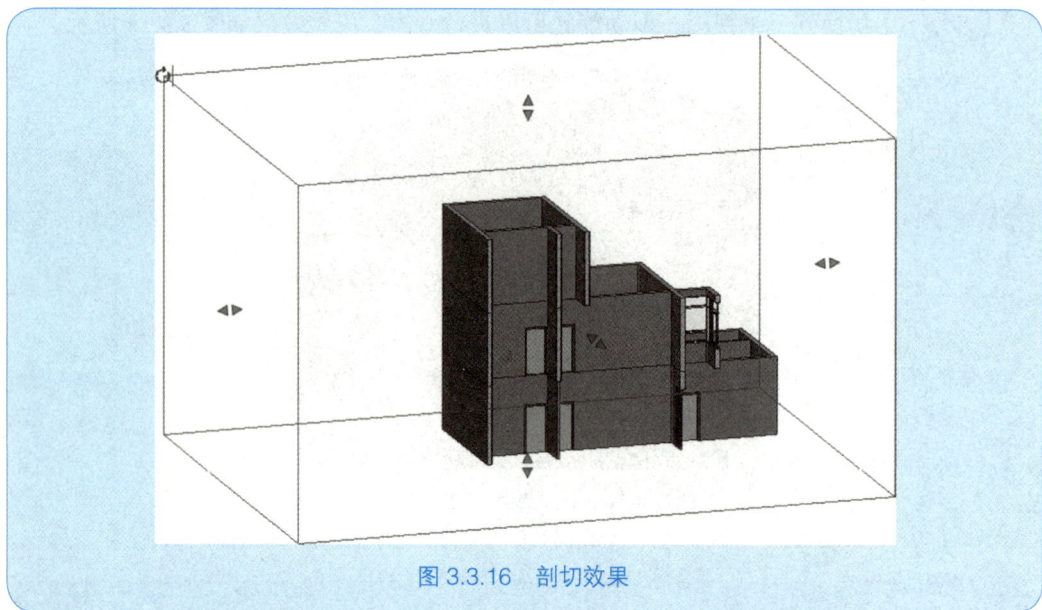

图 3.3.16　剖切效果

【步骤 5】切换到 2F、3F 楼层平面，按照图纸示意放置门，注意在"属性"面板的"类型选择器"中选择正确的门类型，完成其他层的门的放置，如图 3.3.17 和图 3.3.18所示。

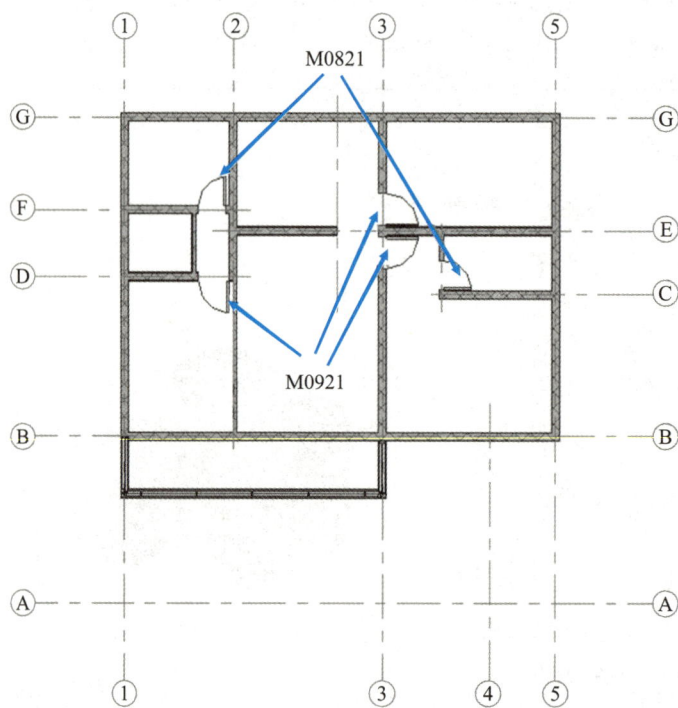

图 3.3.17　别墅二层门放置示意图

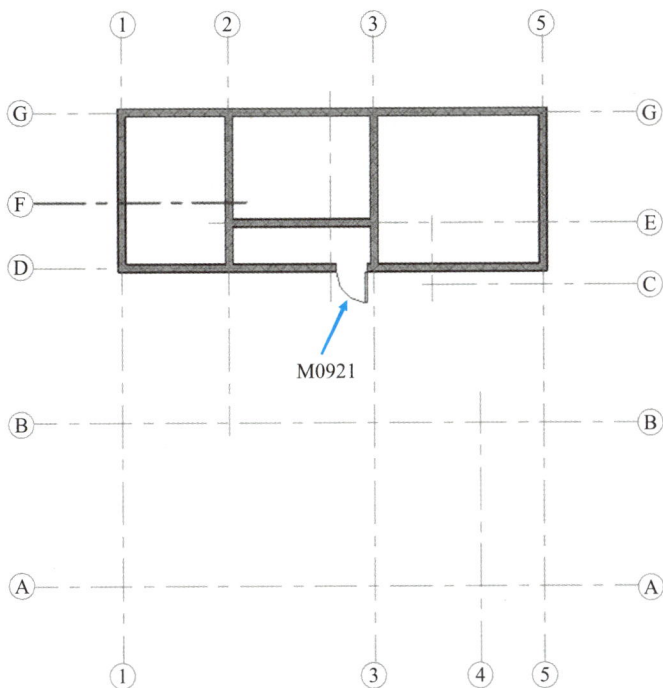

图 3.3.18　别墅三层门放置示意图

提示

在"1+X"建筑信息模型（BIM）职业技能等级考试初级建模考试中，实操题目都会给出门窗表或者门窗尺寸说明，需要按照门窗尺寸的要求完成在项目中的门窗放置，但除了门窗的尺寸外，对其他的门窗信息并不做具体要求。

3. 门的属性

放置门的时候如果需要调整门的尺寸和标记，可以根据需要调整门的属性。门的属性包括类型属性和实例属性。

1）门的类型属性

类型参数是调整某一类构件的参数，修改类型属性的值会影响该族类型的所有实例。

在门的类型属性中，对图元影响最大的是"尺寸标注"和"类型标记"参数，"尺寸标注"用来设置门的厚度、宽度和高度，通常来说类型的名称中就包括门的尺寸，例如"单嵌板木门800mm×2100mm"表示该单嵌板木门的宽度是800mm，高度是2100mm，如图3.3.19所示。另一个重要参数是"标识数据"，如果需要添加更多门的信息，可以在"标识数据"中填写相关信息，例如注释记号、型号、防火等级、类型标记，"类型标记"可以显示门的尺寸，例如"M0821"中，大写 M 表示"门"，尺寸"08"表示宽度为800mm，尺寸"21"表示高度为2100mm。如果还需要厂商信息，为后期的运维提供帮助，还可添加制造商、URL 等信息，如图3.3.20所示。

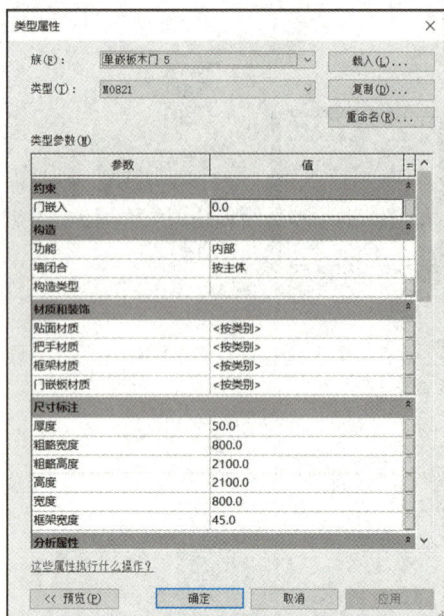

图 3.3.19　门类型属性——尺寸标注

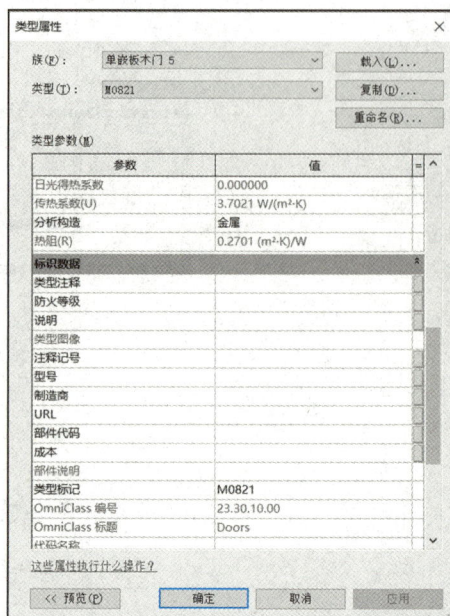

图 3.3.20　门类型属性——标识数据

　　在"类型属性"对话框中调整一类构件的参数，这样的调整会影响到该族类型的所有实例，如图 3.3.21 所示，修改参数后，所有同类型的门都会同时变化，如图 3.3.22所示。

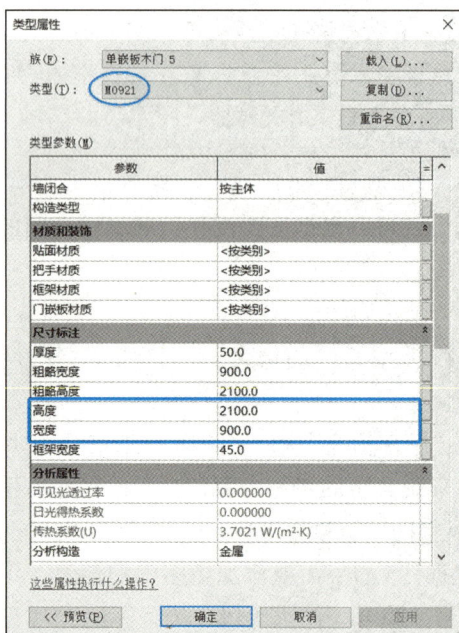

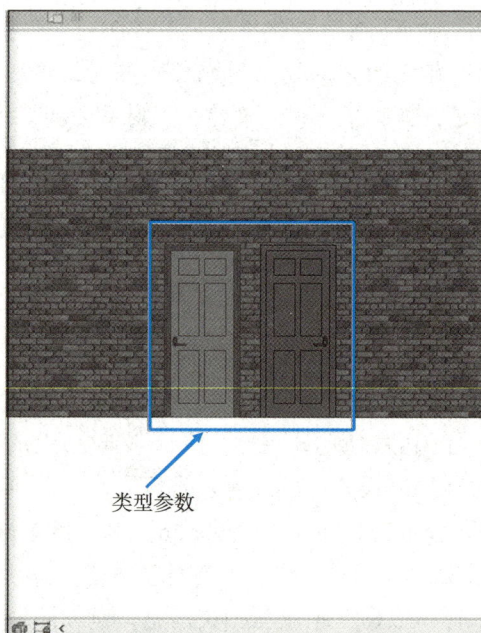

类型参数

图 3.3.21　门类型属性

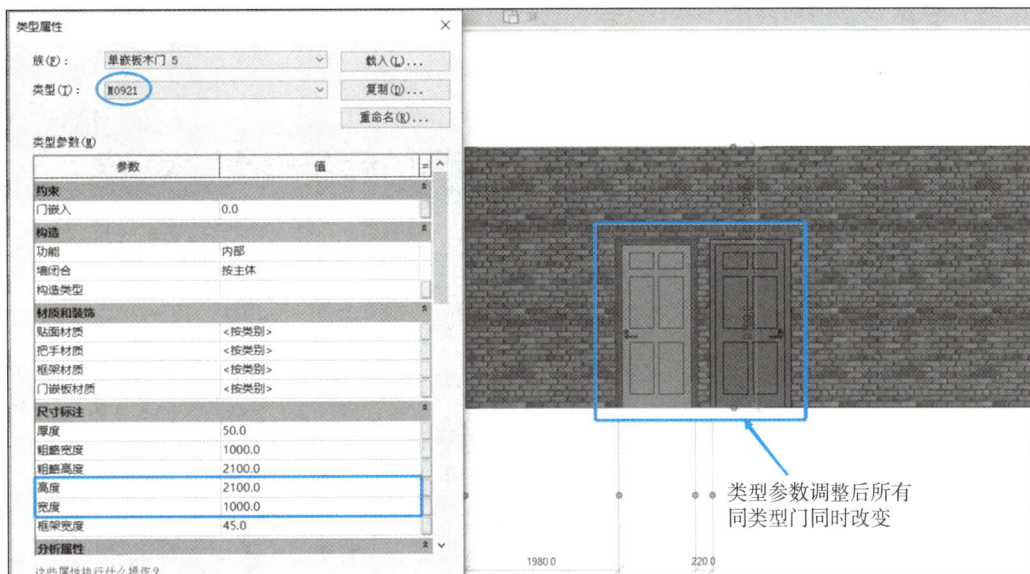

图 3.3.22　修改门类型属性

2）门的实例属性

门的实例属性是项目中某一具体实例的参数，修改实例属性的值只会影响到被选中修改的实例，而不影响其他实例。

在门的实例属性中，对图元影响最大的是约束条件参数。一般来说，门的约束条件主要是"底高度"，Revit 中底高度默认为层的标高，如果需要地面抬高或降低就需要调整门的"底高度"来定义门底部的标高，而"顶高度"一般是门的高度，如图 3.3.23 所示。

需要调整某一个构件位置的时候，可以在"属性"面板中调整，如图 3.3.24 所示。这样的调整只会影响到被选中的那个构件，而不会影响到其他的构件，如图 3.3.25 所示。

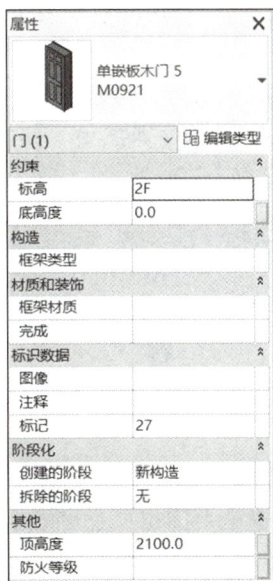

图 3.3.23　门的实例属性

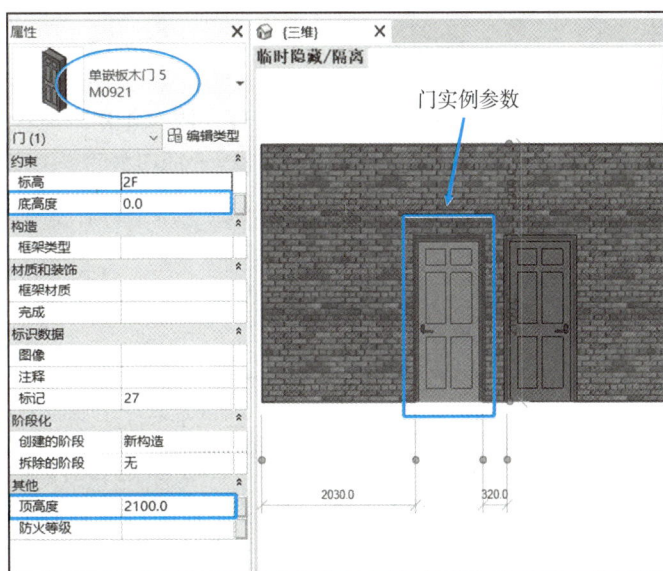

图 3.3.24　调整门实例属性示意图

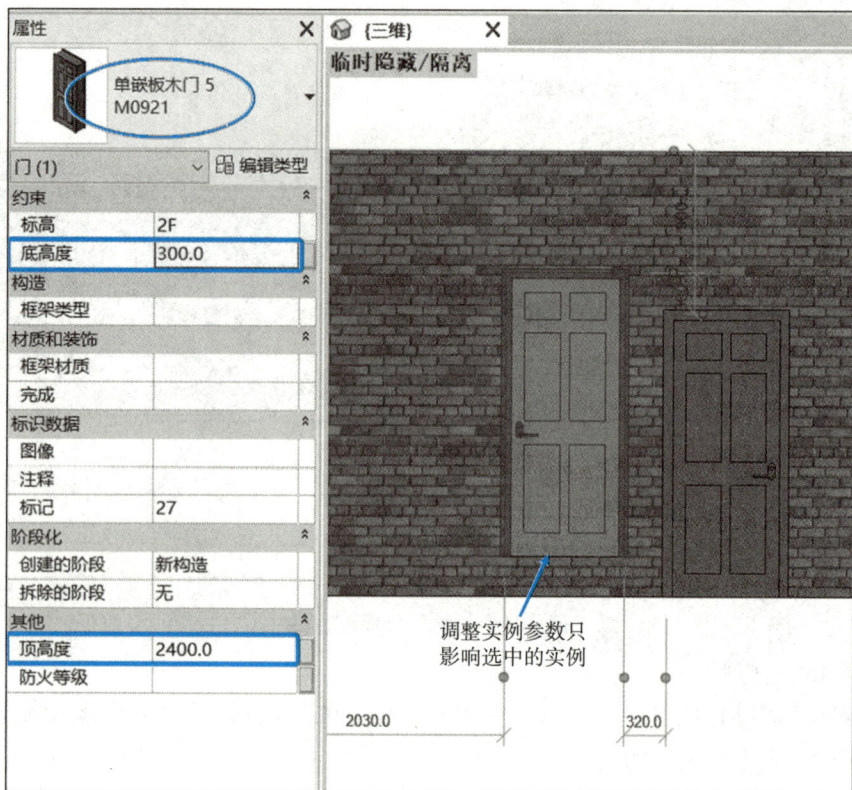

图 3.3.25　修改门实例参数

4. 添加门标记

在 Revit 中，门的标记使用的是按类别标记。在门的类型属性中"标识数据"选项组中的"类型标记"处填写的数值，就是标记显示的内容，因此在创建门类型时，要对"标识数据"中的"类型标记"进行定义，便于后面标识。添加门标记的方法有以下三种。

1）在放置时直接添加标记

【步骤 1】选择好要放置的门类型时，依次单击"修改 | 放置 门"选项卡→"标记"面板→"在放置时进行标记"工具，激活"标记放置"功能，如图 3.3.26 所示。

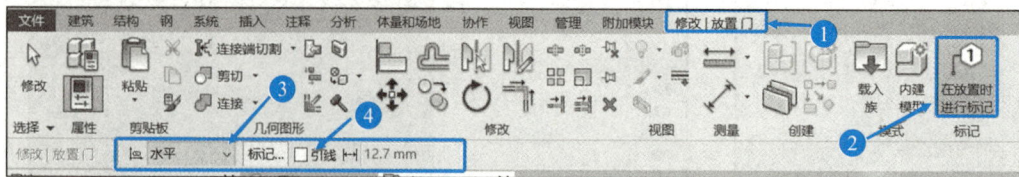

图 3.3.26　在放置时进行标记

【步骤 2】激活后，在放置门时标记会随门的放置而显示，如果标记的位置不方便观察，可以按住光标左键直接拖曳十字光标移动到合适的位置放置单击即可，如图 3.3.27 所示。

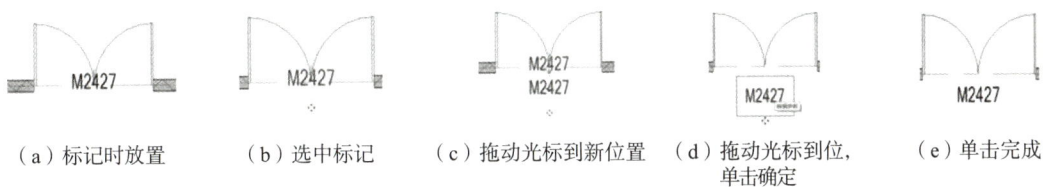

（a）标记时放置　　（b）选中标记　　（c）拖动光标到新位置　（d）拖动光标到位，　（e）单击完成
　　　　　　　　　　　　　　　　　　　　　　　　　　　　　　　单击确定

图 3.3.27　调整标记位置

【步骤 3】在"修改|放置 门"选项栏中可调整标记的放置方向和是否有引线标记，根据需要选中标记后进行调整，放置标记时"标记方向"可以在选项栏中选择"水平"或者"垂直"，或直接按空格键进行切换，如图 3.3.28 所示。

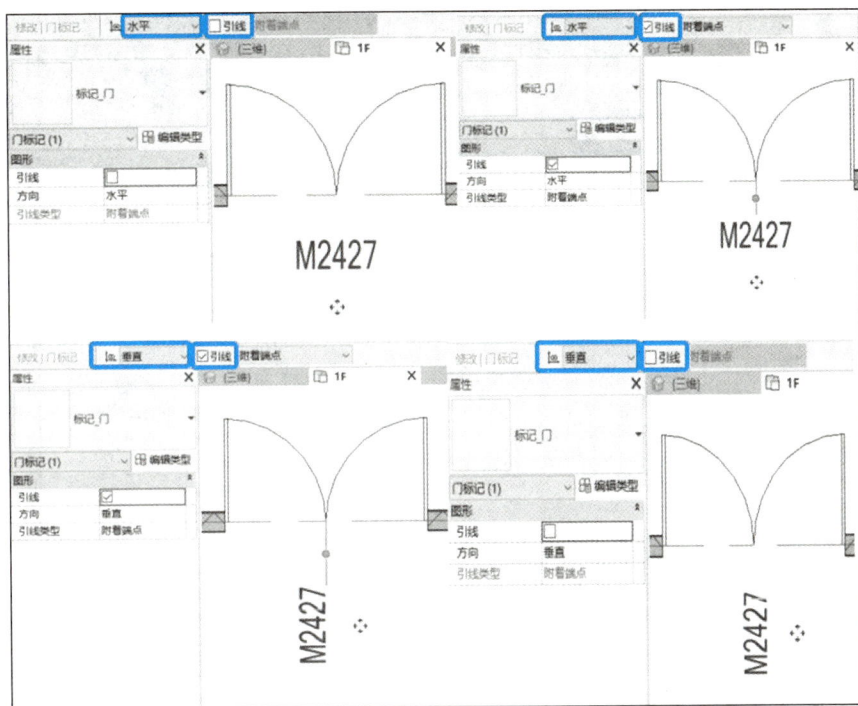

图 3.3.28　调整标记放置方向和引线

2）按类别标记

为保证项目图元的清晰，有时候在放置时并不直接进行标记，而是等全部构件放置完毕后再进行标记。

【步骤 1】依次单击"注释"选项卡→"标记"面板→"按类别标记"工具，如图 3.3.29 所示，或在快速访问工具栏中直接选择"按类别标记"工具，直接切换到添加标记模式，如图 3.3.30 所示。

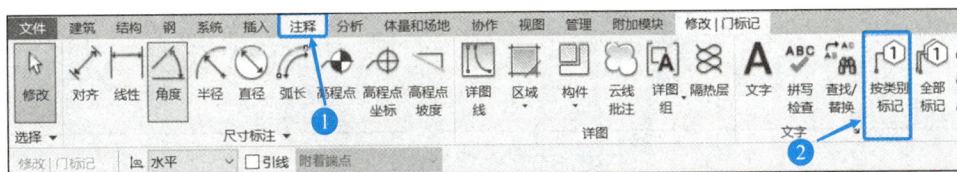

图 3.3.29　按类别标记

图 3.3.30　快速访问工具栏类别标记

【步骤 2】单击"按类别标记"工具后，会自动切换到"修改 | 标记"选项卡中，此时在选项栏中，选择标记放置方向为"水平"，取消勾选"引线"，移动光标到要进行标记的门上，当门图元高亮时单击，即可完成对门的标记添加，如图 3.3.31 所示。

添加标记后，如果发现标记不正确，可以直接单击标记进行修改标记值，或者选择标记主体的门，修改其"类别标记"参数值对标记进行修改。

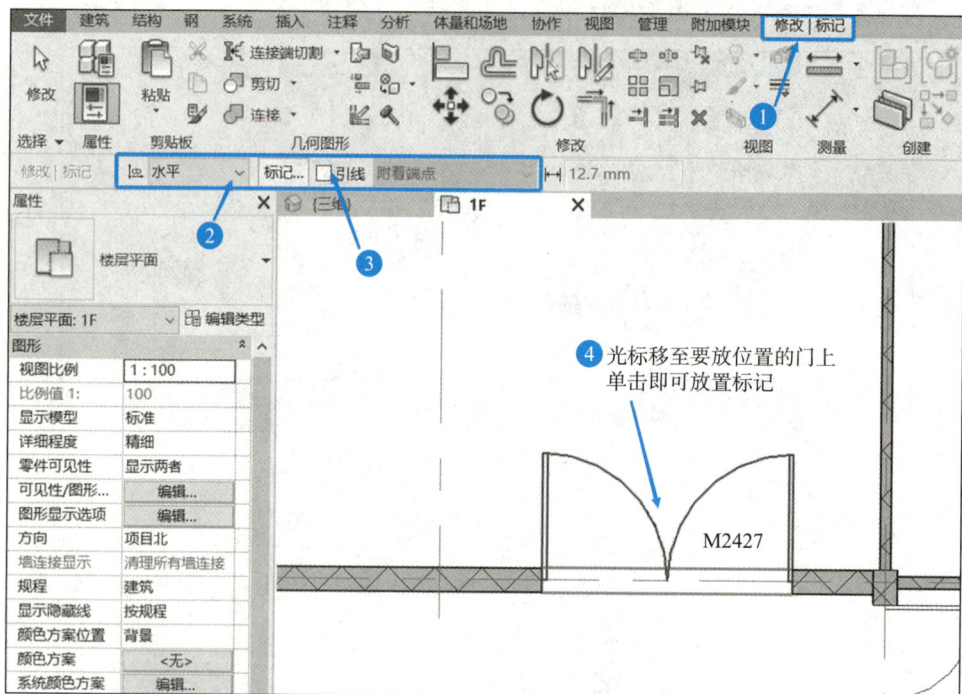

图 3.3.31　完成门的类别标记

3）全部标记

按类别标记在进行标记时，需要逐一对需要标记的门进行标记，因此也叫作手动标记，但是这种方法相对来说只适合需要标记的门较少的情况，在需要标记较多图元构件时，可以采用"全部标记"的方法以提高工作效率。

【步骤 1】依次单击"注释"选项卡→"标记"面板→"全部标记"工具，如图 3.3.32 所示。

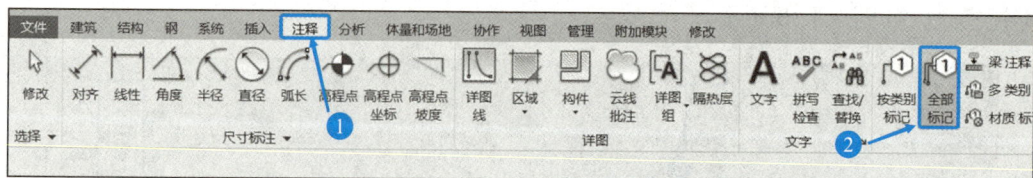

图 3.3.32　全部标记

【步骤2】在弹出"标记所有未标记的对象"对话框，选中"当前视图中的所有对象"，在下方"类别"中勾选"门标记"，取消勾选"引线"，选择"标记方向"为"水平"，单击"应用"按钮，完成选中视图中所有门的标记，单击"确定"按钮，完成标记后退出对话框，如图3.3.33所示，标记完成后如果需要调整，手动调整即可。

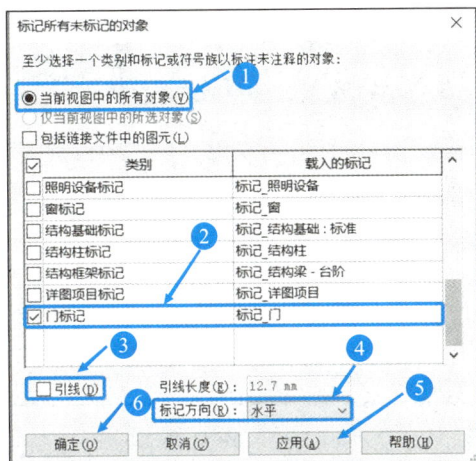

图 3.3.33　标记所有未标记的对象

项目实例：完成本项目案例小别墅门的标记。

【步骤1】双击切换到1F楼层平面，依次单击"注释"选项卡→"标记"面板→"全部标记"工具，弹出"标记所有未标记的对象"对话框，选中"当前视图中的所有对象"，在下方"类别"中勾选"门标记"，取消勾选"引线"，选择"标记方向"为"水平"，单击"确定"按钮，完成1F楼层平面视图中所有门的标记。

【步骤2】选中任意一个标记，切换进入"修改|门标记"选项卡，在"模式"面板中单击"编辑族"按钮，如图3.3.34所示。

小知识

标记的样式因为软件版本、选择样板文件的不同而不同。标记并不影响模型，只是会影响在图纸中的显示样式。因此，可以根据需要进行调整。如果发现门的标记样式与图纸不符，需要调整，可进"标记族"中对其按照需要进行调整。

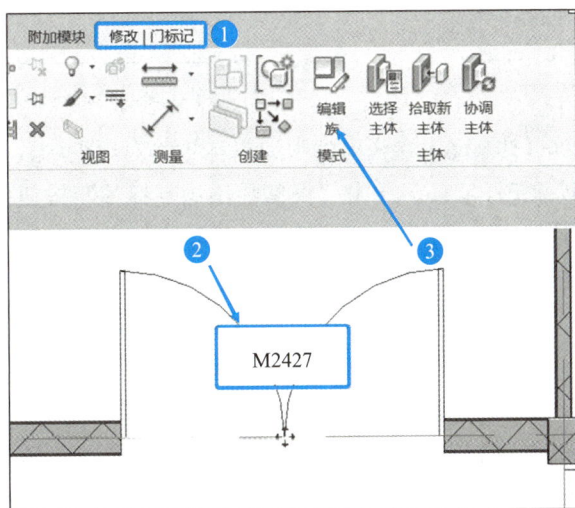

图 3.3.34　修改 ｜ 门标记

【步骤 3】切换进入"族编辑"界面，界面和项目文件操作界面很相似。

【步骤 4】选中标记周边的轮廓，逐一删除，完成后如图 3.3.35 所示。

图 3.3.35　修改门标记

【步骤 5】选中门标记，单击"属性"面板中的"图形"栏"标签"后的"编辑"按钮，如图 3.3.36 所示，进入"编辑标签"。

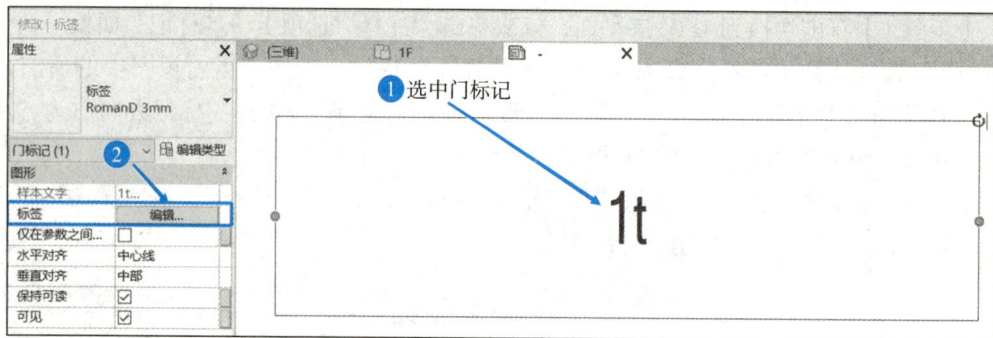

图 3.3.36　进入门标记属性编辑

【步骤 6】在弹出的"编辑标签"对话框中，从左侧"类别参数"中浏览，选中"类型标记"字段，单击"将参数添加到标签"按钮，右侧"标签参数"中将出现新添加的参数标签，选中右侧"标签参数"中原有的标签，单击"从标签中删除参数"按钮，单击"应用"按钮完成编辑，单击"确定"按钮退出编辑标签，如图 3.3.37 所示。

【步骤 7】完成门标记族编辑后退出界面，如图 3.3.38 所示。

【步骤 8】依次单击"修改"选项卡→"族编辑器"面板中→"载入到项目并关闭"工具，如图 3.3.39 所示，弹出"保存文件"对话框，提示"是否要将修改保存到标记 _ 门 .rfa?"，单击"是"按钮，如图 3.3.40 所示，将修改后的门标记族载入项目当中。

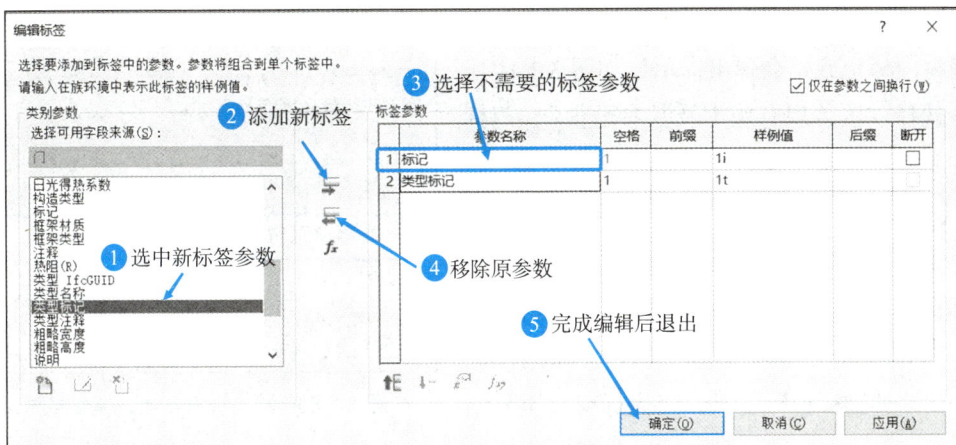

图 3.3.37　编辑标签

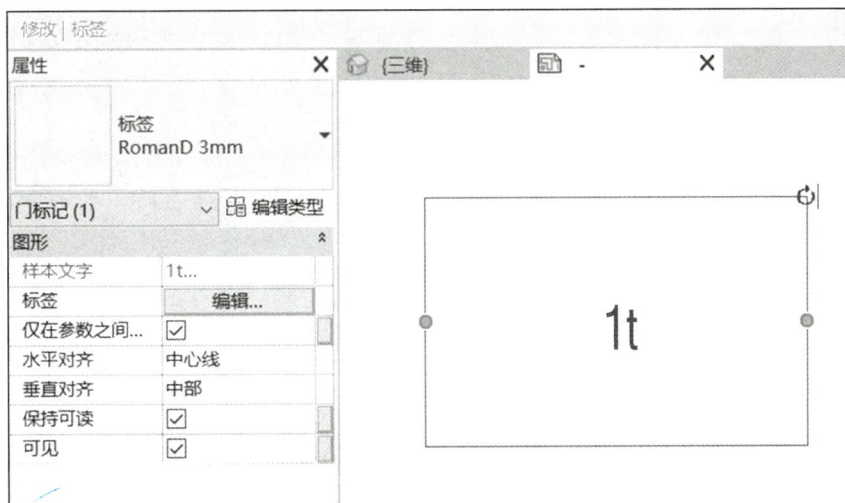

图 3.3.38　完成门标记族编辑

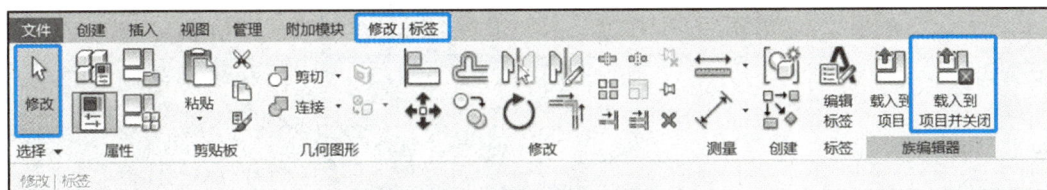

图 3.3.39　载入到项目并关闭

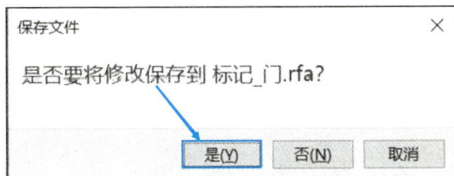

图 3.3.40　保存门标记族

【步骤 9】载入项目时，因为项目文件中已经有门标记族，会弹出提示，如图 3.3.41 所示，选择"覆盖现有版本及其参数值"，门标记的类型将按照修改后的参数显示。

【步骤 10】观察此时别墅一层的门标记，会发现幕墙的嵌板门也会同时标记，选中该标记，直接删除，如果希望幕墙也有标记，可以依次单击"注释"选项卡→"标记"面板→"按类别标记"工具，将光标移动至幕墙进行标记即可。标记后调整标记位置，选中需

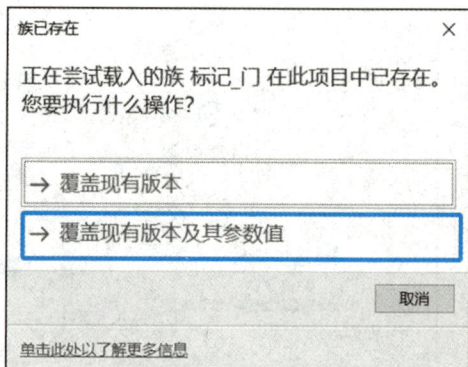

图 3.3.41　覆盖现有版本及其参数值

要调整位置的标记，使用鼠标左键拖曳或者直接使用方向键调整标记位置，完成后如图 3.3.42 所示。

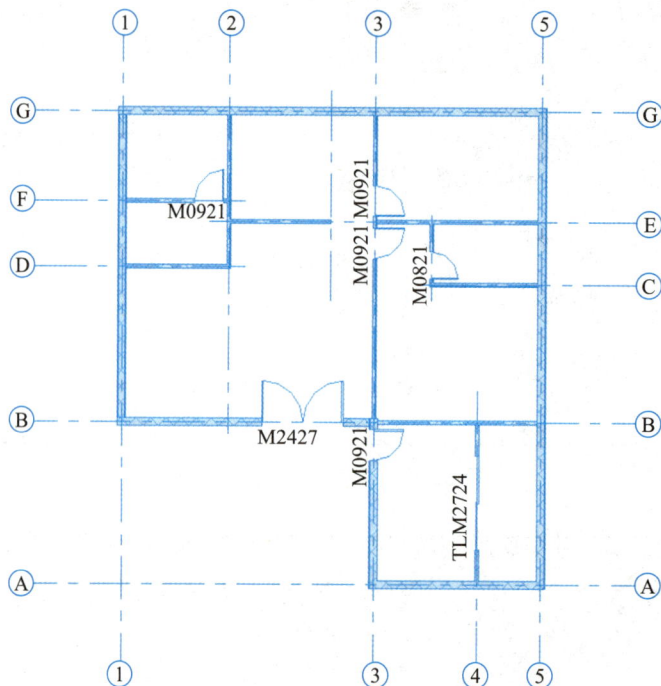

图 3.3.42　别墅一层门标记示意图

【步骤 11】使用相同的方法，对二层门和三层门进行标记，完成后使用鼠标拖曳标记到合适的位置，如图 3.3.43 和图 3.3.44 所示。保存项目文件到指定文件夹，方便下次使用。

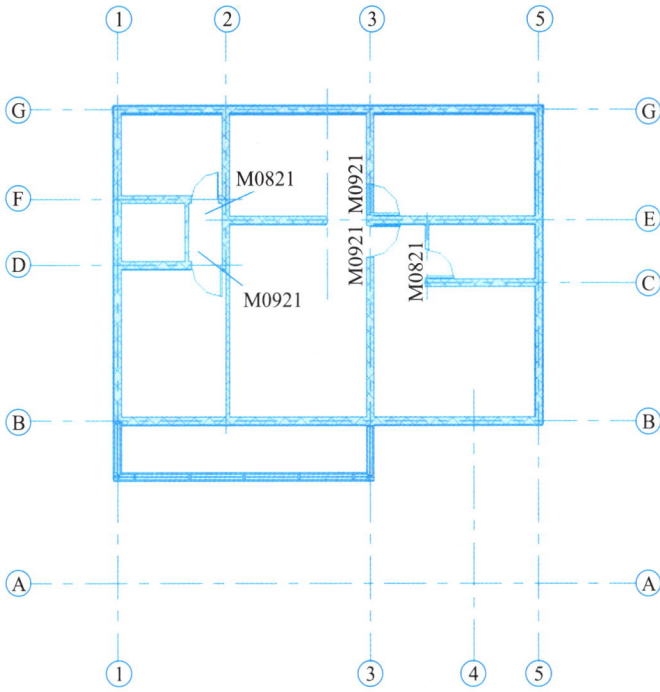

图 3.3.43　别墅二层门标记示意图

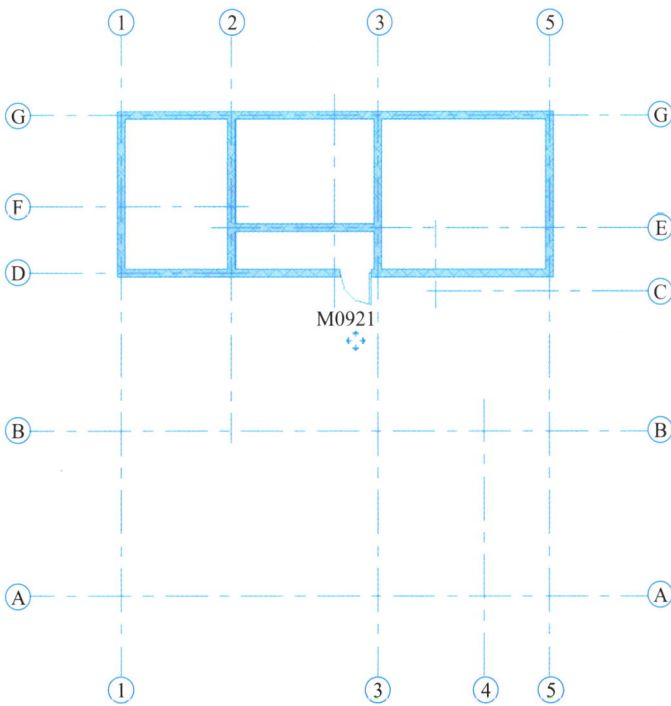

图 3.3.44　别墅三层门标记示意图

> **小知识**
>
> 　　为了保证模型当中图元的显示，特别是图元较多的时候避免视线干扰，在为项目插入门时一般不添加标记，如果需要添加，可以在已经完成后的视图中根据需要进行标记的添加。

> **提示**
>
> 　　在"1+X"建筑信息模型（BIM）职业技能等级考试初级建模考试中，题目中都会给出门窗的标记，但并未对门窗标记的样式进行专门规定，因此如果时间有限，不需要在标记的样式上花费过多时间。

　　标记作为考试考点之一，建议可以在插入门时选择直接标记以节约时间，标记的位置以正确、清晰、美观为原则。

　　Revit 2016 版本的标记样式与题目所给样式一致，Revit 2019 及以上版本，标记样式会因为样本文件的设置而不同，可根据需要进行修改。

3.3.4　拓展训练

　　根据给定图纸（图 3.3.45）及信息完成项目门的创建，设置其参数。

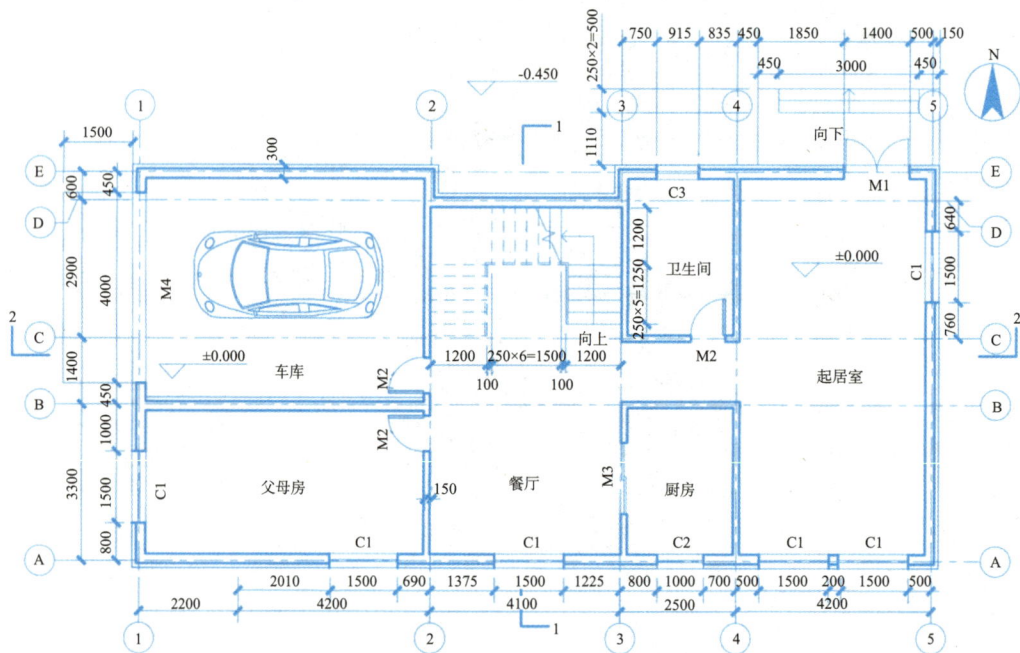

一层平面图 1∶100

门窗表

类型	名称	洞口尺寸（mm）	数量
推拉窗	C1	1500×1500	12
固定窗	C2	1000×1200	1
固定窗	C3	915×610	2
固定窗	C4	610×610	1
固定窗	C5	1200×1500	1
双扇平开木门	M1	1400×2100	1
单扇平开木门	M2	750×2000	8
双扇推拉玻璃门	M3	1500×2100	3
卷帘门	M4	4000×2400	1

图 3.3.45　门拓展训练图

任务 3.4　创建窗

3.4.1　工作任务

创建各层房间的窗，并确定窗的各类参数，图纸参照创建门模块，具体参数请查阅项目施工图纸。

3.4.2　任务分析

窗的功能主要是通风采光。在 Revit 中，窗的创建、编辑、标记的方法和门是一致的，窗必须放置在墙、屋顶等主体图元中，可以在平面视图、立面视图、剖面视图或三维视图中进行操作。

1. 窗的基本类型

窗主要按照开启的方式进行分类，在 Revit 的族库中，普通窗按照开启的方式和放置的位置进行了综合分类。

2. 窗的创建思路

窗和门相同，属于可载入族，是"基于主体的构件"。窗的操作和门相同，清楚了解项目门窗信息后，通过载入族到项目环境中，经过编辑参数得到不同型号的窗类型再进行放置。

3.4.3　操作演示

1. 创建和编辑窗

窗可以添加到任何类型的墙体之中，创建方法和其他的图元类型创建方法一致。通过"编辑类型"创建和编辑窗。

项目实例：完成本项目案例小别墅窗的创建。

【步骤 1】打开上一节保存的项目文件，或者直接打开本书配套资源中工程文件"别墅 . 窗"文件。

【步骤 2】单击"插入"选项卡→"从库中载入"面板"载入族"按钮，在弹出的"载入族"对话框中打开"C：//ProgramData/Autodesk/RVT2019/Libraries/Libraries/China/建筑 / 窗 / 普通窗"，根据项目需要，选择需要或者合适的窗，选中后单击"打开"按钮，把所需要的族载入项目当中。

【步骤 3】在项目浏览器中，双击切换到 1F 楼层平面，依次单击"建筑"选项卡→"构建"面板→"窗"，如图 3.4.1 所示。

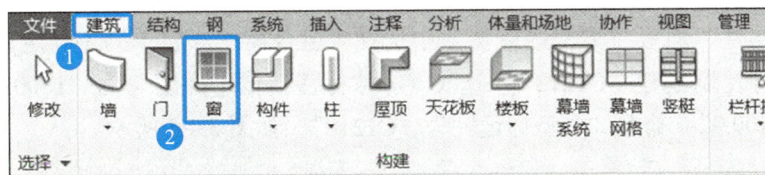

微课：创建
与放置窗

图 3.4.1　窗命令

【步骤 4】在"属性"面板的"类型选择器"中选择载入的"组合窗 - 双层单列（推

拉＋固定＋推拉)"，单击"编辑类型"按钮，在"类型属性"对话框中单击"复制"按钮，在"类型"栏中输入"C1818"，单击"确定"按钮，退回"类型属性"对话框，修改"尺寸标注"栏中的"高度"为"1800.0"，修改"宽度"为"1800.0"，向下拖动浏览条至"标识数据"栏，修改"类型标记"为"C1818"，单击"确定"按钮，完成窗类型"C1818"的创建，如图 3.4.2 所示。

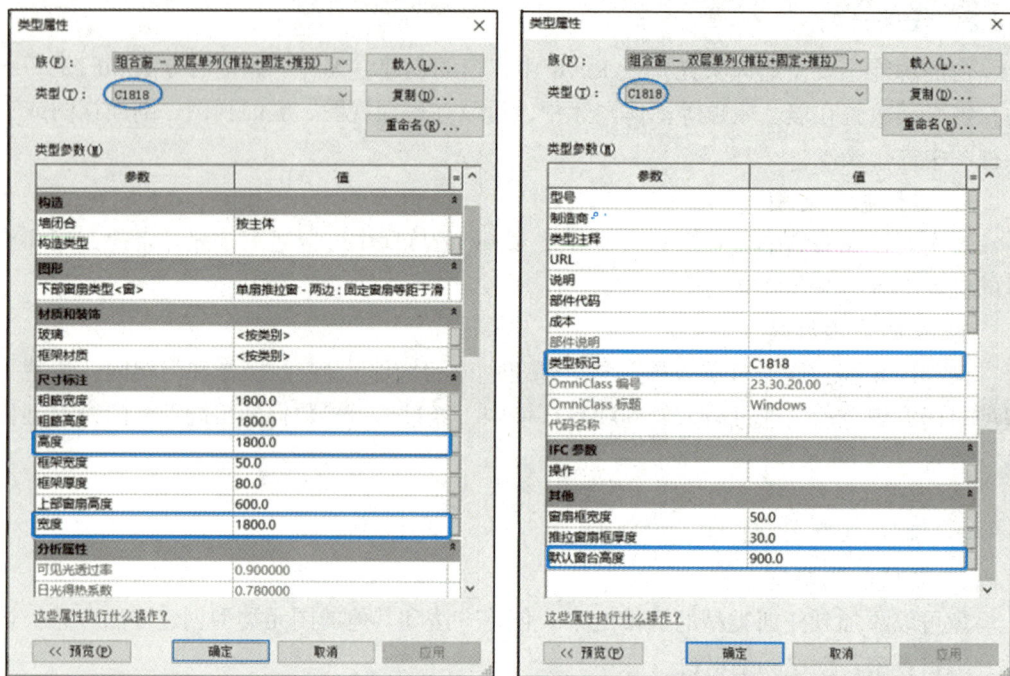

图 3.4.2　修改 C1818 参数

【步骤 5】使用相同的类型创建方式载入"组合窗 - 双层单列（固定＋推拉)"，创建"C0918"，修改"尺寸标注"的"高度"为"1800.0"，修改"宽度"为"900.0"，修改"类型标记"为"C0918"，单击"确定"按钮，完成"C0918"的创建，如图 3.4.3 所示。

【步骤 6】使用相同的方法和步骤，在"属性"面板的"类型选择器"中选择"组合窗 - 双层单列（固定＋推拉)"，对"C1818"进行复制创建"C2118"，修改"尺寸标注"的"高度"为"1800.0"，修改"宽度"为"2100.0"，修改"类型标记"为"C2118"，如图 3.4.4 所示。

【步骤 7】在"属性"面板"类型选择器"中选择"组合窗 - 双层单列（固定＋推拉)""C0918"，进行复制创建"C1218"，修改"尺寸标注"的"高度"为"1800.0"，修改"宽度"为"1200.0"，修改"类型标记"为"C1218"，如图 3.4.5 所示。

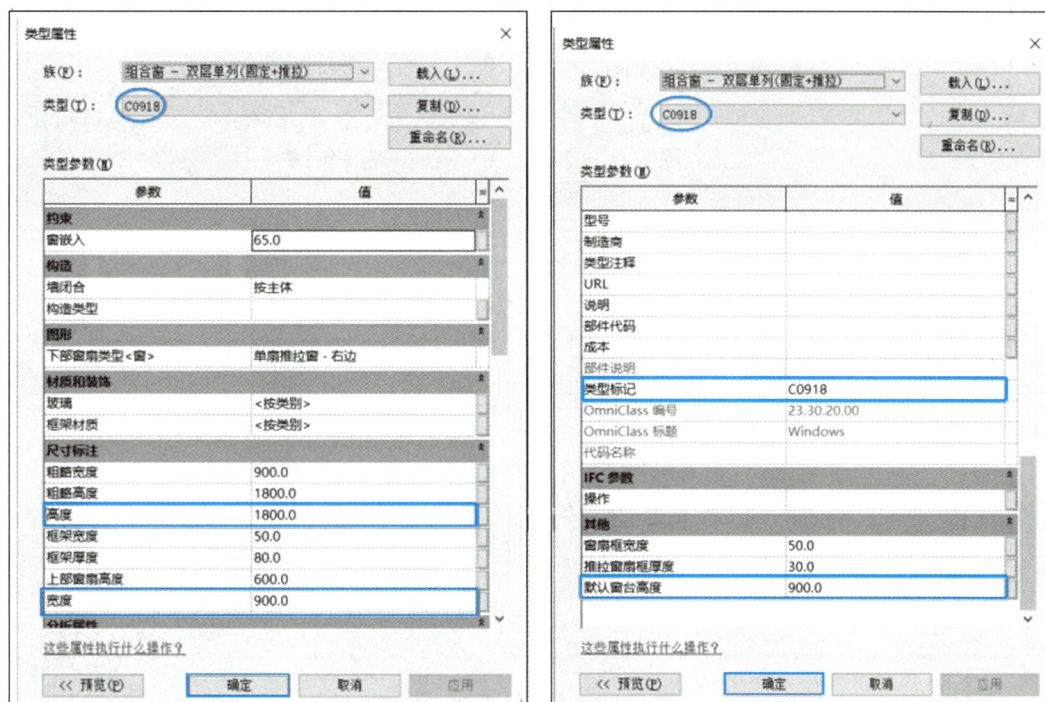

图 3.4.3　修改 C0918 参数

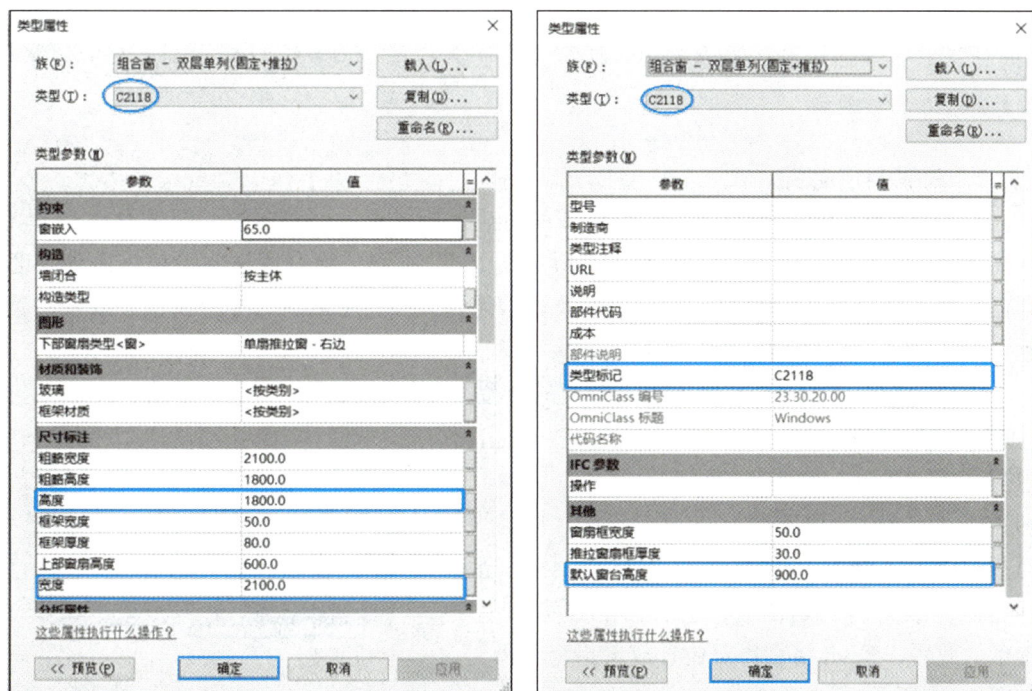

图 3.4.4　修改 C2118 参数

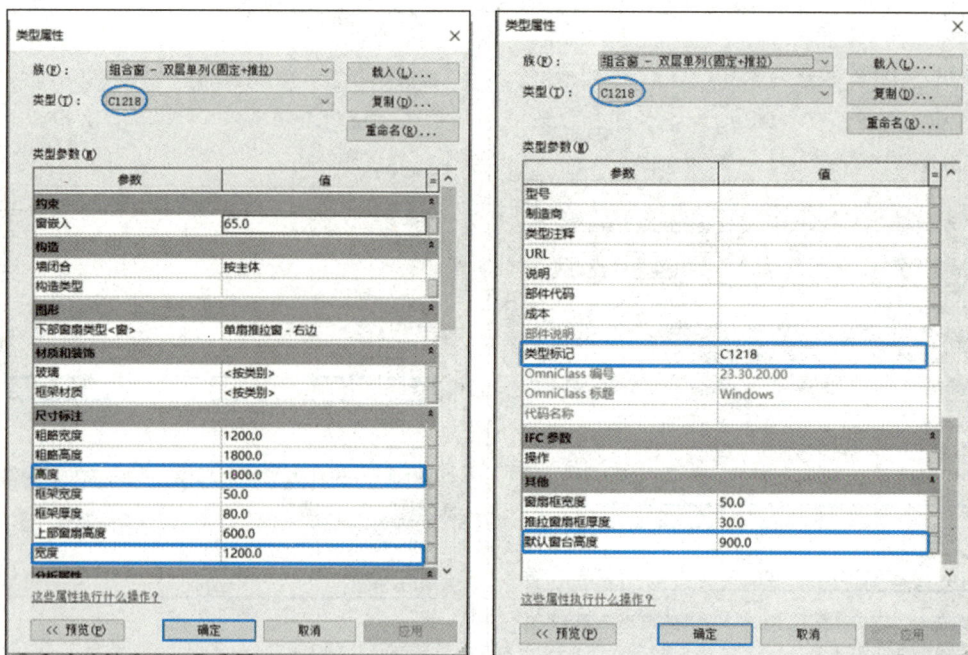

图 3.4.5　修改 C1218 参数

> **提示**
>
> 　　在"1+X"建筑信息模型（BIM）职业技能等级考试初级建模考试中，实操题目会明确给出窗的尺寸，但对窗的其他信息并不做具体要求，所以在载入族时选择样式差不多的窗即可。

　　2. 放置和调整窗

　　窗的放置可以在平面、立面、剖面或三维中进行操作，创建窗类型的过程中有"默认窗台高度"参数，和门的"底高度"默认为"0"不同，窗有离地的距离，窗台高度即窗底部与楼层标高之间的距离。如果放置后需要调整，可以在"类型属性"或者"属性"面板中进行修改，以满足需要。

　　项目实例：完成本项目案例小别墅窗的放置。

　　【步骤1】确认在1F楼层平面视图，单击"建筑"选项卡→"构建"面板→"窗"工具，切换进入"修改|放置窗"选项卡，在"属性"面板"类型选择器"中选择"C2118"，移动光标至需要放置门的墙体处，会有窗的预览，单击确认放置，Revit将在指定位置放置指定的窗，如图3.4.6所示。

　　【步骤2】放置后按Esc键退出放置，在"属性"面板的"类型选择器"中选择"C2118"，如果需要在放置时就进行标记，可以激活"标

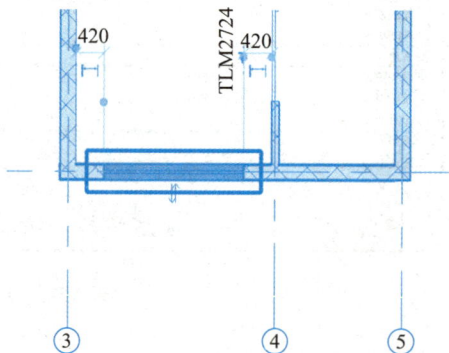

图 3.4.6　放置 C2118

记"面板中的"在放置时进行标记"工具，在放置时就可以直接对窗进行标记，如图 3.4.7 所示。

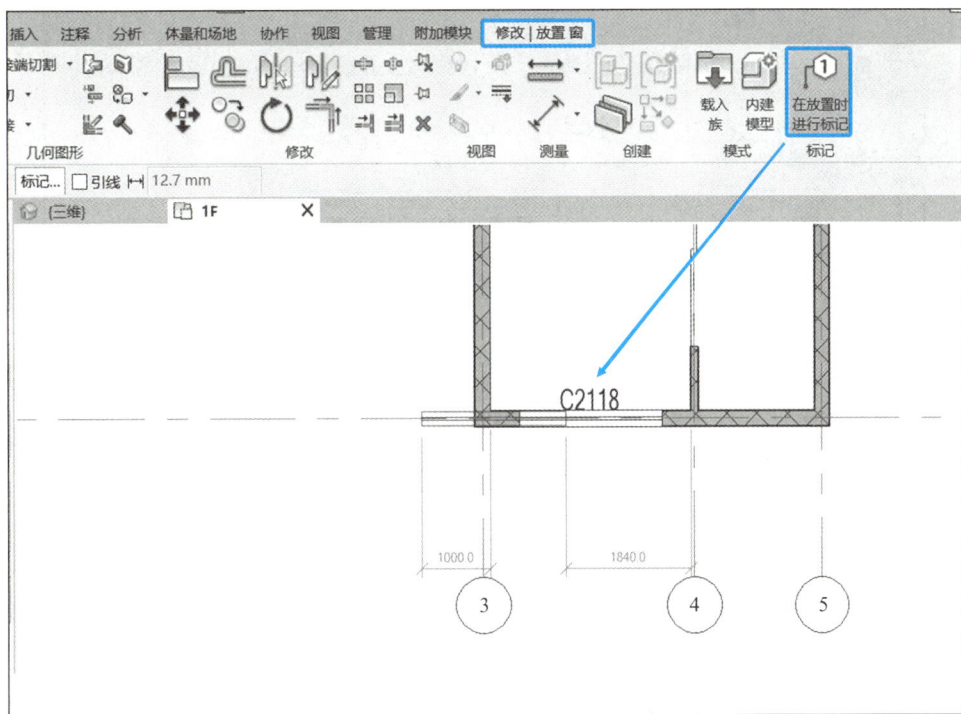

图 3.4.7 C2118 放置时进行标记

【步骤 3】重复相同的操作方法，按照图纸，完成其他类型窗的放置。

【步骤 4】放置完毕后，根据图纸调整细节位置，选中要调整位置的窗，拖动临时尺寸线到参照位置上，单击进入修改尺寸，完成后单击或者按 Enter 键退出，窗将会按照尺寸调整到相应的位置，如图 3.4.8 所示。门也可以用此方式进行调整。

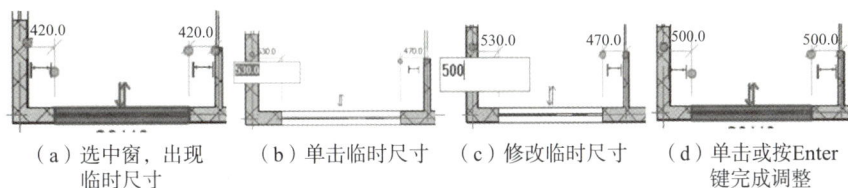

（a）选中窗，出现　　（b）单击临时尺寸　　（c）修改临时尺寸　　（d）单击或按 Enter
　　临时尺寸　　　　　　　　　　　　　　　　　　　　　　　　键完成调整

图 3.4.8 窗位置调整图

【步骤 5】观察图纸发现，北侧窗户在二层和三层也是同样的位置，可以采用"剪贴板"快速完成门窗的放置。

按 Ctrl 键，选中 1F 楼层平面视图上方北侧窗 C1218、C0918，依次单击"剪贴板"面板→"复制"按钮→"粘贴"工具下拉箭头→"与选定的标高对齐"命令，如图 3.4.9 所示。

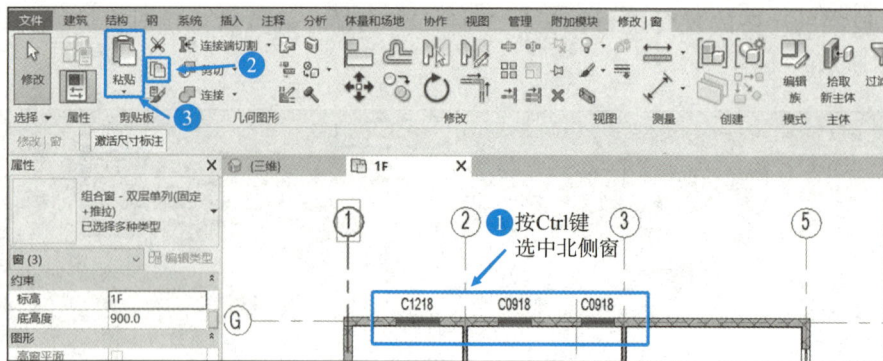

图 3.4.9　复制北侧窗

在"选择标高"对话框中选择 2F 和 3F，单击"确定"按钮，完成北侧窗户的快速放置。

在"项目浏览器"中的"立面 (建筑立面)"中双击切换到"北立面"视图，可以看到窗户已经放置在选中的标高层，如图 3.4.10 所示。

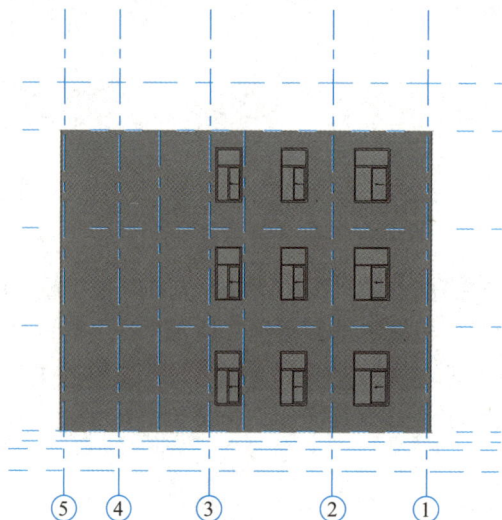

图 3.4.10　"北立面"视图

【步骤 6】重复放置窗的方法，完成二层、三层窗的放置，如图 3.4.11 和图 3.4.12 所示。如果有和其他层位置相同且类型相同的窗，可以使用"剪贴板"快速放置完成。

3. 窗的属性

1）窗的类型属性

窗的类型属性和门类似，在窗的类型属性中，对图元影响最大的是"尺寸标注"，和门相同，创建新的窗类型时，窗也可以用尺寸进行命名，例如"C0918"表示该窗的高度为 1800mm，宽度为 900mm，大写的 C 表示"窗"。

"标识数据"参数组中的"类型标记"会在对窗进行标记时显示，其他的标识数据信息与门的一致。

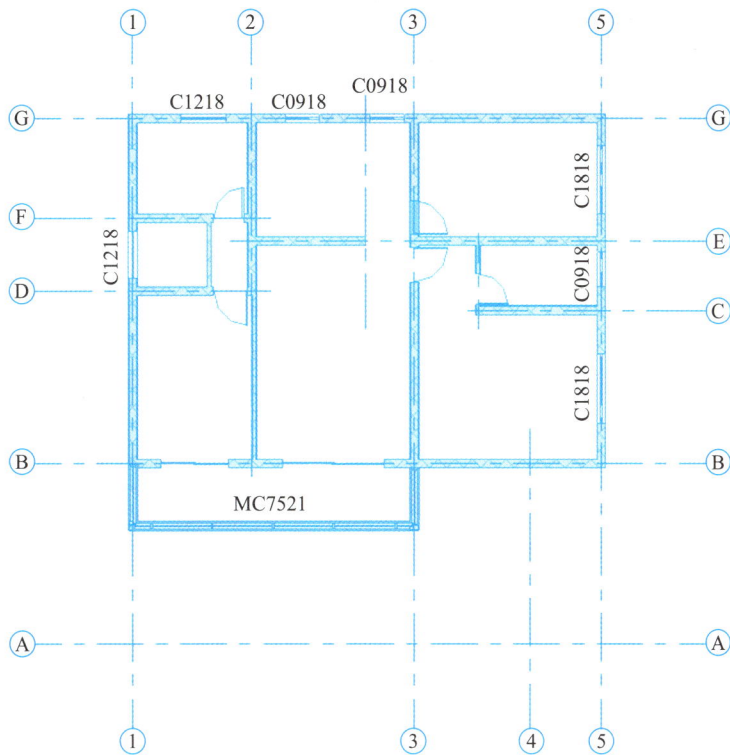

图 3.4.11　二层窗示意图

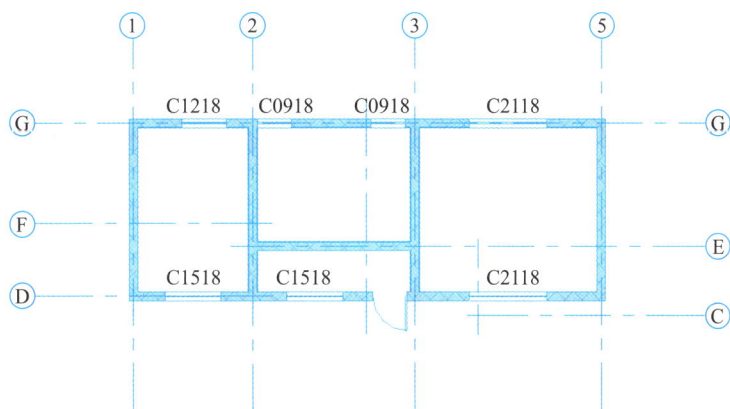

图 3.4.12　三层窗示意图

　　窗和门的不同在于窗多了一个"默认窗台高度"，默认值在放置窗的时候会在实例属性面板中约束条件的"底高度"中显示对应的数值，如图 3.4.13 所示。

　　2）窗的实例属性

　　窗户的实例属性和门相同，对图元影响最大的是"属性"面板中的"约束"条件下的"底高度"参数。与门不同的是，除了落地窗外，窗户一定会有"底高度"，默认同一个类型的窗户具有相同的底高度，但是根据设计的需要，也可能存在同一个类型的窗户有不同的"底高度"，这就需要在窗的实例属性中根据要求进行调节。而窗的"顶高度"是根据底高度和窗高度来计算的，如图 3.4.14 所示。

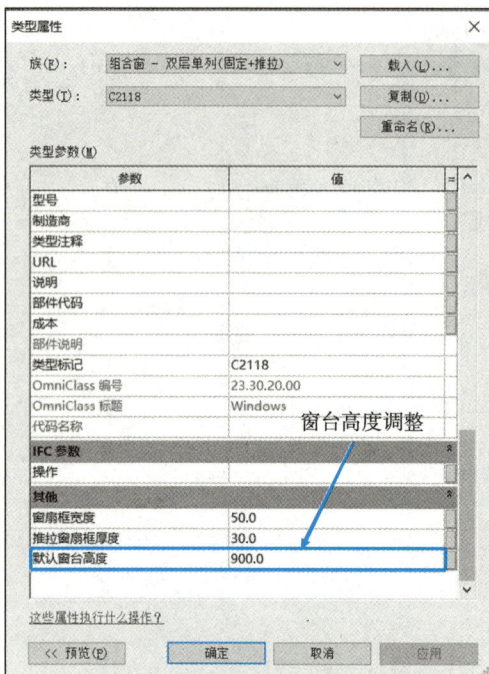

图 3.4.13 窗类型属性之默认窗台高度　　图 3.4.14 窗实例属性之"底高度"参数

提示

在"1+X"建筑信息模型（BIM）职业技能等级考试初级建模考试中，综合题中的立面图中会有窗台高度的尺寸，既可以在创建窗类型的时候在"类型属性"中定义"默认窗台高度"，也可以在放置完窗后，再通过"属性"面板的"约束"条件中的"底高度"调整实例参数，以达到题目的要求。

4. 添加窗标记

窗标记的方法和门相同，可以在放置时通过激活"在放置时进行标记"工具，也可以放置完所有窗后依次单击"注释"选项卡→"标记"面板→"按类别标记"工具或者"全部标记"工具进行窗标记。

项目实例：完成本项目案例小别墅窗的标记。

【步骤 1】切换到 1F 楼层平面，依次单击"注释"选项卡→"标记"面板→"全部标记"，弹出"标记所有未标记的对象"对话框，勾选"当前视图中的所有对象"。勾选"窗标记"，取消勾选"引线"，选择"标记方向"为"水平"，单击"确定"按钮，完成一层平面视图中所有窗的标记。幕墙上的嵌板窗也会标记，选中后直接删除即可，如图 3.4.15 所示。

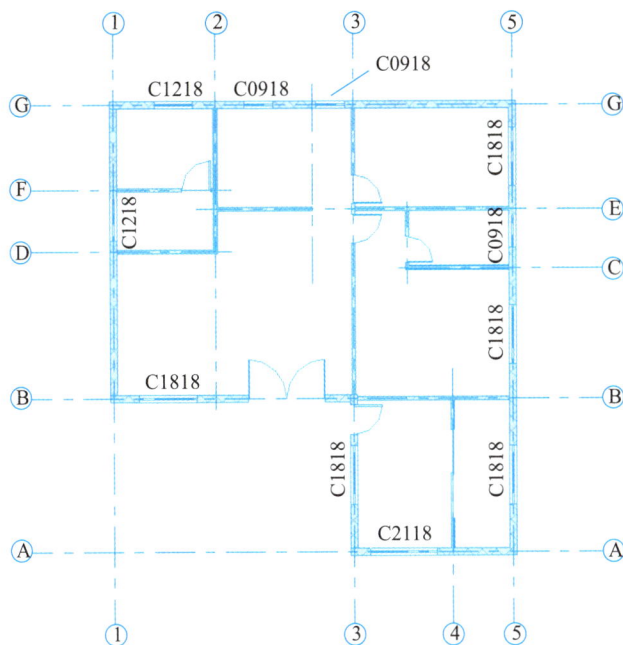

图 3.4.15 一层窗自动标记

【步骤 2】完成一层窗的全部标记，手动调整标记到合适的位置，如图 3.4.16 所示。

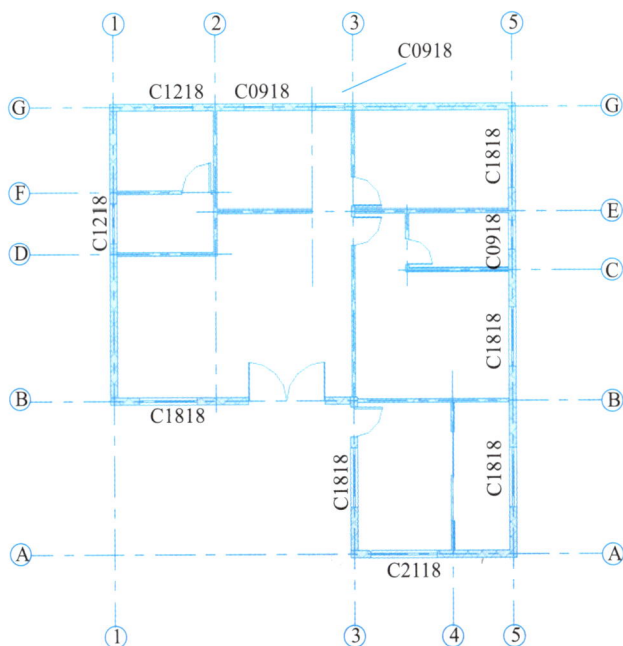

图 3.4.16 一层窗标记示意图

【步骤 3】使用相同的方法，对二层和三层窗进行标记，完成后使用鼠标拖曳标记到合适的位置完成窗的标记，如图 3.4.17 和图 3.4.18 所示。

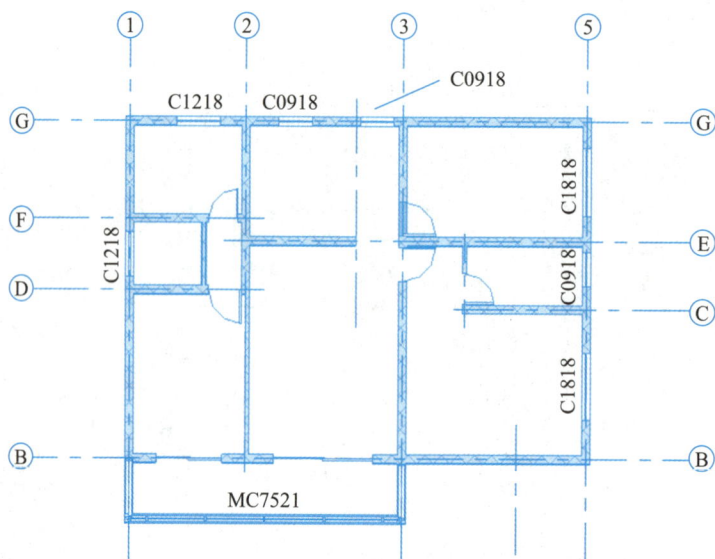

图 3.4.17　二层窗标记示意图

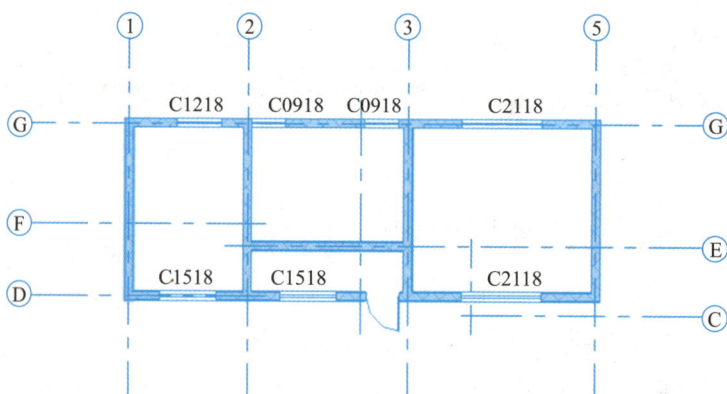

图 3.4.18　三层窗标记示意图

【步骤 4】完成门窗放置和标记之后，切换到三维视图进行观察，三维效果如图 3.4.19 所示，保存项目文件到指定文件夹中，以备后续操作。

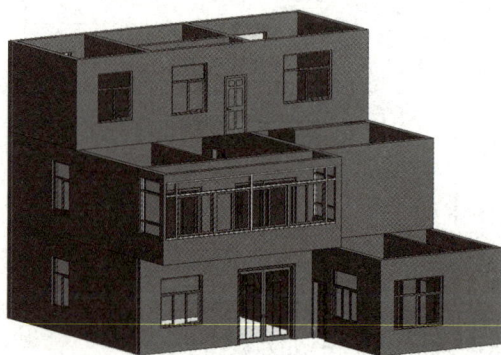

图 3.4.19　门窗放置三维示意图

3.4.4　拓展训练

根据给定图纸（图 3.4.20）及信息完成项目窗的创建，设置其参数。

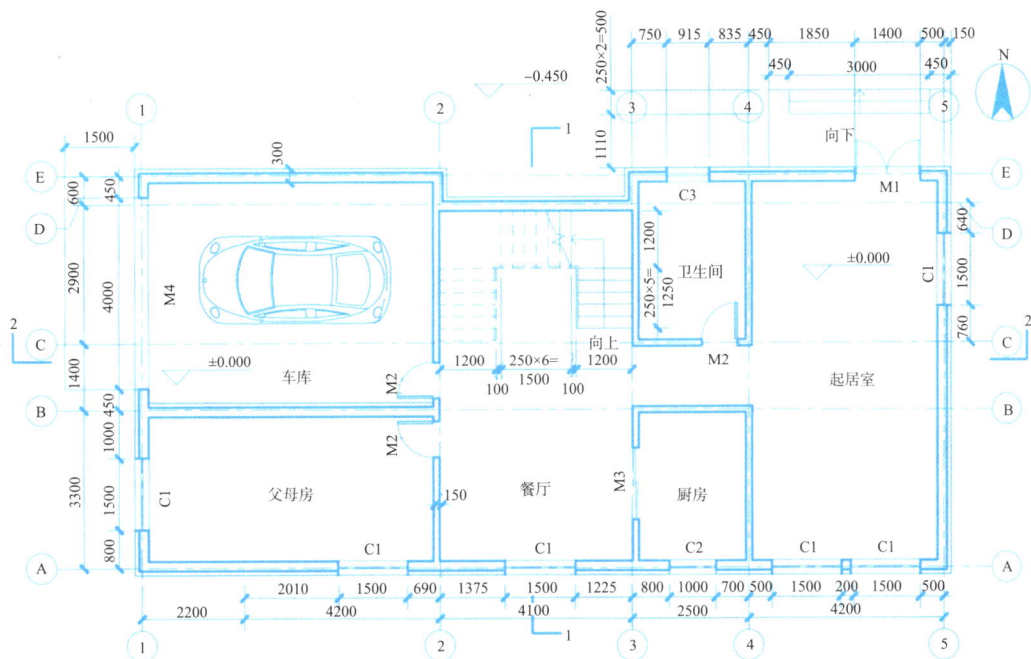

图 3.4.20　窗拓展训练图

门窗表

类型	名称	洞口尺寸（mm）	数量
推拉窗	C1	1500×1500	12
固定窗	C2	1000×1200	1
固定窗	C3	915×610	2
固定窗	C4	610×610	1
固定窗	C5	1200×1500	1
双扇平开木门	M1	1400×2100	1
单扇平开木门	M2	750×2000	8
双扇推拉玻璃门	M3	1500×2100	3
卷帘门	M4	4000×2400	1

任务 3.5　创建楼板

3.5.1　工作任务

创建楼板定义，布置本项目工程楼板构件，具体请查阅项目施工图纸。

3.5.2　任务分析

1. 楼板的类型

楼板和墙类似，都属于系统族，使用 Revit 中的楼板工具不仅可以创造楼板，还可以创造坡道、楼梯休息平台等。

在 Revit 中有 4 个楼板相关的工具命令："楼板：建筑""楼板：结构""面楼板""楼板：楼板边"，如图 3.5.1 所示，可以在项目中灵活创建常规楼板。

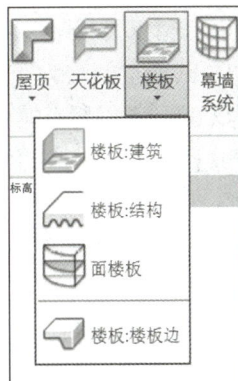

图 3.5.1　楼板的类型

"楼板：建筑"工具主要用于创建建筑楼板。

"楼板：结构"工具主要用于创建承受荷载并传递荷载的结构楼板，建筑楼板和结构楼板的创建、绘制方法是一致的，不同的是，结构楼板可以进行配筋，而建筑楼板不行，但是可以使用建筑楼板创建完毕后，将其转化为结构楼板。

"面楼板"工具主要用于体量设计时，将体量楼层转换为建筑模型的楼层。

"楼板：楼板边"属于主体放样构件该工具通过类型属性中指定轮廓沿所选楼板边缘生成带状图元，用于创建构造楼板水平边缘的形状。

2. 楼板的创建思路

楼板和墙类似，属于系统族。板的创建是通过绘制板的轮廓草图自动生成相应结构和形状的板。Revit 中楼地层的创建通过板来完成。

在建筑设计中，楼地层的位置、构造、厚度会根据空间分割情况有所不同，因此在绘制楼板前需要先观察图纸，了解清楚相关板的信息，根据情况先定义楼板类型，再通过编辑楼板轮廓的方式生成有相应参数的板。

3.5.3 操作演示

1. 创建楼板

创建楼板的方式和墙类似，楼板的类型定义和墙体类型定义相同。在绘制楼板前要先定义好需要的楼板类型。

依次单击"建筑"选项卡→"构建"面板→"楼板"下拉箭头，在下拉列表中选择"楼板：建筑"工具，如图 3.5.2 所示。

图 3.5.2　建筑选项卡楼板工具

微课：
创建楼板

项目实例：完成本项目案例小别墅楼地层的创建。

本项目案例别墅楼板构件参数如下：一层室外地坪为 300mm，材质为土层；一层厨房、卫生间、露台、阳台楼板为 450mm 厚防滑砖；一层客厅楼板为 150mm 厚抛光砖；一层其余空间均为 450mm 厚抛光砖。二层、三层楼板均为 120mm 厚混凝土，核心材质为 C30，其中所有露台、阳台、卫生间板面层为防滑砖，其余地板面层为抛光砖。

【步骤1】打开上一节保存的项目文件，或者直接打开本书配套资源中工程文件"别墅.窗"文件，双击切换进入"场地"楼层平面视图。

【步骤2】依次单击"建筑"选项卡→"构建"面板→"楼板"下拉箭头"楼板：建筑"工具，切换进入"修改|创建 楼层边界"选项卡，在"属性"面板中单击"编辑类型"按钮、弹出"类型属性"对话框，单击"复制"按钮，创建"室外地坪 -300mm"，完成后单击"确定"按钮，返回"类型属性"对话框，如图 3.5.3 所示。

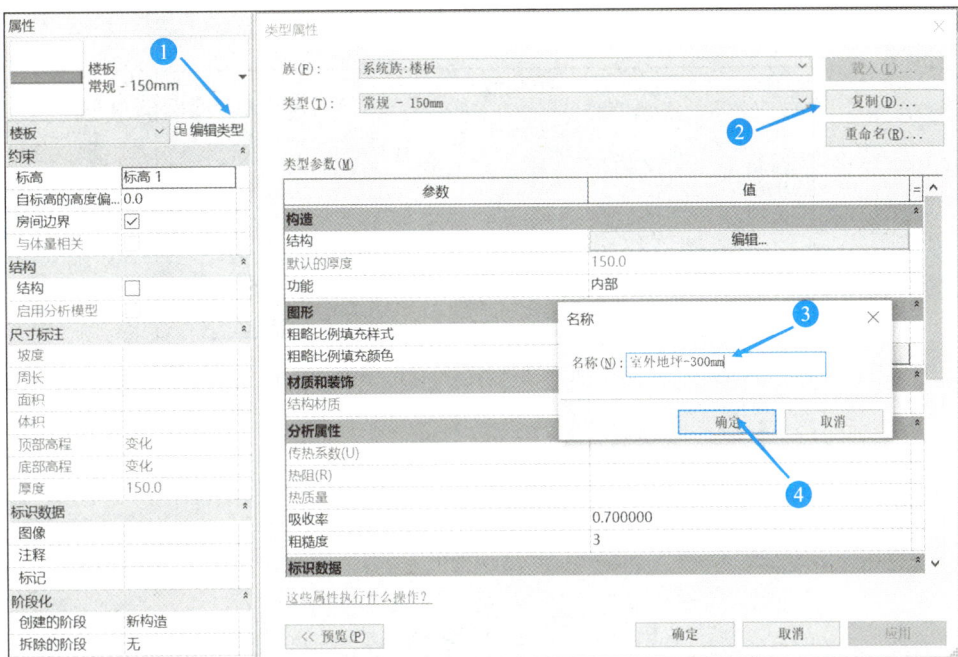

图 3.5.3 创建别墅室外地坪

【步骤 3】在返回的"类型属性"对话框中，单击"构造"参数栏中"结构"参数后的"编辑"按钮，进入"编辑部件"对话框，对新创建的楼板结构进行编辑，调整功能层"结构 [1]"的"厚度"参数为"300.0"，设置"材质"为"土层"，完成对"室外地坪"基础底板的材质编辑，如图 3.5.4 所示。

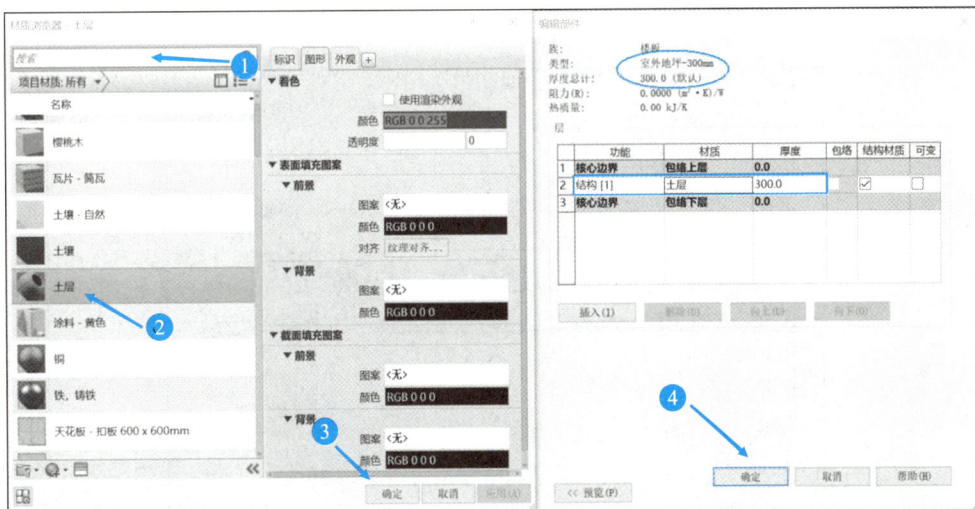

图 3.5.4 编辑别墅室外地坪

【步骤 4】以"复制"的方式创建"室内回填 - 抛光砖 -450mm"。在"编辑部件"对话框中，配合单击"向上"或"向下"按钮，指定各层的功能，调整第一行"面层 2[5]"参数值为"20.0"，"结构 [1]"参数值为"430.0"，总厚度自动计算为"450.0"；编辑各功能层的材质，"结构 [1]"材质为"土层"，"面层 2[5]"材质为"抛光砖"，如

图 3.5.5 所示。

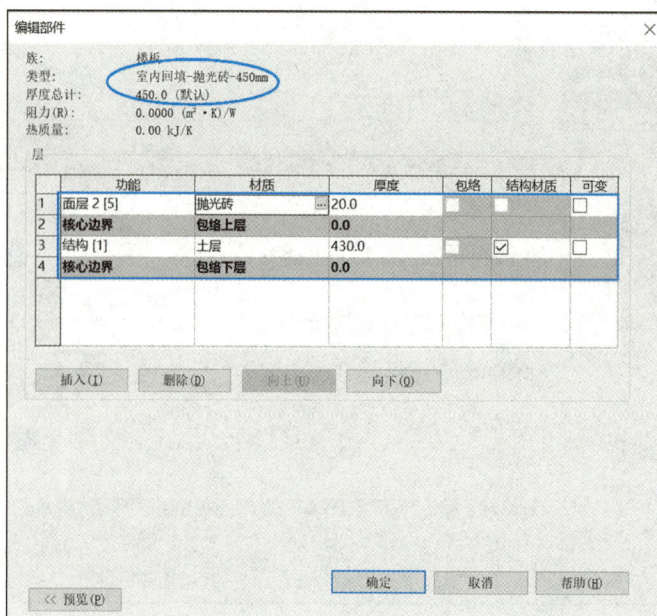

图 3.5.5 室内回填 – 抛光砖 –450mm 参数

【步骤 5】使用相同的方式、创建其他类型的楼板。要注意板的结构、材质和厚度尺寸。本项目小别墅，一层板的核心层材质为土层，二层、三层板的核心层为 C30。项目楼板类型各参数参考如下。

（1）室内回填 – 防滑砖 –450mm：用于别墅一层卫生间、厨房、露台、阳台空间地板，参数如图 3.5.6 所示。

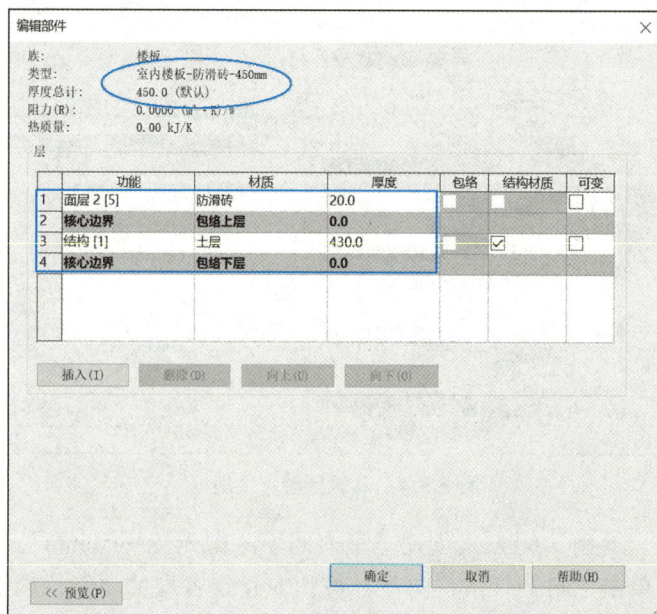

图 3.5.6 室内回填 – 防滑砖 –450mm 参数

（2）室内回填 – 抛光砖 –150mm：用于别墅一层下沉客厅的地板，参数如图 3.5.7 所示。

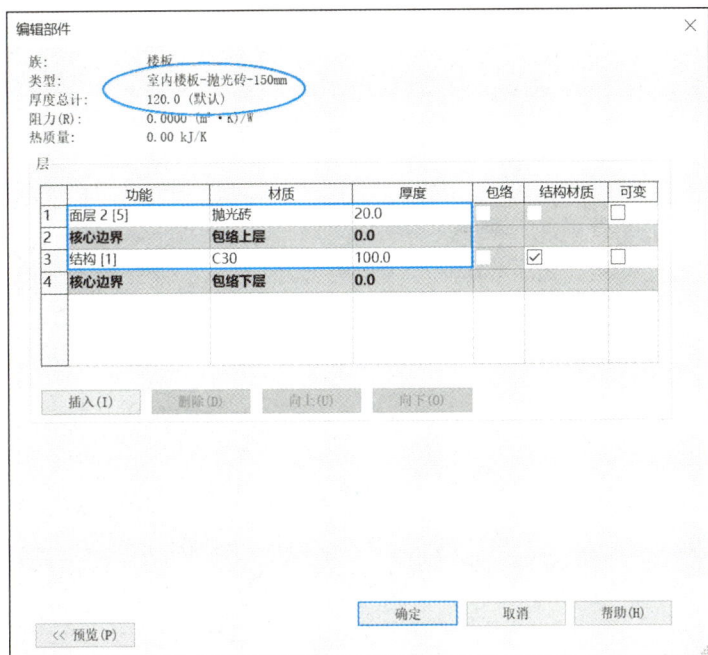

图 3.5.7　室内回填 – 抛光砖 –150mm 参数

（3）室内楼板 – 抛光砖 –120mm：用于别墅二、三层除卫生间、露台外的其他房间地板，参数如图 3.5.8 所示。

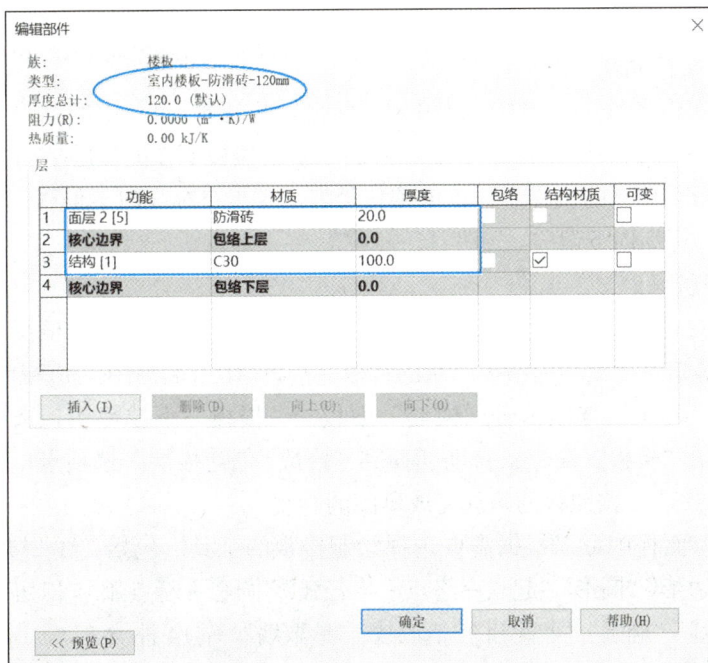

图 3.5.8　室内楼板 – 抛光砖 –120mm 参数

（4）室内楼板 – 防滑砖 –120mm：用于别墅二、三层卫生间、露台空间地板，参数如图 3.5.9 所示。

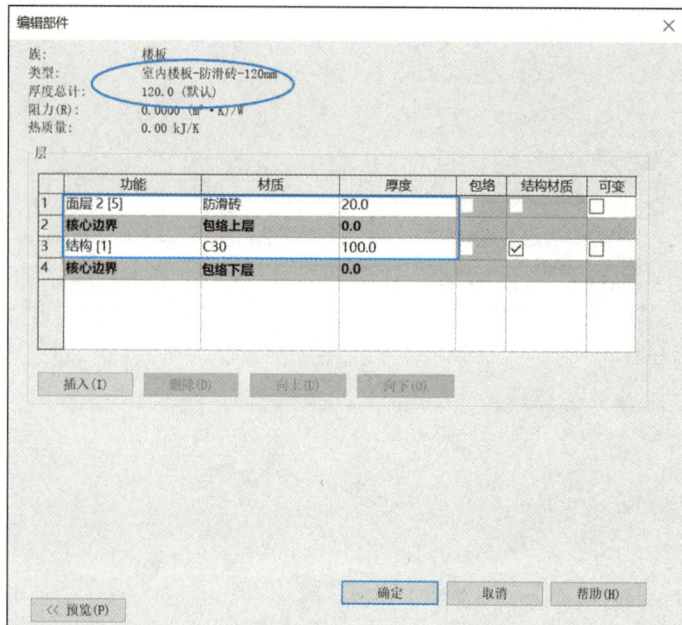

图 3.5.9　室内楼板 – 防滑砖 –120mm 参数

2．楼板的属性

1）楼板的类型属性

楼板的类型属性可以用来创建新的楼板类型，定义楼板的各种参数，特别是结构材质、标记类型等。

2）楼板的实例属性

在楼板的实例属性中，对图元影响最大的是"属性"面板中的"约束"条件下的"标高"和"自标高的高度偏移"参数，"标高"是指楼板所在的楼层平面；"自标高的高度偏移"是楼板与标高的偏移量，正值偏移量表示楼板自标高向上偏移，反之，负值偏移量表示楼板自标高向下偏移。

3．绘制楼板

在 Revit 中，楼板的创建是通过绘制楼板的轮廓草图，软件自动根据已经定义的楼板结构、材质等信息生成相应结构形状的楼板。楼板草图的绘制在对应视图中进行。

依次单击"建筑"选项卡→"构建"面板→"楼板"下拉箭头、选择"楼板：建筑"后、将激活"楼板"命令，自动切换到"修改 | 创建楼层"选项卡，在"绘制"面板中绘制"边界线"，按照板的轮廓完成草图的绘制。

在"绘制"面板中可以根据需要选择绘制楼板的工具，包括"线""矩形""内接多边形""外接多边形""圆形""起点 – 终点 – 半轻弧""圆心 – 端点弧""相切 – 端点弧""圆角弧""样条曲线""椭圆""半椭圆""拾取线""拾取墙"等 14 种。

绘制的楼板边界轮廓必须是闭合的，可以是单个闭合的轮廓，也可以是多个轮廓的组合，但是不能相交，轮廓线不能重叠，如图 3.5.10 所示。

可以生成楼板的轮廓	边界轮廓形状			
	说明	闭合的轮廓	多个闭合轮廓	嵌套的轮廓
不能生成楼板的轮廓	边界轮廓形状			
	说明	未闭合的轮廓	相交的轮廓	轮廓中有重复线

图 3.5.10　楼板轮廓示意图

项目实例：完成本项目案例小别墅的楼地层的绘制。

1）绘制室外地坪

【步骤 1】切换到室外地坪楼层平面视图，依次单击"建筑"选项卡→"构建"面板"楼板"下拉箭头→"楼板：建筑"工具，在"属性"面板的"类型选择器"中确认选择"室外地坪 –300mm"。

【步骤 2】在"修改 | 创建楼层边界"的"绘制"面板中，确认激活"边界线"，选择适合的绘制工具，本项目的室外地坪没有给定具体参数，因此只需要把项目建筑和构件都框住即可，选择"矩形"绘制工具，如图 3.5.11 所示。

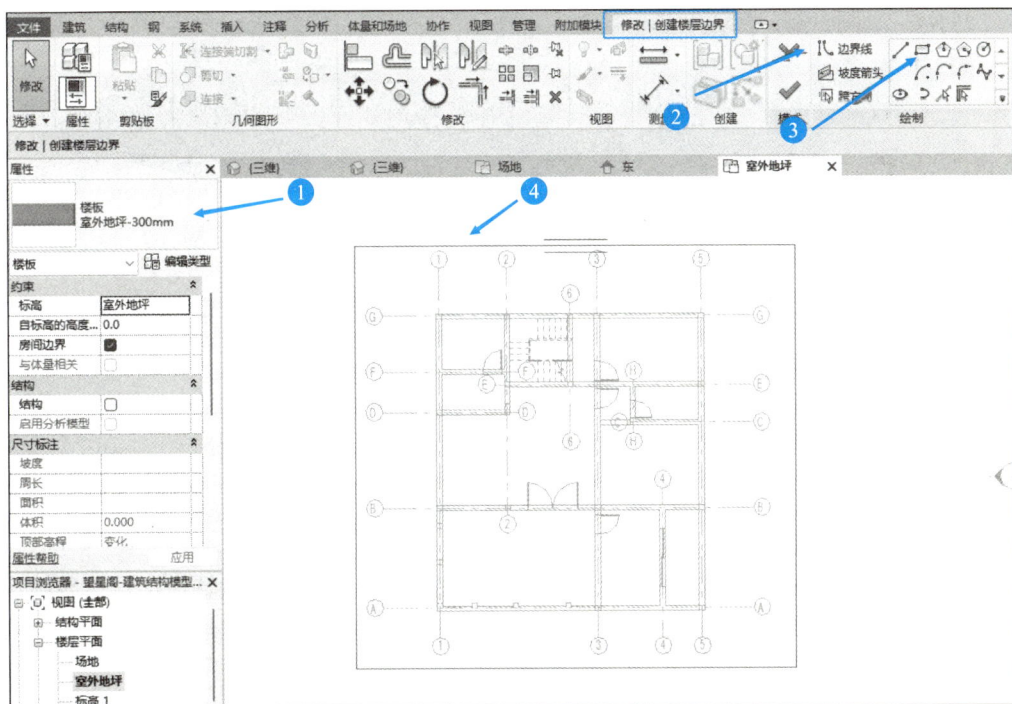

图 3.5.11　绘制室外地坪

【步骤 3】绘制边界轮廓线，保证轮廓线闭合，检查"属性"面板中的"约束"栏中的"标高"为"室外地坪"，完成后单击"模式"面板中的"完成编辑"按钮，Revit 将自动根据所绘制的轮廓边界线生成楼板。

【步骤 4】切换到立面视图进行检查，已经生成"室外地坪"板，生成的基础底板顶部与"室外地坪"标高层齐平，如图 3.5.12 所示。

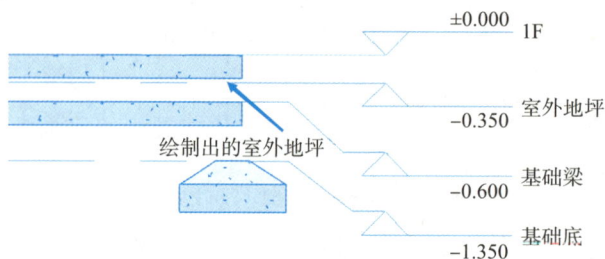

图 3.5.12　立面观察室外地坪

【步骤 5】切换到三维视图观察，三维效果如图 3.5.13 所示。

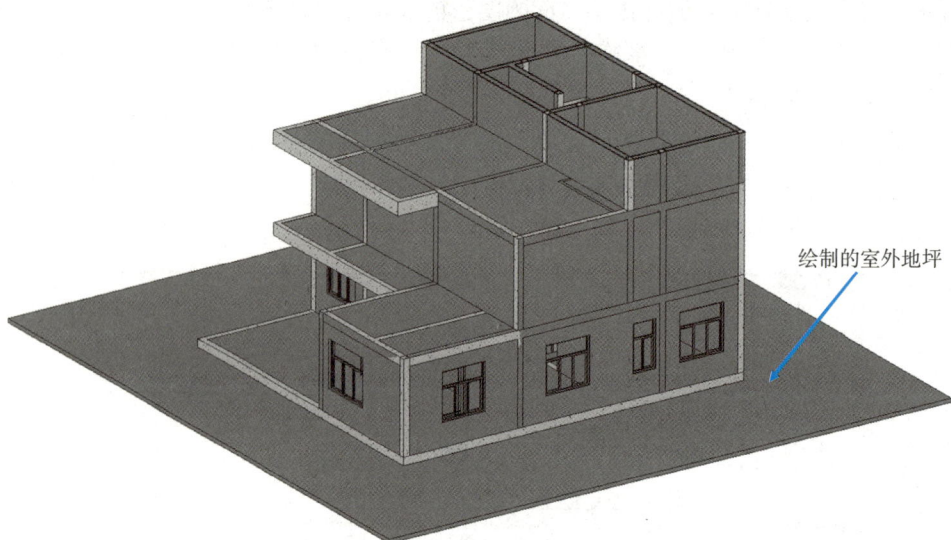

图 3.5.13　绘制室外地坪三维示意图

2）绘制 1F 一层楼板

项目楼板类型各参数参考如下。

（1）"室内回填 – 抛光砖 –450mm"的步骤如下。

【步骤 1】在"项目浏览器"内双击切换到 1F 楼层平面视图，在"属性"面板的"类型选择器"中选择"室内回填 – 抛光砖 –450mm"。

【步骤 2】在"修改 | 创建楼层边界"选项卡"绘制"面板中，确认激活"边界线"，选择适合的绘制工具，选择需要的楼板类型，确定约束条件绘制楼板边界轮廓，完成后单击"完成编辑"按钮，如图 3.5.14 所示。

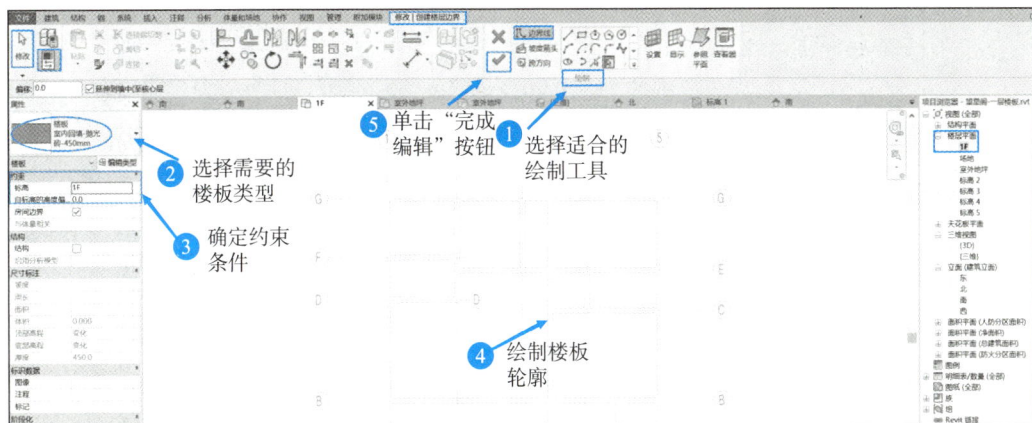

图 3.5.14　室内回填 – 抛光砖 –450mm 示意图

切换到三维视图观察，发现因为有墙体遮挡，无法很好地观察到室内情况，此时使用"可见性"功能就可以观察到室内情况。

小知识

在实际项目操作中会发现有时候图元显示太多会影响绘图的视线，从而降低建模的速度和效率，这时就可以用到图形可见性功能，灵活使用这个功能可以保证视图中图元的显示完全满足个性化的需要。

图形"可见性"用于图元太多不方便观察时，或者是只希望查看某一类图元的时候可以隐藏其他图元，方便进行观察和操作。

在视图的"属性"面板中，单击"图形"栏下的"可见性 / 图形替换"后的"编辑"按钮，如图 3.5.15 所示，或者使用快捷键 VV 打开"可见性 / 图形替换"对话框，如图 3.5.16 所示，在视图的"可见性 / 图形替换"对话框中，可以选择模型的类别，在列表中勾选需要显示的模型，取消勾选的类别将在当前视图中隐藏该类图元，方便进行操作和观察。"可见性 / 图形替换"功能只对选择的视图有效。

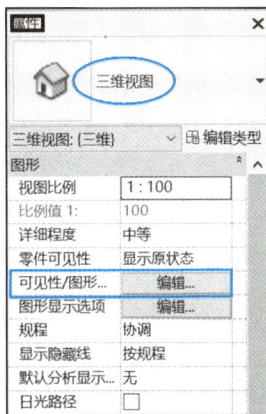

图 3.5.15　视图图形可见性

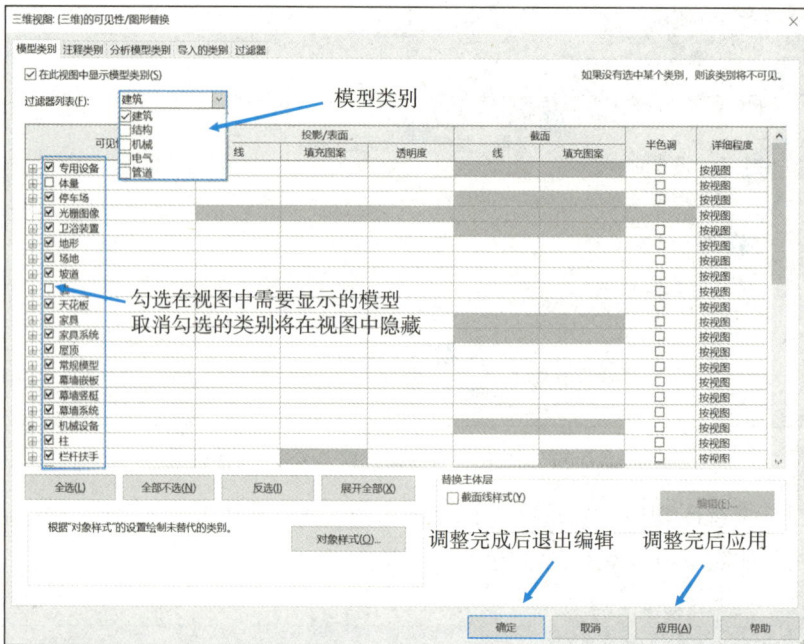

图 3.5.16　视图的可见性 / 图形替换

在三维视图中使用快捷键 VV，打开"三维视图：可见性 / 图形替换"对话框，在"过滤器列表"中选择"建筑"，在下方列表中取消勾选"墙""门""窗""柱"，单击"确定"按钮退出编辑，三维视图中取消勾选的图元将被隐藏，如图 3.5.17 所示。

图 3.5.17　一层绘制室内回填抛光砖示意图

（2）"室内回填 – 防滑砖 –450mm"：防滑砖主要用在阳台、露台、卫生间和厨房，可以使用同命令下多构件操作。如果多块板的结构和尺寸相同，可以同时绘制多个闭合轮廓同时生成楼板。绘制楼板的边界轮廓，绘制完一块板后不需要退出绘制，直接绘制下一块，依次类推，全部绘制完毕后再单击"完成编辑√"按钮，完成同时生成多块板的操作。

（3）"卫生间降板 –150mm"：可以同时完成两个卫生间板的绘制，如图 3.5.18 所示。

其余空间不降板，可用相同的绘制方式完成厨房和两个露台板的绘制，如图 3.5.19 所示。

（4）"室内回填 – 抛光砖 –150mm"：在"属性"面板中选择"室内回填 – 抛光砖 –150mm"类型，绘制客厅板，客厅板位置及参数如图 3.5.20 所示。

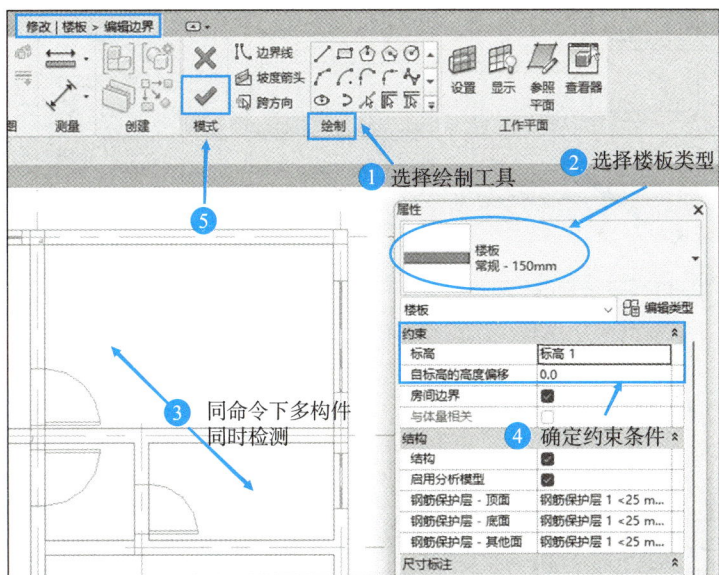

图 3.5.18　一层卫生间板绘制示意图

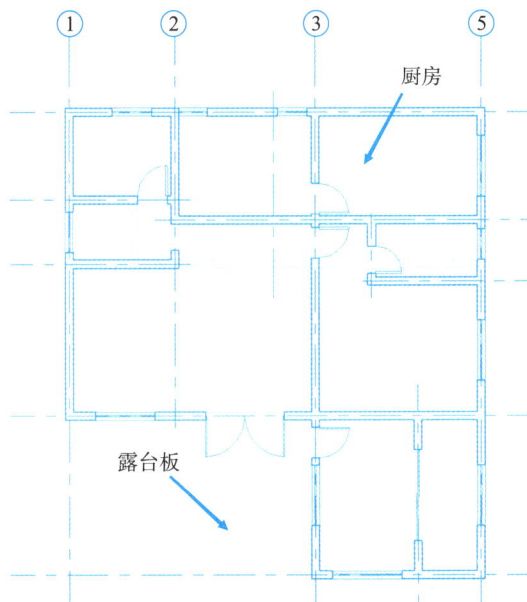

图 3.5.19　一层厨房和露台板绘制示意图

切换到三维视图，可以观察到一层已经绘制完成的楼板。

3）绘制 2F 二层楼板

项目楼板类型各参数参考如下。

（1）"室内回填 – 防滑砖 –120mm"：在"属性"面板中，切换到"室内回填 – 抛光砖 –120mm"，完成卫生间和阳台板的绘制，如图 3.5.21 所示。

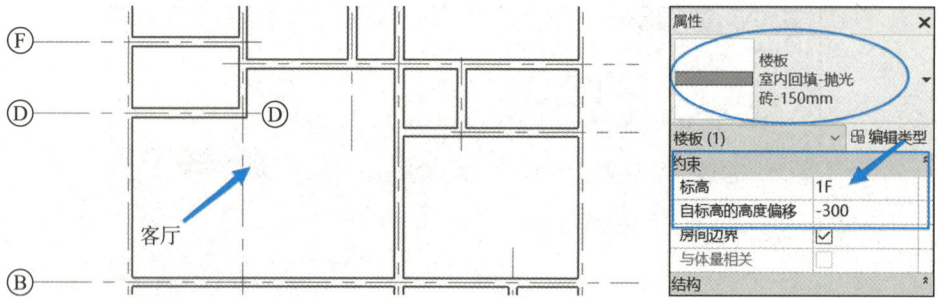

图 3.5.20　一层客厅板绘制示意图

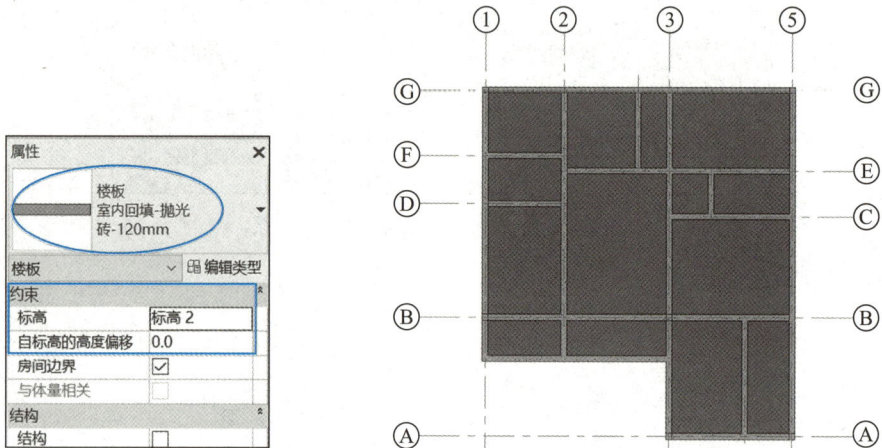

图 3.5.21　二层抛光砖板绘制示意图

（2）"室内回填 – 防滑砖 –120mm"：在"属性"面板中，切换到"室内回填 – 防滑砖 –120mm"，完成卫生间和阳台板的绘制，如图 3.5.22 所示。

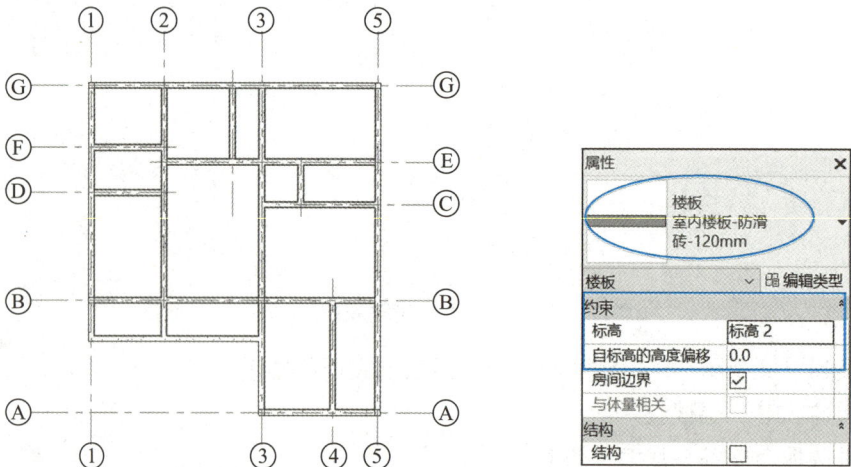

图 3.5.22　二层防滑砖板绘制示意图

4）绘制 3F 三层楼板

3F 三层楼板所需的砖块是"室内回填 – 抛光砖 –120mm"。在"项目浏览器"中双击切换到 3F 楼层完成"室内回填 – 防滑砖 –120mm"三层的楼板，如图 3.5.23 所示。

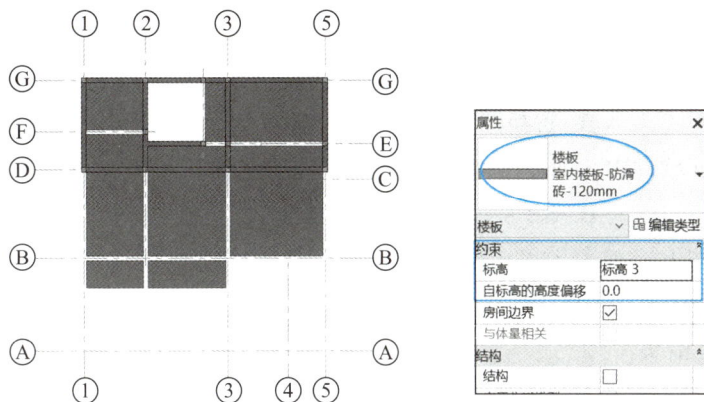

图 3.5.23　三层防滑砖绘制示意图

5）完成楼板的编辑

切换回三维视图，完成楼板的编辑。使用快捷键 VV，在打开的"三维视图：三维的可见性/图形替换"对话框中，重新勾选取消的图元，单击"确定"按钮完成编辑，三维效果如图 3.5.24 所示。保存项目文件到指定文件夹中，以备后续操作。

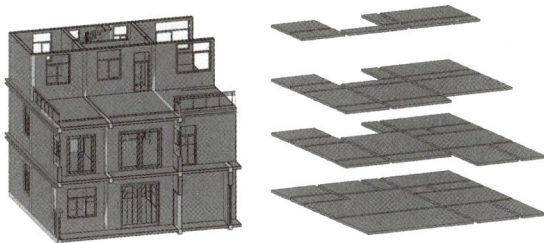

图 3.5.24　楼板三维效果示意图

> **提示**
>
> 在"1+X"建筑信息模型（BIM）职业技能等级考试初级建模考试中，由于考试的时间有限，在综合考试题目中对楼板的要求一般比较简单，只会定义一种类型的楼板，并且楼板的结构和材质都较单一，不考察降板的情形，也不要求对楼板坡度进行定义。因此在考试时，只需要按照题目要求创建相应的类型及材质，选择方便绘制的工具完成楼板轮廓即可。

4. 编辑边界

如果轮廓编辑完后发现有误，不用重新绘制，可以直接选中楼板，依次单击"修改|楼板"选项卡→"模式"面板→"编辑边界"工具，即可对轮廓边界进行修改，重新生成新的楼板，如图 3.5.25 所示。

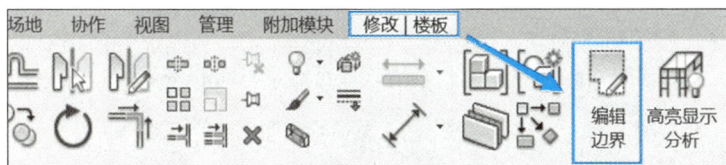

图 3.5.25　编辑边界

3.5.4 拓展训练

1. 在 Revit 软件中，结构板基础不能进行的编辑操作是（　　　）。

　A. 填色　　　　　B. 置换图元　　　　　C. 偏移　　　　　　　　　D. 移动

2. 在 Revit 软件中，创建结构板快捷命令是（　　　）。

　A. AL　　　　　B. SB　　　　　　　C. MV　　　　　　　　D. BM

3. 创建楼板时，在修改栏中绘制楼板边界不包含的命令是（　　　）。

　A. 边界线　　　　　　　　　　B. 跨方向

　C. 坡度箭头　　　　　　　　　D. 默认厚度

4. 在门的类型属性对话框中，单击左下角的预览会出现预览视图，不包含（　　　）。

　A. 三维视图　　　　　　　　　B. 立面视图

　C. 天花板视图　　　　　　　　D. 剖面视图

5. 系统族基本墙的类型属性对话框中的功能参数不包含（　　　）。

　A. 内部　　　　　B. 外部　　　　　C. 基础墙　　　　　　　D. 分隔墙

任务 3.6　创建屋顶

3.6.1　工作任务

使用屋顶工具完成别墅项目屋顶的创建，如图 3.6.1 所示。

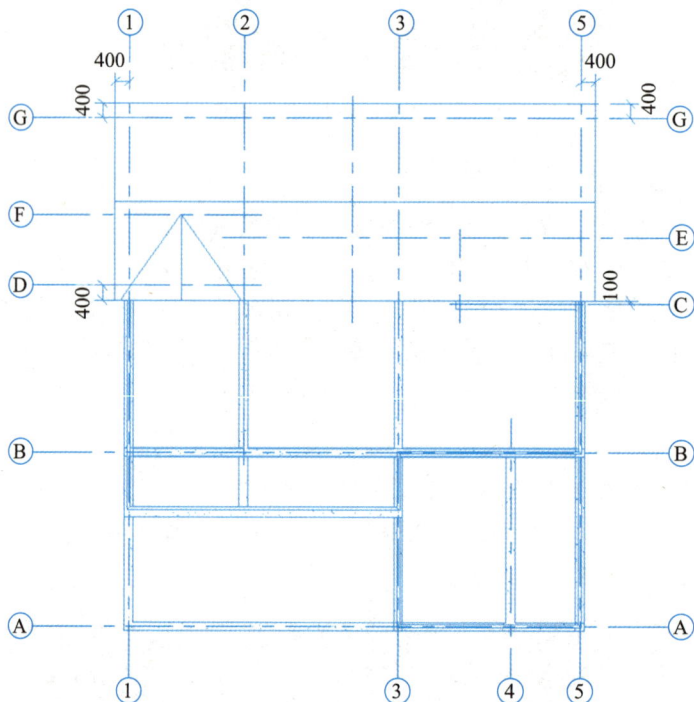

图 3.6.1　屋顶平面图

3.6.2　任务分析

1. 屋顶的类型

屋顶是建筑的重要组成部分。Revit 中提供了三种创建屋顶的工具，分别是"迹线屋顶""拉伸屋顶"和"面屋顶"，可以根据需要在项目中创建不同类型的屋顶，在"建筑"选项卡的"构建"面板中，直接根据需要选择即可激活屋顶工具，如图 3.6.2 所示。

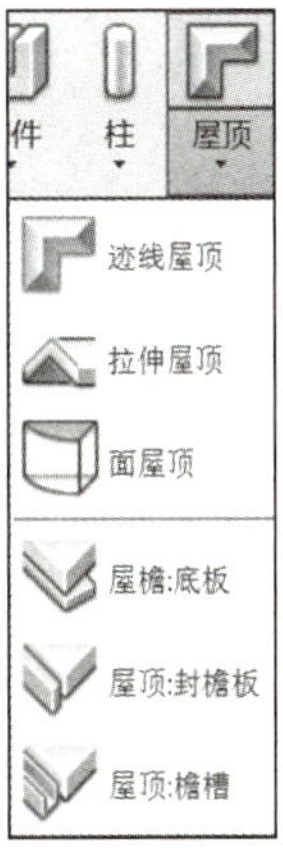

其中，"迹线屋顶"工具通过在平面视图中绘制屋顶的投影轮廓边界线，并定义屋顶的坡度和属性生成各种平屋顶、斜屋顶和坡屋顶，是最常用的创建屋顶的方式，使用方式和楼板类似；"拉伸屋顶"工具用于通过拉伸绘制的轮廓创建屋顶。

更适合在平面上不方便创建的屋顶，可以用于异形屋顶的创建；"面屋顶"工具用于体量设计时，根据体量形体拾取面转换为建筑模型的屋顶。"屋檐：底板""屋顶：封檐板"和"屋顶：檐槽"工具用于依附屋顶进行细节的放样建模。

图 3.6.2　Revit 中的屋顶类型

2. 屋顶创建思路

屋顶作为建筑的主要构件之一，一般在模型主体完成后进行创建。通过选择不同的屋顶创建工具进行创建，并将其他构件，如墙体、柱等附着到屋顶。

3.6.3　操作演示

1. 创建迹线屋顶

【步骤1】依次单击"建筑"选项卡→"构建"面板→"屋顶"下拉箭头→"迹线屋顶"工具，如图 3.6.3 所示。

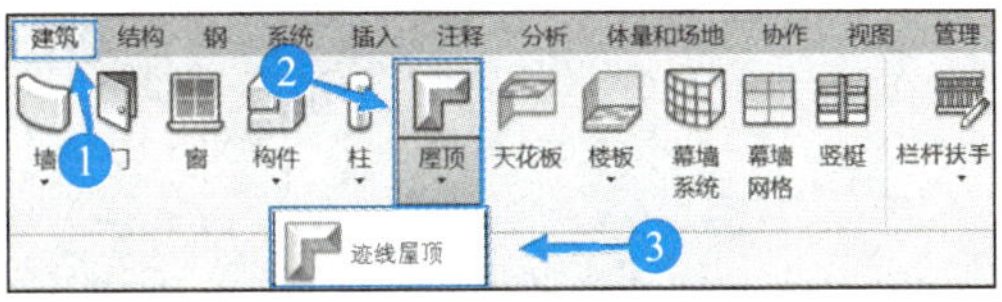

图 3.6.3　迹线屋顶命令

微课：创建迹线屋顶

【步骤2】自动切换进入"修改 | 创建屋顶迹线"选项卡，如图 3.6.4 所示。

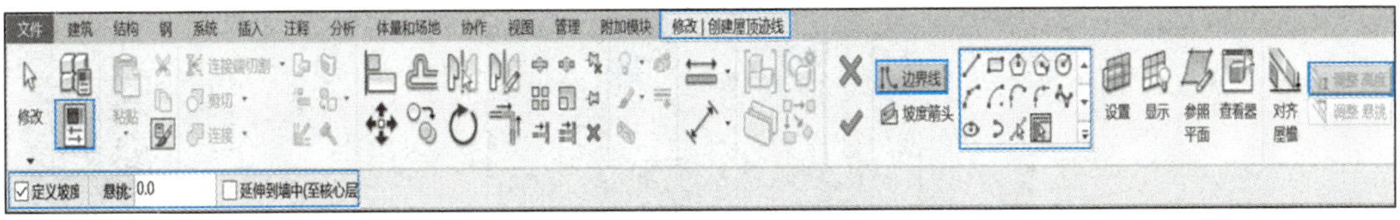

图 3.6.4　修改 | 创建屋顶迹线选项卡

【步骤3】单击"属性"面板中的"编辑类型"按钮，在弹出的"类型属性"对话框中，单击"复制"按钮，在"构造"处编辑结构材质，单击"确定"按钮，如图 3.6.5 所示。

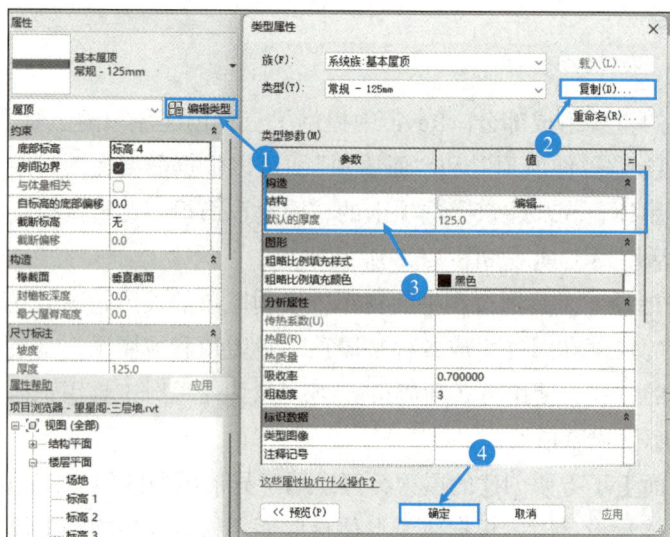

图 3.6.5　创建屋顶类型

【步骤 4】在"修改 | 创建屋顶迹线"选项卡→"绘制"面板中选择适合的绘制界线工具，在选项栏中定义"坡度"和"悬挑"尺寸，完成后单击"模式"面板中的"完成编辑"按钮，生成迹线屋顶，如图 3.6.6 所示。

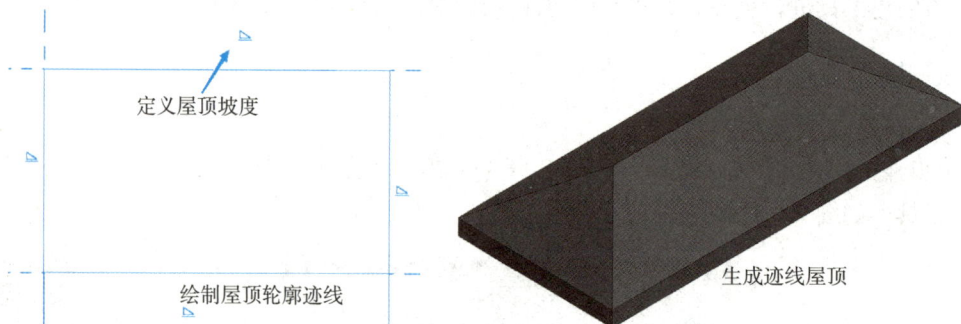

定义屋顶坡度

绘制屋顶轮廓迹线

生成迹线屋顶

图 3.6.6　创建迹线屋顶

2. 创建拉伸屋顶

【步骤 1】依次单击"建筑"选项卡→"构建"面板→"屋顶"下拉箭头→"拉伸屋顶"工具，如图 3.6.7 所示。

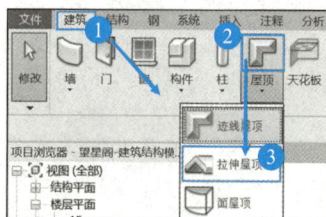

微课：创建
拉伸屋顶

图 3.6.7　拉伸屋顶命令

【步骤 2】在弹出的"工作平面"对话框中，选择"拾取一个平面"，如图 3.6.8 所示。

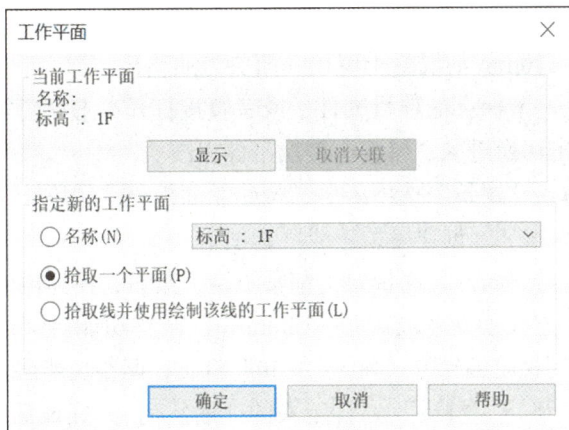

图 3.6.8　工作平面对话框

【步骤 3】在模型中拾取工作平面，由于拉伸屋顶要在某一个竖向的面上绘制屋顶截面的轮廓线，然后以垂直于该竖向面的方向进行拉伸，因此，拉伸屋顶的创建需要在立面视图或者三维视图中操作，如图 3.6.9 所示，拾取工作平面后，在弹出的"屋顶参照标高和偏移"对话框中调整参数，单击"确定"按钮完成工作平面的定义。沿拾取的工作平面，根据需要绘制屋顶截面的轮廓线，然后单击"模式"面板中的"完成编辑"按钮，生成拉伸屋顶，如图 3.6.10 所示。

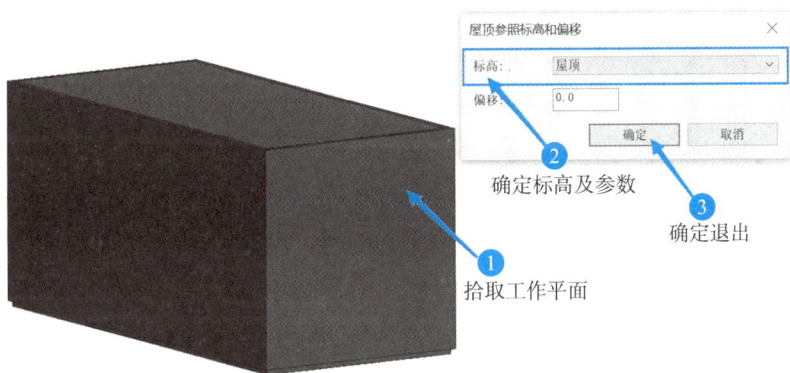

图 3.6.9　拾取工作平面

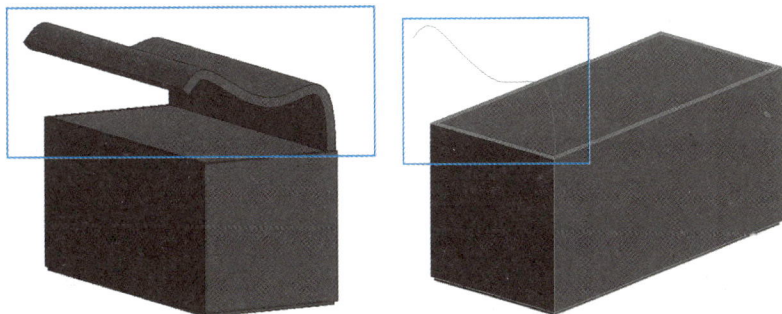

图 3.6.10　拉伸屋顶示意图

项目实例：完成本项目案例小别墅屋顶的创建。

屋顶构件参数为 120mm 的混凝土屋顶，面层为油毡瓦。

【步骤 1】打开上一节保存的项目文件，或者直接打开本书配套资源中工程文件"别墅.楼板"文件，双击切换进入"屋面"楼层平面视图。

【步骤 2】依次单击"建筑"选项卡→"构建"面板→"屋顶"下拉箭头→"迹线屋顶"工具，切换进入"修改|创建屋顶迹线"选项卡。

【步骤 3】依次单击"属性"面板→"编辑类型"按钮，在弹出的"类型属性"对话框中，使用"复制"方式创建"坡屋顶-120mm"，调整功能层"结构[1]"的"厚度"参数为"100.0"，使用材质编辑方式赋予"C30"材质；调整功能层"面层 2[5]"的"厚度"参数为"20.0"，确定"材质"为自定义的"油毡瓦"，完成后单击"确定"按钮，完成对"坡屋顶"的创建和定义，如图 3.6.11 所示。

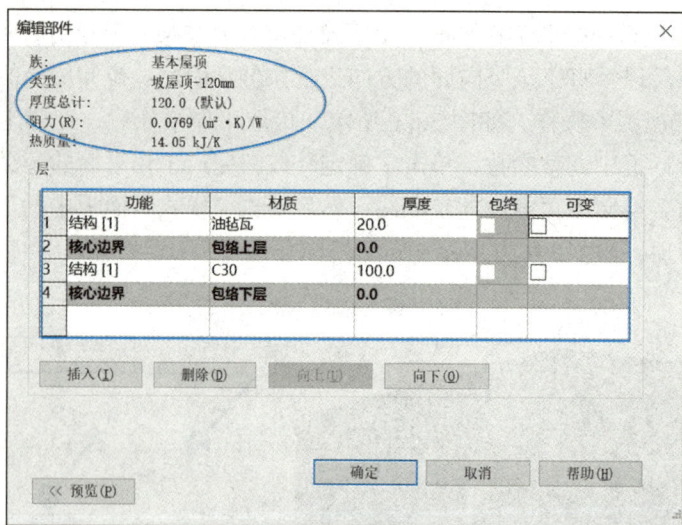

图 3.6.11 坡屋顶参数

提示

在"1+X"建筑信息模型（BIM）职业技能等级考试初级建模考试中，对结构设计的考察主要是对厚度参数、功能构造、功能层材质细节进行考察，通常是通过墙体、楼板、屋顶这几个构件进行考察。

3. 绘制屋顶

迹线屋顶和楼板的生成方式相似，通过绘制屋顶投影轮廓草图，软件自动根据已经定义的屋顶材质、厚度、功能、坡度等信息生成相应形状的屋顶。

项目实例：完成本项目案例小别墅屋顶的绘制。

【步骤 1】在屋面平面视图界面，依次单击"建筑"选项卡→"构建"面板"屋顶"下拉箭头→"迹线屋顶"工具，切换进入"修改|创建屋顶迹线"选项卡，在"属性"面板的"类型选择器"中确认选择创建的"坡屋顶"。

在"属性"面板的"范围"栏里调整"视图范围",保证在"屋面"视图中能看到下层的墙体,方便下一步的绘制。

【步骤 2】在"绘制"面板中,确认激活"边界线",选择"拾取线"工具,选项栏中设置"偏移"值为"400.0",拾取轴线并配合"修剪/延伸为角"工具,完成基本轮廓,如图 3.6.12 所示。

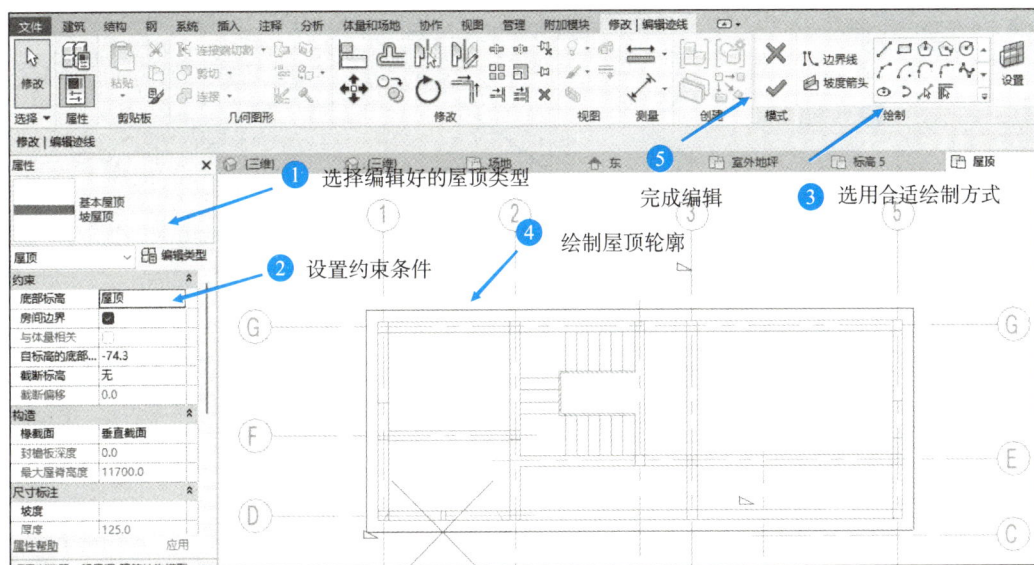

图 3.6.12　屋顶基本边界轮廓示意图

【步骤 3】迹线轮廓不是一个规则的矩形,根据需要的效果,要注意坡屋顶每条边线的坡度。使用"拆分图元"工具,对迹线打断后对坡屋顶的坡度进行定义。选择边线,可以在"属性"面板"约束"栏中通过取消勾选"定义屋顶坡度"取消该边线的坡度,取消定义后,坡度定义将变成灰色不能编辑。此功能也可以在"修改 | 创建屋顶迹线"选项栏中取消勾选"定义坡度";在"尺寸标注"栏调整"坡度"尺寸参数,调整坡屋顶的坡度;也可以在选中的迹线上直接进行修改,如图 3.6.13 所示。

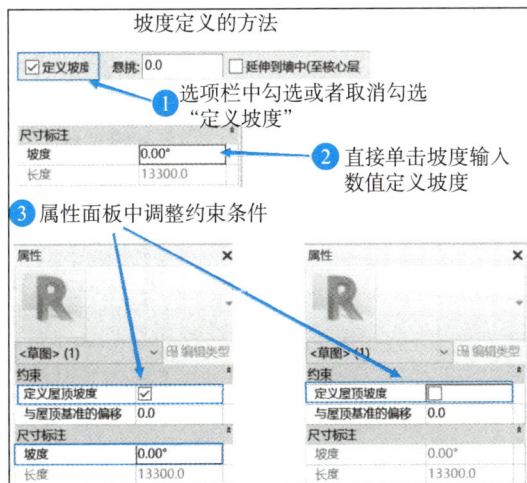

图 3.6.13　屋顶坡度定义及取消坡度定义

【步骤 4】取消不需要定义坡度的边线坡度，如图 3.6.14 所示。

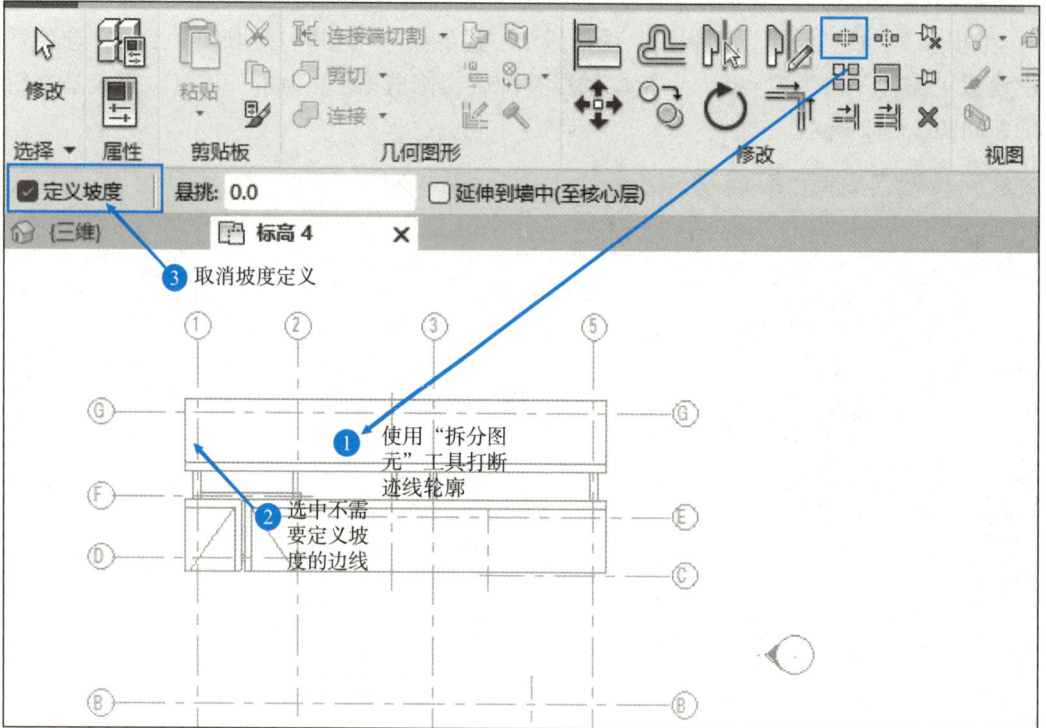

图 3.6.14　取消屋顶边界坡度

【步骤 5】为小坡屋顶定义坡度，坡度定义为 38.50°，如图 3.6.15 所示。为大坡屋顶定义坡度，坡度定义为 30.00°，如图 3.6.16 所示。

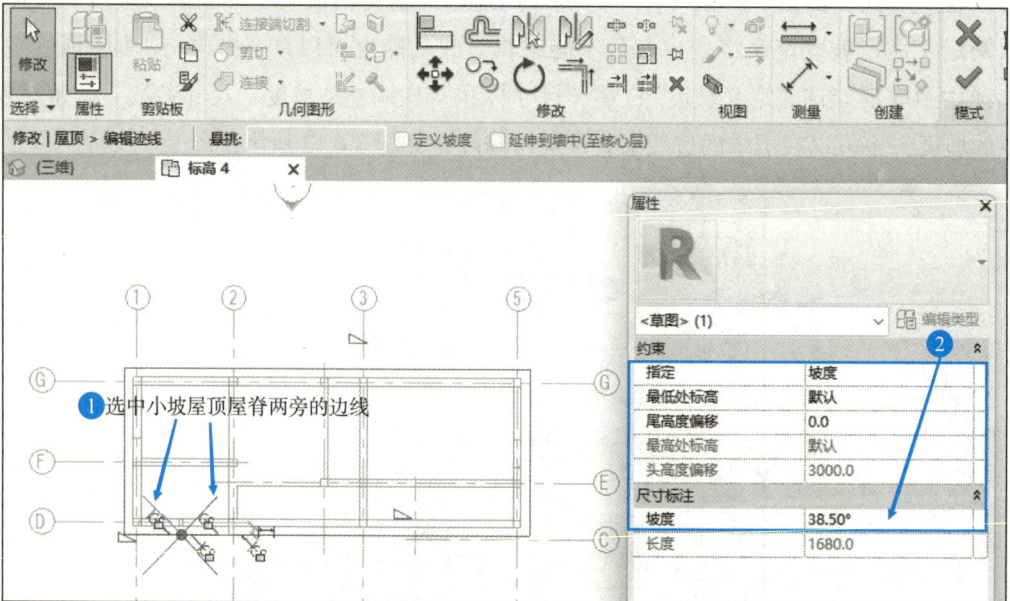

图 3.6.15　修改小屋顶边界坡度示意图

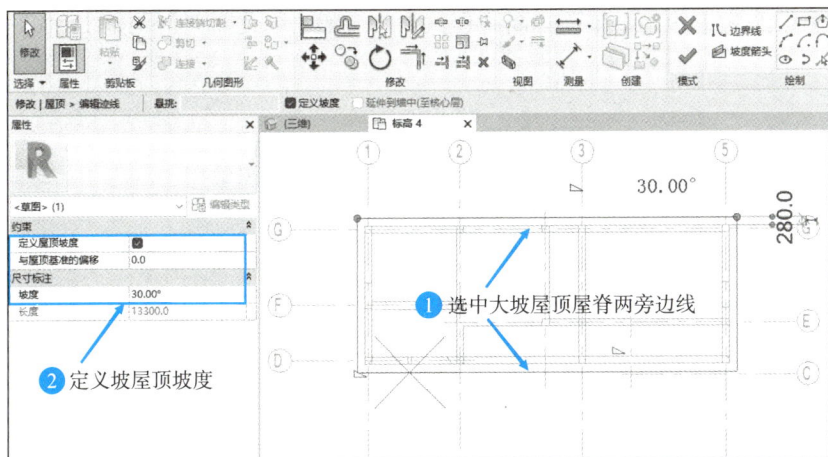

图 3.6.16   修改大屋顶边界坡度示意图

【步骤 6】完成后单击"模式"面板下的"完成编辑模式"按钮，切换到三维视图观察，三维效果如图 3.6.17 所示。

图 3.6.17   绘制屋顶三维效果示意图

> **提示**
>
> 在"1+X"建筑信息模型（BIM）职业技能等级考试初级建模考试中，对坡屋顶的坡度定义在图纸中会有精确的数值，不需要自行计算。但是对于带坡度的迹线屋顶，一定要清楚起坡的边，根据需要的效果调整坡度的定义。

4. 调整编辑屋顶

项目实例：完成本项目案例小别墅的调整。

【步骤 1】调整屋顶位置。生成迹线屋顶后，切换到立面图，发现屋顶位置对于标高有所偏移，需要进行调整。在立面视图中，单击"注释"选项卡"尺寸标注"面板中的"高程点"工具命令，用来测量屋顶的高程，以确定需要调整的具体尺寸，如图 3.6.18 所示。

图 3.6.18   高程点测量

【步骤 2】激活"高程点"工具，将光标移至需要测量的位置，会显示出该点的高程，如图 3.6.19 所示，发现实际屋顶高程与图纸屋顶高程不一致，有所偏移，偏移值为

"−2.13"（屋顶高程测量值为 11.913，屋顶标高高程值为 11.700，因此需向下调整 11.913−11.700＝2.13）。

图 3.6.19　测量顶部高程

【步骤 3】选中屋顶，在"属性"面板中调整"约束"栏中的"自标高的底部偏移"，修改参数值为"−74.3"，如图 3.6.20 所示，完成屋顶位置的调整。修改完后再次观察屋顶位置，可见屋顶高程已经完成调整，如图 3.6.21 所示。

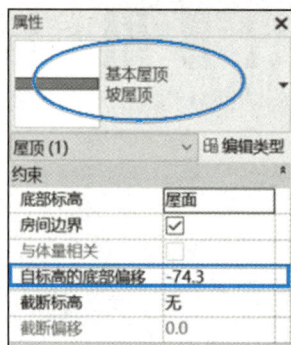

图 3.6.20　修改底部偏移参数

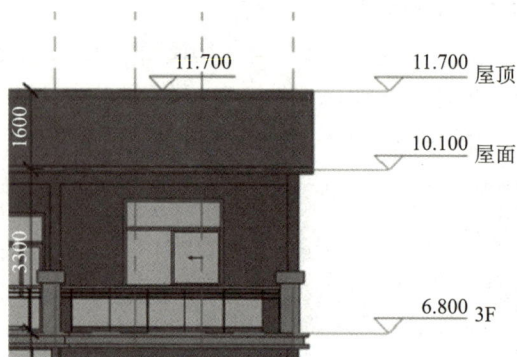

图 3.6.21　调整屋顶位置

5. 下部构件附着到屋顶

【步骤 1】双击切换到三维视图，使用"过滤器"工具，选中三层的所有墙体，依次

单击"修改 | 墙"选项卡→"修改墙"面板→"附着顶部 / 底部"工具，在选项栏中选择附着墙到"顶部"，单击屋顶，如图 3.6.22 所示。

图 3.6.22　附着到顶部

【步骤 2】完成编辑后，效果如图 3.6.23 所示。保存到指定文件夹中，以备后续操作。

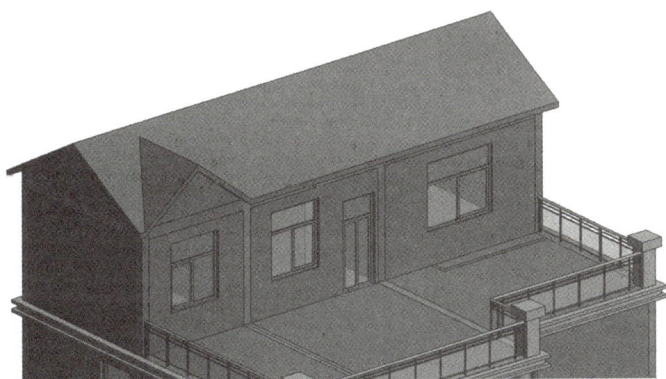

图 3.6.23　完成墙体附着到屋顶

提示

在"1+X"建筑信息模型（BIM）职业技能等级考试初级建模考试中，屋顶通常会考察坡屋顶，因此需要清楚掌握屋顶创建、迹线编辑、坡度定义等方法，要注意下方的墙体需要附着到屋顶上，保证模型的完整。

3.6.4　拓展训练

按照图 3.6.24，平、立面绘制屋顶，屋顶板厚均为 400mm，其他建模所需尺寸可参考平、立面图自定。

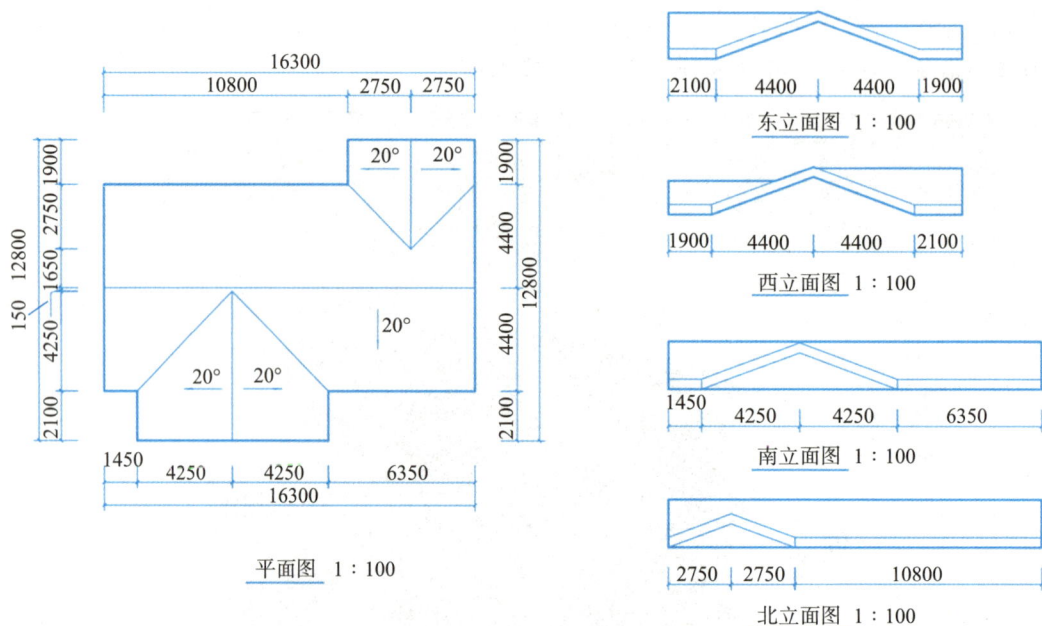

图 3.6.24 屋顶拓展训练图

任务 3.7 创建楼梯、扶手

3.7.1 工作任务

使用楼梯工具完成室内、室外楼梯及扶手的创建，具体数据查阅项目施工图纸。

3.7.2 任务分析

楼梯是建筑空间中用于楼层之间垂直交通的构件，用于楼层之间和高差较大时的交通联系，既要考虑到通行的顺畅和安全，还要考虑到舒适和坚固，从建筑美学的角度看，楼梯也是建筑的视觉焦点，体现建筑风格和设计师理念。

1. 楼梯的组成

楼梯主要由梯段、栏杆扶手和休息平台组成，如图 3.7.1 所示。

其中"梯段"也叫梯跑，是连接两个平台的倾斜构件。梯段由若干个踏步组成，每个踏步一般由两个相互垂直的平面组成，水平面称为踏面，与水平面垂直的面称为踢面。栏杆扶手是设置在梯段及平台边缘的安全保护构件，主要作用是保证安全。在栏杆上部供人们用手扶持的连续斜向配件称为扶手。休息平台可分为中间平台和楼层平台。

2. 楼梯创建思路

在 Revit 中，楼梯、栏杆扶手与坡道都属于系统族。和其他的建筑构件相同，在使用"楼梯"命令绘制前，首先要对楼梯的参数进行相应的类型属性定义或实例属性定义；其次根据"楼梯"的形式选择合适的绘制方式；最后按照图纸信息或者需要放置楼梯构件或绘制草图，由 Revit 软件自动根据设置生成楼梯。

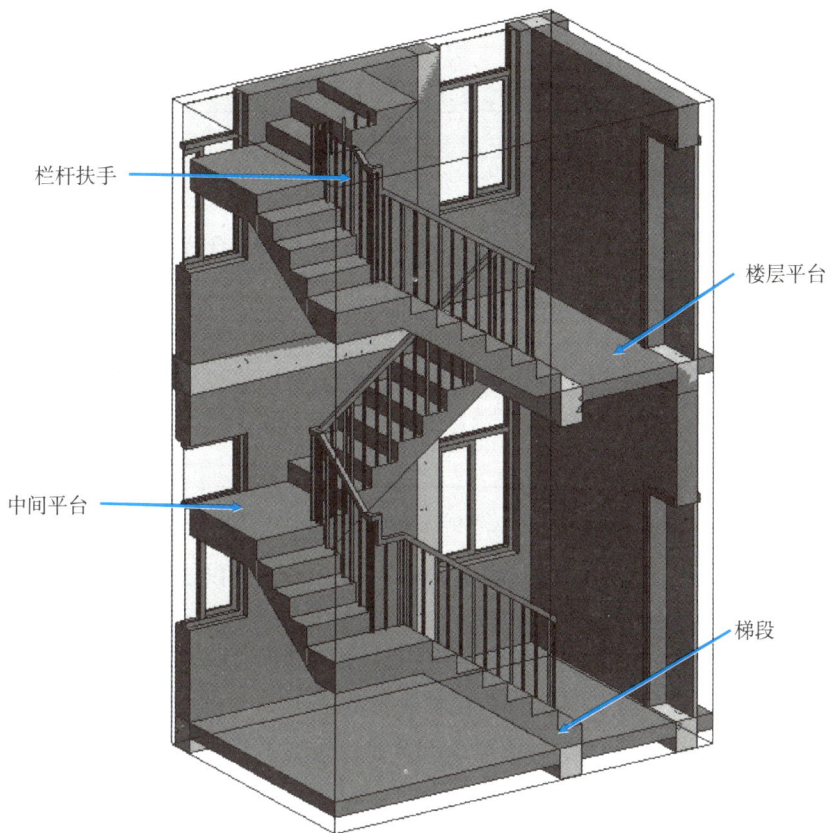

图 3.7.1 楼梯的组成

3. 栏杆扶手创建思路

在 Revit 中，"栏杆扶手""坡道""楼梯"三个命令都位于同一个面板中，栏杆作为楼梯和坡道的组成部分，在绘制楼梯或坡道时会自动生成。栏杆扶手属于系统族，可以通过绘制栏杆扶手的路径在需要的位置上放置不同类型的栏杆扶手。

3.7.3 操作演示

1. 创建并绘制楼梯

Revit 中提供了"直梯""螺旋楼梯""转楼梯"等多种楼梯的绘制样式，可以根据需要选择不同的绘制工具，绘制不同形式的楼梯。

微课：创建
其他楼梯

依次单击"建筑"选项卡→"楼梯坡道"面板→"楼梯"工具，如图 3.7.2 所示，切换进入"修改 | 创建楼梯"选项卡，在此可以选择楼梯的形式绘制工具，选择楼梯绘制边界，梯段宽度等信息，如图 3.7.3 所示。

图 3.7.2 楼梯命令

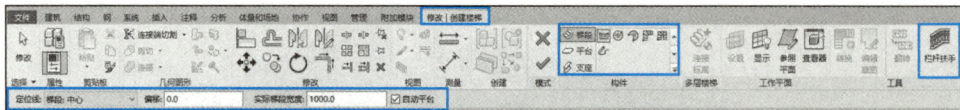

图 3.7.3　修改 | 创建楼梯的信息

1）"修改 | 创建楼梯"选项栏参数

"修改 | 创建楼梯"选项卡激活后，在选项栏中可以根据需要选择绘制的定位线、尺寸，并选择是否自动生成平台，如图 3.7.4 所示。

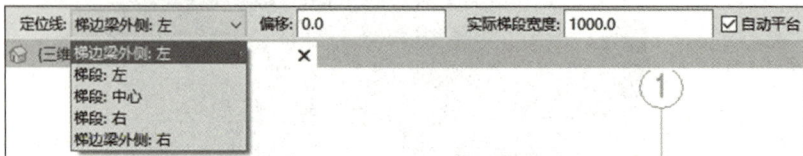

图 3.7.4　"修改 | 创建楼梯"选项栏

（1）定位线：用于绘制楼梯时候的位置定位。Revit 提供 5 种不同的定位线，方便进行楼梯的绘制，包括"踢边梁外侧：左""踢边梁外侧：右""梯段：左""梯段：中心""梯段：右"。默认定位线在"梯段：中心"，即绘制时以梯段中心为基准进行操作。

（2）偏移：是以定位线为基准进行偏移的参数。

（3）实际梯段宽度：即所绘制的梯段的宽度，此参数也可以在属性面板中或者类型属性当中进行调整。

（4）自动平台：勾选该参数根据所绘梯段自动生成平台。

2）"构件"面板的绘制工具

在"修改 | 创建楼梯"选项卡"构件"面板中，激活"梯段"工具，选择合适的楼梯构件样式，完成楼梯的创建，Revit 提供了不同的梯段绘制方式，可以灵活选择，包括"直梯""全踏步旋楼梯""圆心 . 端点螺旋楼梯""L 形转角斜踏步楼梯""U 形转角斜踏步楼梯""创建草图"。

项目实例：完成本项目案例小别墅楼梯的创建。

【步骤 1】打开上一节保存的项目文件，或者直接打开本书配套资源中工程文件"别墅 - 屋顶"文件。

【步骤 2】在"项目浏览器"中双击切换到 1F 楼层平面视图，依次单击"建筑"选项卡→"楼梯坡道"面板→"楼梯"按钮，如图 3.7.5 所示。切换进入"修改 | 创建楼梯"选项卡，确认"构件"面板中选定"梯段"，选择楼梯形式为"直梯"如图 3.7.6 所示。

【步骤 3】为方便绘制，在"选项栏"中，修改"定位线"为"梯段：右"，修改"实际梯段宽度"为"1000.0"，勾选"自动平台"，如图 3.7.7 所示。

【步骤 4】在"属性"面板的"类型选择器"中选择"整体浇筑楼梯"，确认"约束"栏中"底部标高"为"1F"，"顶部标高"为"2F"，"底部偏移"和"顶部偏移"参数值均为"0.0"；修改"尺寸标注"栏中"所需踢面数"参数值为"18"，Revit 会自动根据踢面数计算出"实际踢面高度"数值，修改"实际踏板深度"参数值为"280.0"，如图 3.7.8 所示。

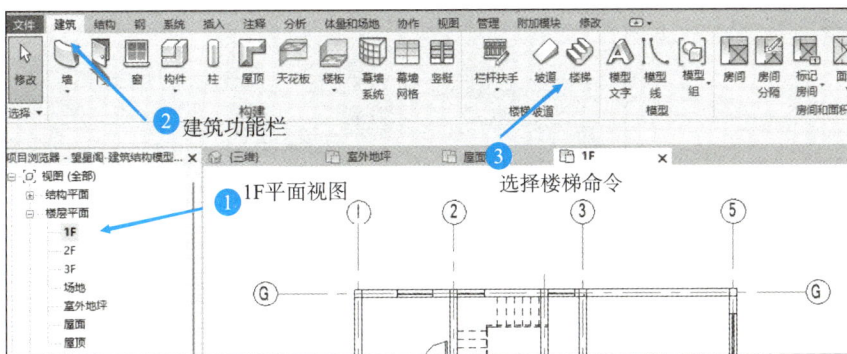

图 3.7.5　楼梯按钮

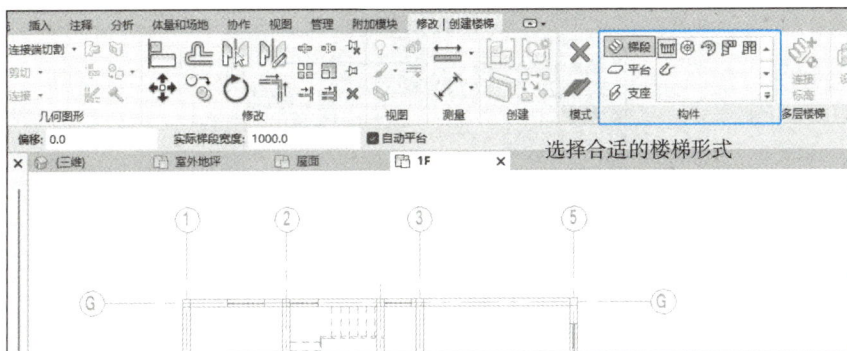

图 3.7.6　选择楼梯形式

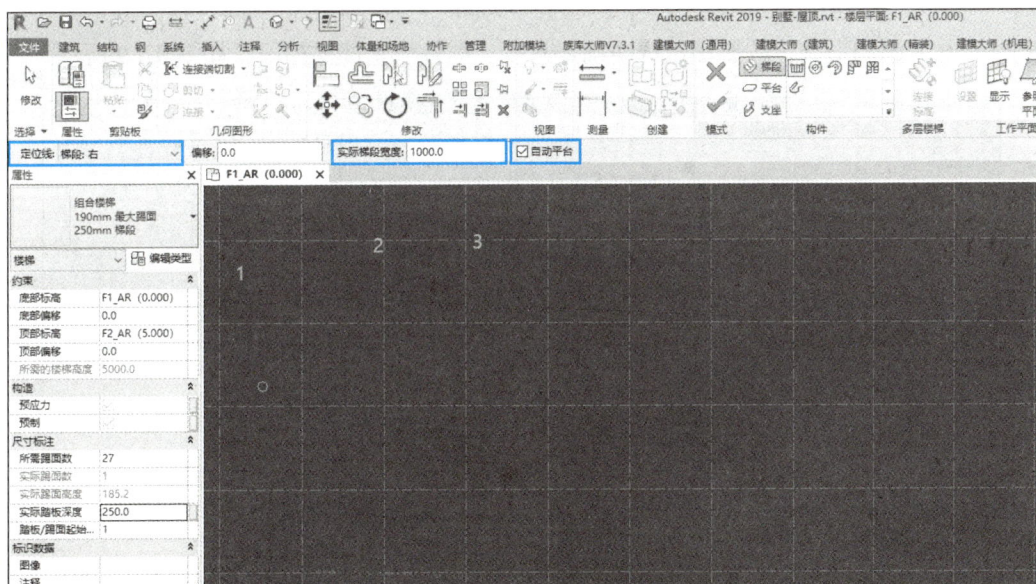

图 3.7.7　修改梯段宽度

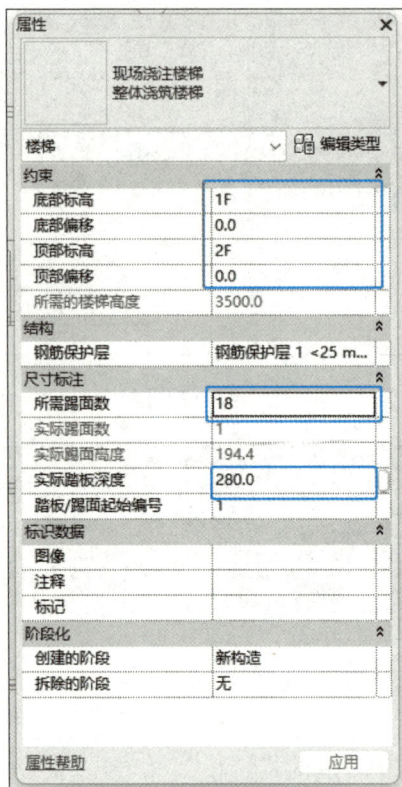

图 3.7.8 修改相关参数

【步骤 5】使用鼠标中键，适当放大到 ② 轴和③ 轴之间的楼梯间位置，将光标放置到③轴与 F 轴相交处，按照图纸说明确定起点，准备绘制楼梯梯段，如图 3.7.9 所示。

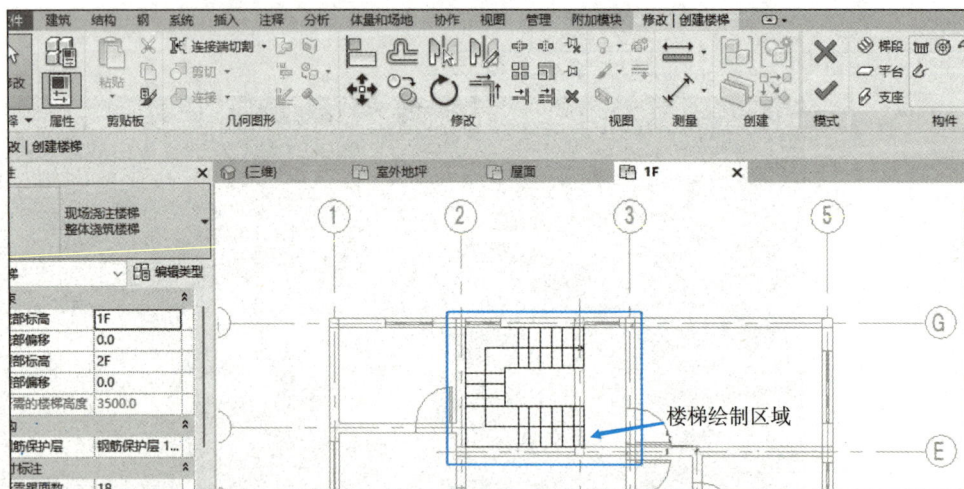

图 3.7.9 楼梯绘制设置

【步骤 6】单击开始绘制楼梯的起点，向上移动光标绘制"7"个踏步，单击结束向右移动光标，对齐右侧梯段最上方，会出现一条蓝色虚线，单击开始第二段楼梯的绘制，向上拖动光标，完成"4"个踏步，再沿着右边向下完成最后"7"个踏步，如

图 3.7.10（a）所示，完成后单击"模式"面板的"完成编辑模式"按钮，Revit 会自动生成楼梯，如图 3.7.10（b）所示。

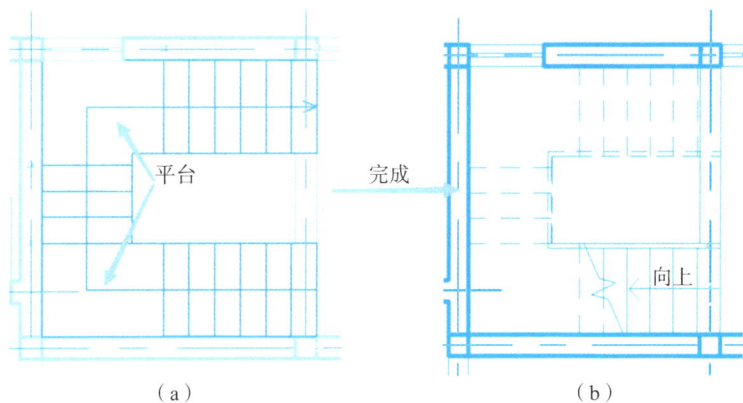

（a）　　　　　　　　　　　　　　　（b）

图 3.7.10　楼梯绘制和生成

【步骤 7】如果切换到三维观察，有外部墙体的遮挡，需要使用"剖面框"调整观察，也可以使用"选择框"工具快速查看生成的楼梯效果。

【步骤 8】选中楼梯，切换到"修改 | 楼梯"选项卡中，单击"视图"面板中"选择框"工具，或者使用快捷键 BX，方便观察和编辑，如图 3.7.11 所示。

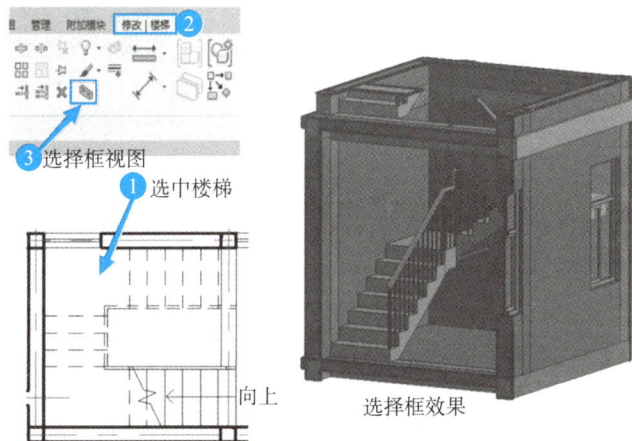

图 3.7.11　楼梯选择框观察

小知识

观察内部构件有很多种不同的方式，前面的内容中已经讲过"隔离图元""隐藏图元""剖面框""图形的可见性""选择框"等多种工具，在建模的过程中可以根据需要灵活选择这些工具进行观察或者编辑，能够有效地提高建模的效率和精度。

"选择框"是选中图元部分的"剖面框"，可以通过拖动框边的方向控件拖动框的可视范围。

【步骤 9】在选择框中选中楼梯靠墙一侧的栏杆扶手，依次单击"修改 | 栏杆扶手"选项卡→"修改"面板→"删除"工具，或者直接按 Delete 键，删除靠墙一侧的栏杆扶手，完成一层楼梯的创建，如图 3.7.12 所示。

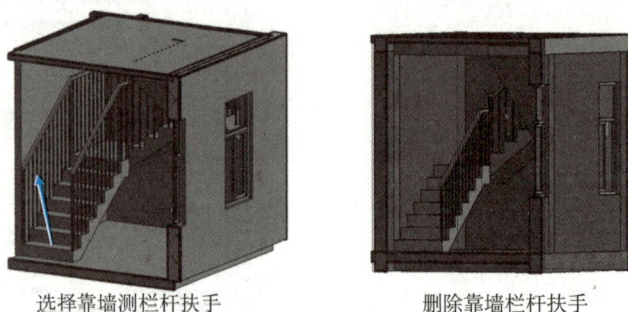

选择靠墙测栏杆扶手　　　　　　　　　　删除靠墙栏杆扶手

图 3.7.12　楼梯和栏杆扶手

【步骤 10】在"项目浏览器"中双击切换到 2F 楼层平面视图，重复相同的方法，完成二楼到三楼的楼梯和栏杆扶手的绘制，三维效果如图 3.7.13 所示。保存项目文件到指定文件夹中，以备后续操作。

小知识

　　如果楼梯的尺寸和位置在各层中都一致，可以使用"剪贴板"工具，"复制"相同的图元，"粘贴"到选定的标高视图中，快速创建相同的图元模型。

图 3.7.13　二层楼梯和栏杆扶手

2. 编辑楼梯

在创建完成楼梯后，如果需要进行调整，可以通过重新编辑完成修改，如图 3.7.14 所示。

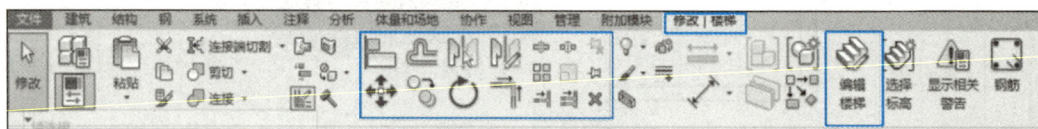

图 3.7.14　修改 | 楼梯

选中楼梯，依次单击"修改 | 楼梯"选项卡→"编辑"面板→"编辑楼梯"按钮，进入"修改 | 创建楼梯"选项卡重新进行编辑。

3. 创建栏杆扶手

Revit 2018 中栏杆扶手有两种不同的创建方式，一种是"绘制路径"，通过绘制栏杆扶手放置的位置生成栏杆扶手；另一种是"放置在楼梯 / 坡道上"，通过选择栏杆扶手类型直接在选中的楼梯 / 坡道上放置生成，如图 3.7.15 所示。

依次单击"建筑"选项卡→"楼梯坡道"面板→"栏杆扶手"

图 3.7.15　栏杆扶手创建的形式

下拉箭头→"绘制路径"，如图 3.7.16 所示，切换进入"修改 | 创建栏杆扶手路径"选项卡，可以选择不同的绘制工具，如图 3.7.17 所示。

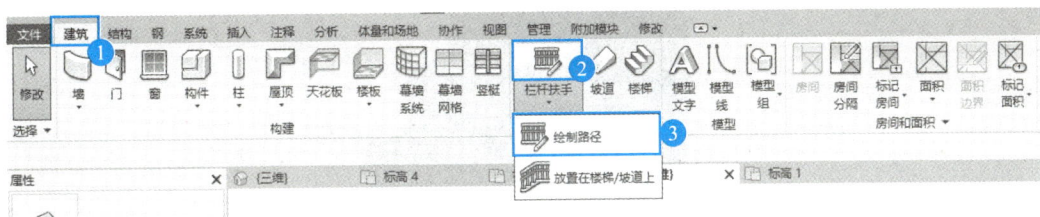

图 3.7.16 栏杆扶手命令

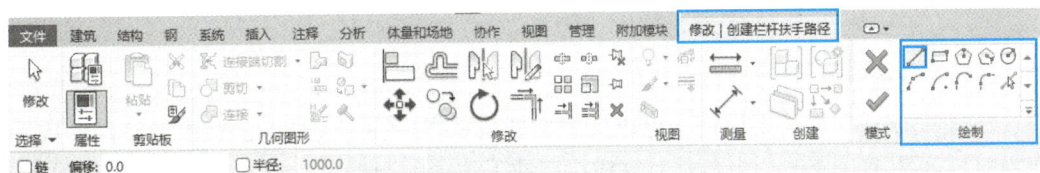

图 3.7.17 修改 | 创建栏杆扶手路径

完成实例：完成本项目案例小别墅栏杆扶手的创建。

【步骤 1】打开上一节保存的项目文件，或者直接打开本书配套资源中工程文件"别墅 – 楼梯"文件。

【步骤 2】在"项目浏览器"中双击切换到 3F 楼层平面视图，依次单击"建筑"选项卡→"楼梯坡道"面板→"栏杆扶手"下拉箭头→"绘制路径"工具，切换进入"修改 | 创建栏杆扶手路径"选项卡，在"绘制"面板中选择合适的绘制工具，在"属性"面板的"类型选择器"中选择需要的栏杆扶手样式"玻璃嵌板 – 底部填充"。适当放大视图，按照图纸所示，沿三层露台的边沿绘制栏杆扶手路径。调整"属性"面板中的"约束"条件，完成后单击"模式"面板下的"完成编辑模式"按钮，完成露台栏杆扶手的创建，如图 3.7.18 所示。

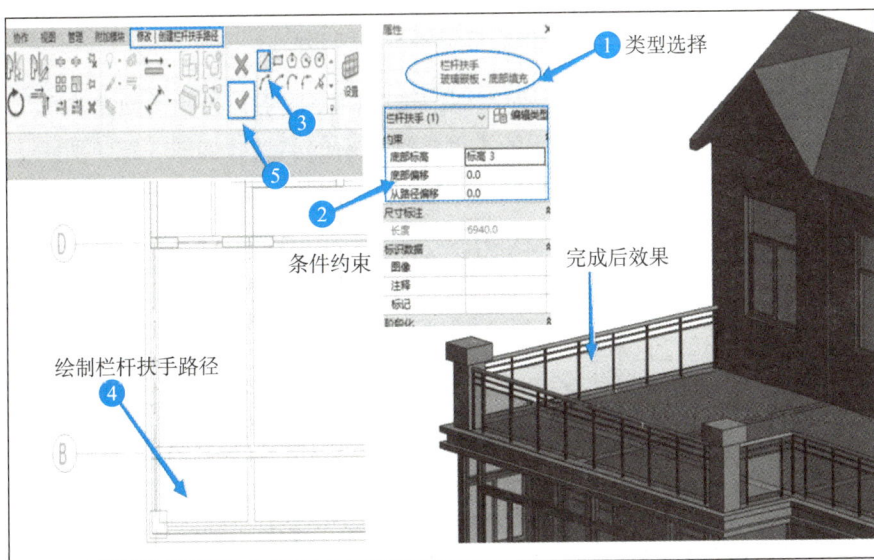

图 3.7.18 三层露台栏杆扶手创建

【步骤 3】使用相同的方法，完成二层和三层露台栏杆扶手，三维效果如图 3.7.19 所示。

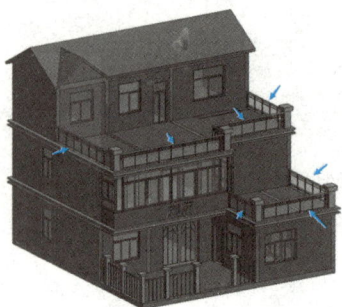

图 3.7.19　别墅露台栏杆扶手示意图

4. 编辑栏杆扶手

创建完成后如果需要标记，可以选中栏杆扶手之后在"属性"面板中调整栏杆扶手的样式，可以通过修改约束条件，完成栏杆扶手位置的调整。

项目实例：完善本项目案例小别墅内部栏杆扶手的编辑。

【步骤 1】上一节已经完成了室内楼梯的创建，拉杆扶手作为楼梯的组成部分已经完成，但是上下梯段之间并未相连，需要后期进行编辑调整。

【步骤 2】在 3F 楼层平面视图中，放大到楼梯间位置，使用绘制栏杆扶手路径的方式，在示意图位置完成栏杆扶手的创建，如图 3.7.20 所示。

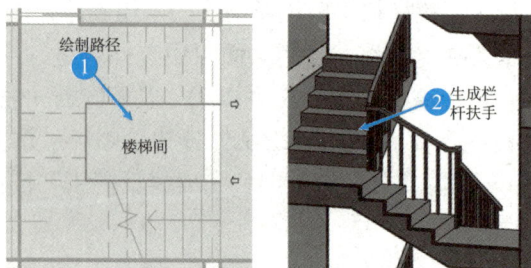

图 3.7.20　三层室内栏杆扶手

【步骤 3】双击切换到 2F 楼层平面视图，选中栏杆扶手，在"类型选择器"中选择"玻璃嵌板 - 底部填充"，把栏杆扶手的类型替换成新的类型，如图 3.7.21 所示。用相同的方法，把一层的栏杆扶手也替换成相同的类型。

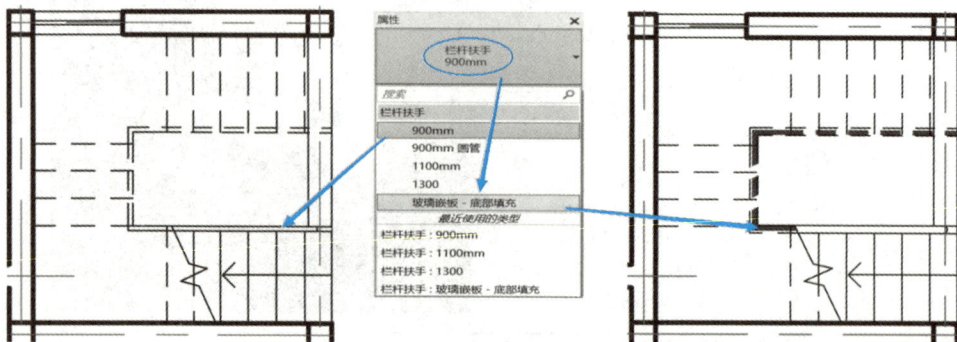

图 3.7.21　替换栏杆扶手类型

　　【步骤4】切换回1F楼层平面视图，选中栏杆扶手，依次单击"修改|栏杆扶手"选项卡→"模式"面板→"编辑路径"工具，显示出栏杆扶手的路径，直接拖动栏杆扶手两端延长到轴线处，选择"线"工具，将两端连接起来，完成两段梯段间的栏杆扶手路径，完成室内楼梯及栏杆扶手的绘制，如图3.7.22所示。

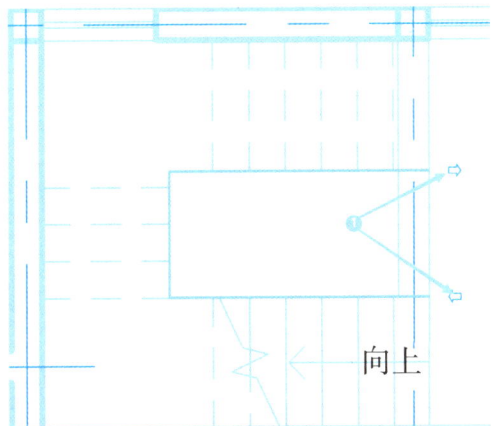

图 3.7.22　重新编辑栏杆扶手路径

　　编辑完成后，单击"模式"面板下的"完成编辑模式"，完成楼梯、栏杆扶手的编辑，三维效果如图3.7.23所示。保存项目文件到指定文件夹中，以备后续操作。

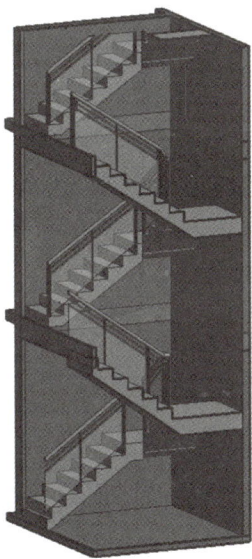

微课：草图
创建楼梯

图 3.7.23　室内楼梯、栏杆扶手三维示意图

3.7.4　拓展训练

　　按照图3.7.24的弧形楼梯平面图和立面图，创建楼梯模型，其中楼梯宽度为1200mm，所需踢面数为21，实际踏板深度为260mm，扶手高度为1100mm，楼梯高度参考给定标高，其他建模所需尺寸可参考平面图、立面图自定。

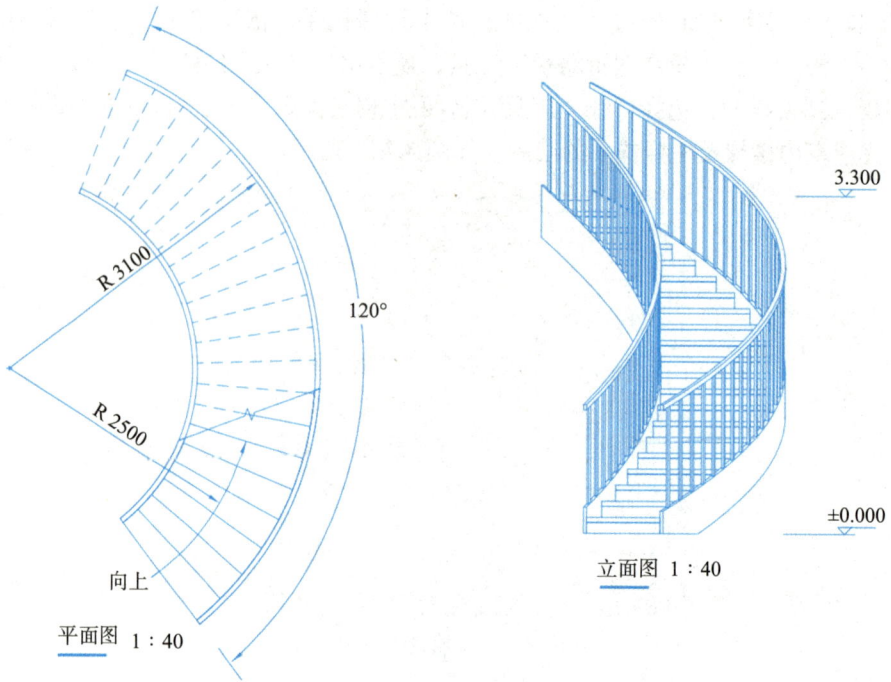

R 3100

R 2500

120°

向上

平面图 1：40

3.300

±0.000

立面图 1：40

图 3.7.24　楼梯、扶手拓展训练图

项目 4　创建洞口及零星构件

本项目以实际的小别墅案例为蓝本，按照常用的设计流程，从分析项目开始，直至项目布局，对模型创建详细进行分解说明，让读者掌握试用 Revit 建模的方式和技巧。

培养实事求是、独立思考、开拓创新的精神，通过项目的实际操作，培养学生科学严谨的精神。

📖 教学目标

（1）掌握开洞方法，熟悉室外台阶、散水等零星构件的布置。

（2）能够熟练掌握创建洞口及零星构件的方法。

📁 素养目标

（1）培养精益求精的工匠精神。学生在学习知识和技术的过程中，通过模型创建的操作，提高创新能力和专业表达能力，并能够独立分析与解决具体问题。

（2）强化社会主义法治意识。学生通过模型创建过程中技术标准和规范的学习与执行，具备法治精神，践行遵纪守法。

（3）培养科学缜密、严谨工作的科学精神。通过模型的创建，学生要不断学习掌握技巧，这样才能在实际操作中更加注重精确缜密。

（4）强化安全意识。学生在构件放置和设置过程中，通过方案的实际操作，养成安全意识，构建合理的建筑模型。

任务 4.1　创建洞口

4.1.1　工作任务

根据项目施工图纸，结合实际需要完成洞口创建。

4.1.2　任务分析

建模过程中会遇到很多需要在模型上开洞口的情况，例如管道井、电梯井等。Revit 不仅可以通过编辑楼板、屋顶、墙体的轮廓来实现开洞，也可以使用内建模型创建洞口，还可以使用专门的"洞口"工具来完成开洞的要求。

洞口的类型：Revit 提供了五个洞口相关的工具命令，分别是"按面""竖井""墙""垂直""老虎窗",如图 4.1.1 所示,可以在项目中灵活使用。"按面"洞口工具可以用来创建垂直于屋顶、楼板或天花板中平面的洞口,创建出的洞口是垂直于选中的面进行剪切的;"竖井"洞口工具可以用来创建跨多个标高层的垂直洞口,可以贯穿楼板、天花板、屋顶;"墙"洞口工具可以用来在墙体上剪切一个矩形洞口;"垂直"洞口工具可以用来创建贯穿楼板、天花板、屋顶的垂直洞口,垂直于标高层;"老虎窗"洞口工具可以用来剪切屋顶,用于为老虎窗创建洞口。

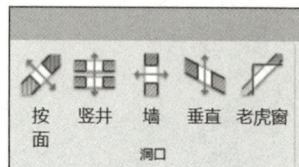

图 4.1.1　洞口的类型

4.1.3　操作演示

本小节介绍几种洞口的创建操作步骤。

1)面洞口

在 Revit 中,面洞口通过"按面"工具在垂直于楼板、天花板、屋顶、梁、柱等构件的水平面、斜面或者垂直面中剪切洞口。

【步骤 1】依次单击"建筑"选项卡→"洞口"面板→"按面"按钮,如图 4.1.2 所示。

图 4.1.2　按面创建洞口命令

【步骤 2】激活工具按钮后,选择要开洞的面,如图 4.1.3 所示。

【步骤 3】切换进入"修改 | 创建洞口边界"选项卡,在"绘制"面板中选择适合的绘制工具,在选中的面上绘制洞口的形状,完成后单击"模式"面板中的"完成编辑模式"按钮,在选中的面上就会开出所绘形状的洞口,如图 4.1.4 所示。

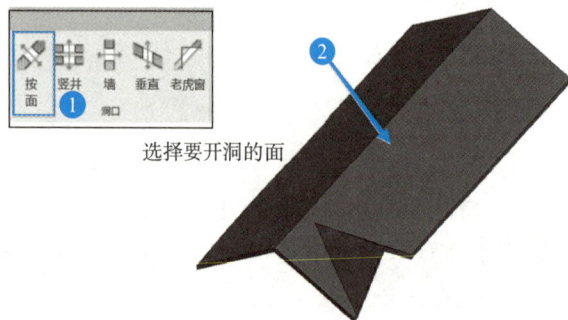

② 选择适合绘制的工具

③ 绘制洞口的形状

④ 面洞口开洞效果

选择要开洞的面

图 4.1.3　选择要开洞的面

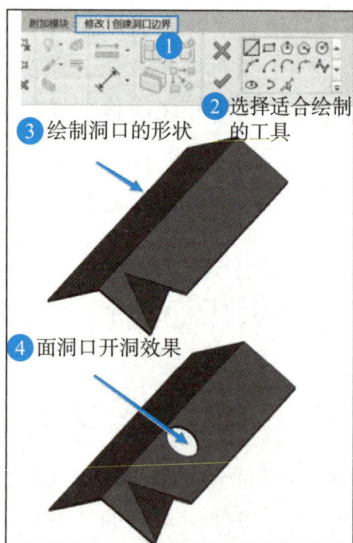

图 4.1.4　创建面洞口

2）竖井洞口

竖井洞口指可以通过"竖井"工具创建一个跨越多个标高层的垂直洞口。依次单击"建筑"选项卡→"洞口"面板→"竖井"按钮，切换进入"修改 | 创建竖井洞口草图"选项卡，在"绘制"面板中选择适合的绘制工具，在拟开洞的面上绘制洞口的形状，完成后单击"模式"面板中的"完成编辑模式"按钮，如图 4.1.5 所示。

通过调整生成的竖井洞口上的方向控件，使竖井洞口垂直贯穿需要穿越的标高层，可以同时剪切贯穿楼板、天花板、屋顶。

3）墙洞口

墙洞口指可以通过"墙"工具在任意墙体和幕墙上快速创建洞口，依次单击"建筑"选项卡→"洞口"面板→"墙"按钮，激活工具按钮后，选中要开洞的墙，如图 4.1.6 所示。

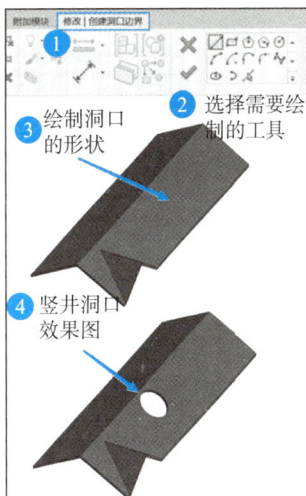

图 4.1.5　创建竖井洞口命令

"墙洞口"命令只能开矩形洞口，不能用此工具开其他形状的洞口，绘制出洞口后，可以调整临时尺寸以确定洞口大小。

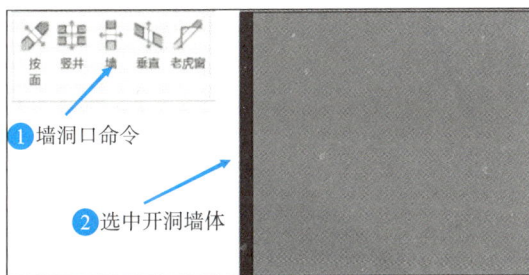

图 4.1.6　创建墙洞口命令

4）垂直洞口

垂直洞口指可以通过"垂直"工具通过拾取板、屋顶的面，创建垂直于某个标高的洞口。垂直洞口一次只能剪切一层楼板或者只能创建一个洞口。依次单击"建筑"选项卡→"洞口"面板→"垂直"按钮，激活工具按钮后，选中要开洞的板或屋顶，如图 4.1.7 所示。

5）老虎窗洞口

老虎窗洞口比较特殊，只用于剪切屋顶，为老虎窗创建洞口。

要创建老虎窗洞口，必须先创建好一个有老虎窗的屋顶。生成老虎窗洞口和生成其他洞口的相同点是需要一个闭合的轮廓，和生成其他洞口不同的是其他的洞口是直接根据需要绘制而成，但老虎窗洞口不能直接绘制轮廓，需要使用"拾取"工具或者"模型线"工具完成轮廓后再自动生成洞口。生成老虎窗洞口的步骤如下。

（1）在原有的屋顶上创建小屋顶，选中新建的小屋顶，通过"修改 | 屋顶"选项卡→"几何图形"面板→"连接 / 取消连接屋顶"工具，连接到大屋顶上，如图 4.1.8 所示。

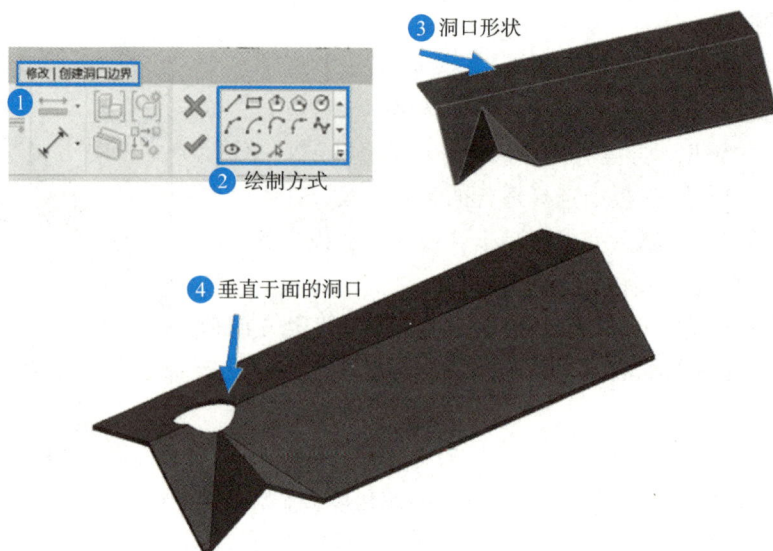

图 4.1.7　创建垂直洞口命令

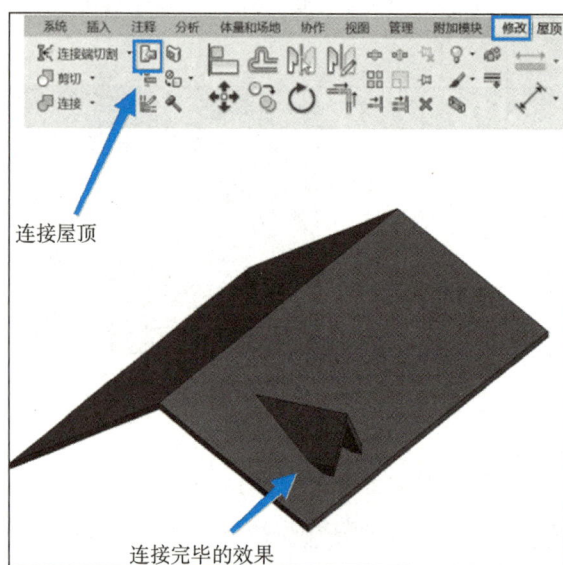

图 4.1.8　将新建小屋顶连接至大屋顶

（2）绘制墙体，准备进行老虎窗洞口的剪切，如图 4.1.9 所示。

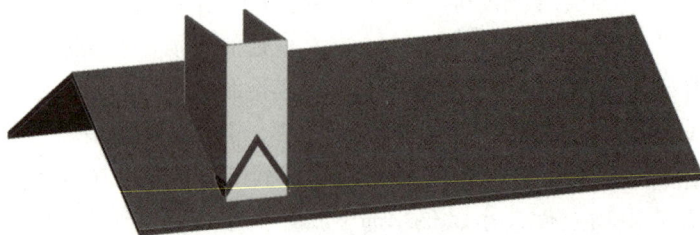

图 4.1.9　绘制墙体

（3）创建好老虎窗屋顶后，依次单击"建筑"选项卡→"洞口"面板→"老虎窗"按钮，激活工具按钮后，选择要被老虎窗洞口剪切的屋面，如图 4.1.10 所示。

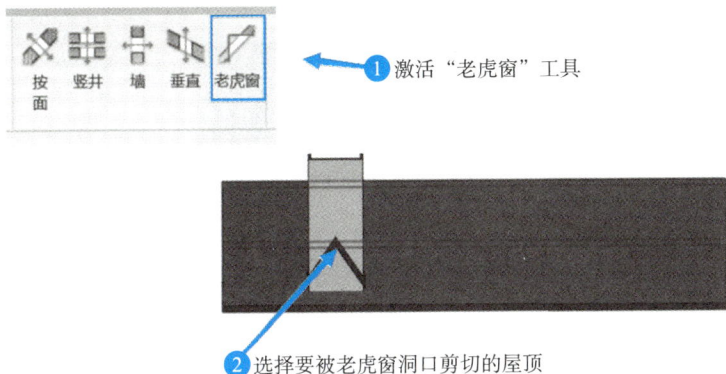

①激活"老虎窗"工具

②选择要被老虎窗洞口剪切的屋顶

图 4.1.10　激活老虎窗洞口

（4）激活"修改|编辑草图"选项卡→"拾取"面板中→"拾取屋顶/墙边缘"工具，依次拾取老虎窗洞口边缘作为轮廓迹线，并使用"修剪"工具，保证洞口轮廓为闭合轮廓，如图 4.1.11 所示。

（5）完成轮廓迹线后，单击"模式"面板中的"完成编辑模式"按钮，生成老虎窗洞口，如图 4.1.12 所示。

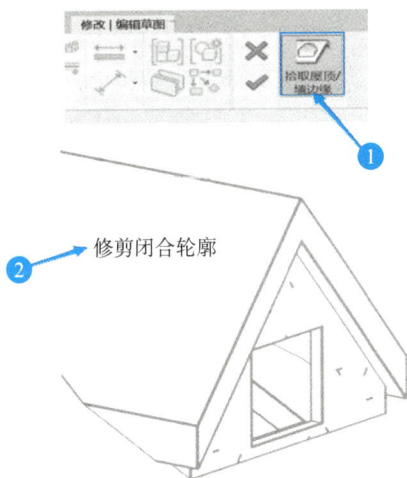

①

②修剪闭合轮廓

图 4.1.11　拾取编辑老虎窗洞口轮廓迹线

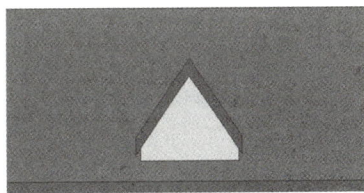

图 4.1.12　老虎窗洞口

（6）选中墙体，激活"修改|墙"选项卡，单击"附着顶部/底部"工具，选中小屋顶，完成屋顶老虎窗的创建，如图 4.1.13 所示。

项目实例：完成本项目案例小别墅楼梯间洞口的创建。

【步骤 1】打开上一节保存的项目文件，或者直接打开本书配套资源中工程文件"别墅－栏杆扶手"文件。

【步骤 2】"项目浏览器"切换到 1F 楼层平面视图，滚动鼠标中键适当放大视图至楼梯间位置。依次单击"建筑"选项卡→"洞口"面板→"竖井"按钮，如图 4.1.14 所示。

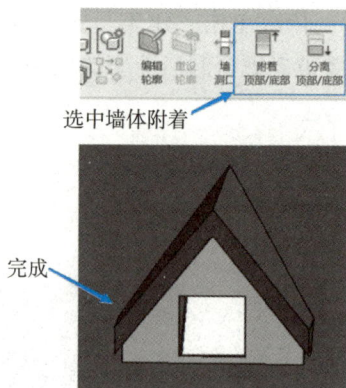

选中墙体附着

完成

图 4.1.13　完成老虎窗洞口的创建

图 4.1.14　创建竖井洞口命令

【步骤 3】切换进入"修改 | 创建竖井洞口草图"选项卡，在"属性"面板中调整"竖井洞口"的"约束"条件，确定"底部约束"为"1F"，"顶部约束"为"直到标高：3F"。在"绘制"面板中选择适合的绘制工具，在本项目中需要使用"矩形"工具，在楼梯间绘制洞口的闭合轮廓，如图 4.1.15 所示。

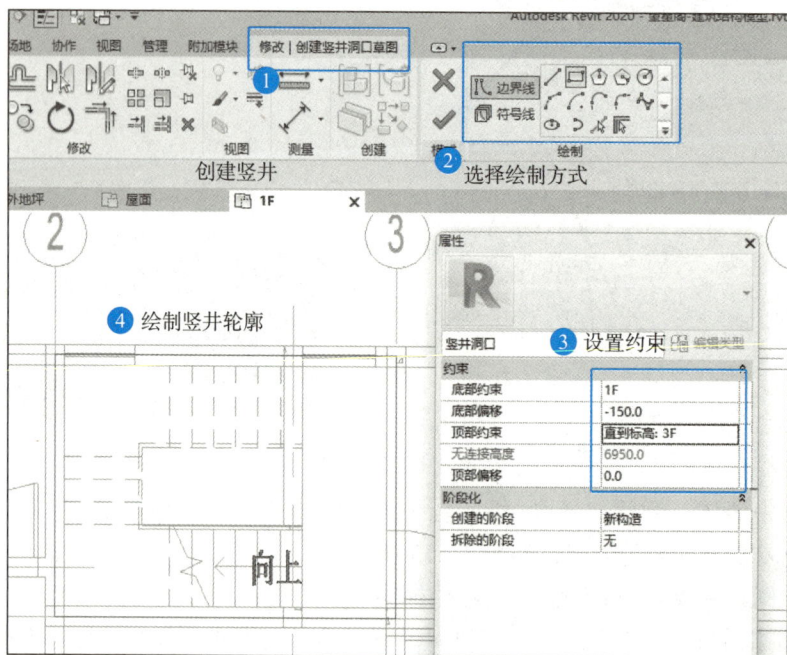

图 4.1.15　绘制竖井洞口的闭合轮廓

【步骤 4】绘制完成后单击"模式"面板中的"完成编辑模式"按钮，完成"竖井洞口"的创建，切换到三维视图观察，如图 4.1.16 所示。完成洞口编辑后，保存项目文件到指定文件夹中，以备后续操作。

方向控件可以调整竖井大小的顶、底高度

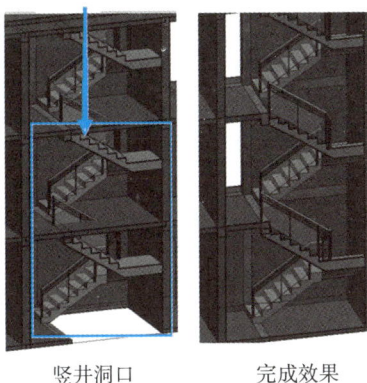

竖井洞口　　　　　　　完成效果

图 4.1.16　完成竖井洞口的创建

小知识

　　竖井洞口生成后，会在上下两端出现方向控件，使用鼠标拖曳方向控件，可以轻松调整竖井的"底部约束"和"顶部约束"位置。如果不需要洞口，直接选中洞口删除即可，被剪切的构件会自动恢复未被剪切时的状态。

提示

　　在"1+X"建筑信息模型（BIM）职业技能等级考试初级建模考试中，综合实操题目中对洞口的考察是通过楼梯间进行的，实际模型中，楼梯间、通风口处也是需要有洞口的，因此，要掌握开洞的方法并灵活使用。

任务 4.2　创建雨篷

微课：
创建雨篷

4.2.1　工作任务

　　按照项目施工图纸设计，完成雨篷构件创建。

4.2.2　任务分析

　　雨篷的创建思路：Revit 中雨篷的创建可以使用"板""屋顶"命令进行。通过编辑类型属性和实例属性，确定雨篷的尺寸、材质及位置。

4.2.3　操作演示

　　项目实例：完成本项目案例小别墅东侧玻璃雨篷的创建。

　　【步骤 1】打开上一节保存的项目文件，或者直接打开本书配套资源中工程文件"别墅－洞口"文件。

【步骤 2】在"项目浏览器"中双击切换到 2F 楼层平面视图，滚动鼠标中键适当放大视图东侧室外Ⓒ轴和Ⓓ轴之间的部分，依次单击"建筑"选项卡→"构建"面板→"屋顶"下拉箭头，选择"迹线屋顶"工具。

【步骤 3】切换进入"修改 | 创建屋顶迹线"选项卡，在"属性"面板的"类型选择器"中选择"玻璃斜窗"选项，在"绘制"面板中激活"边界线"，选择"矩形"工具，按照图纸绘制雨篷的轮廓，绘制完成后，选中雨篷的四条边，取消勾选"定义屋顶坡度"复选框，如图 4.2.1 所示。

【步骤 4】绘制完成后单击"模式"面板中的"完成编辑模式"→完成"玻璃斜窗"的创建，切换到三维视图观察，三维效果如图 4.2.2 所示。

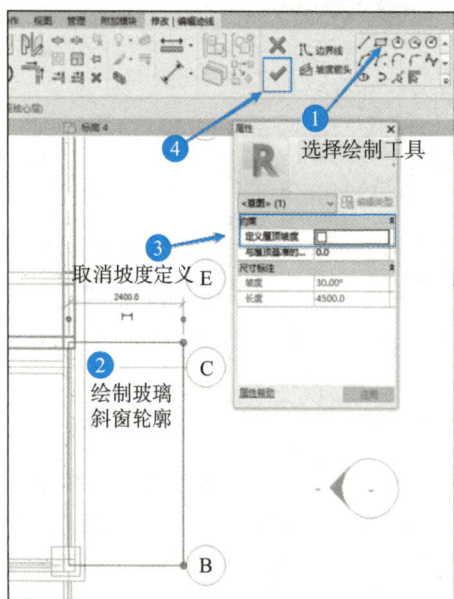

图 4.2.1　绘制雨篷轮廓

图 4.2.2　放置玻璃斜窗的三维效果

【步骤 5】选中"玻璃斜窗"，单击"编辑类型"按钮，在"类型属性"对话框中进行参数编辑。在"构造"栏中选择"幕墙嵌板"为"系统嵌板：玻璃"，修改"网格 1"和"网格 2"的"布局"为"固定数量"，选择"网格 1 竖梃"和"网格 2 竖梃"的各项类型，完成后单击"确定"按钮。完成编辑后，在"属性"面板中修改"约束"条件栏参数，确认"底部标高"为"2F"，将"自标高的底部偏移尺寸"参数值修改为"-900.0"，"网格 1"和"网格 2"编号为"2"，"对正"为"中心"，如图 4.2.3 所示。

【步骤 6】绘制完后单击"模式"面板中的"完成编辑模式"按钮，完成雨篷的创建，切换到三维视图观察，三维效果如图 4.2.4 所示。完成后保存项目文件到指定文件夹中以便后续操作。

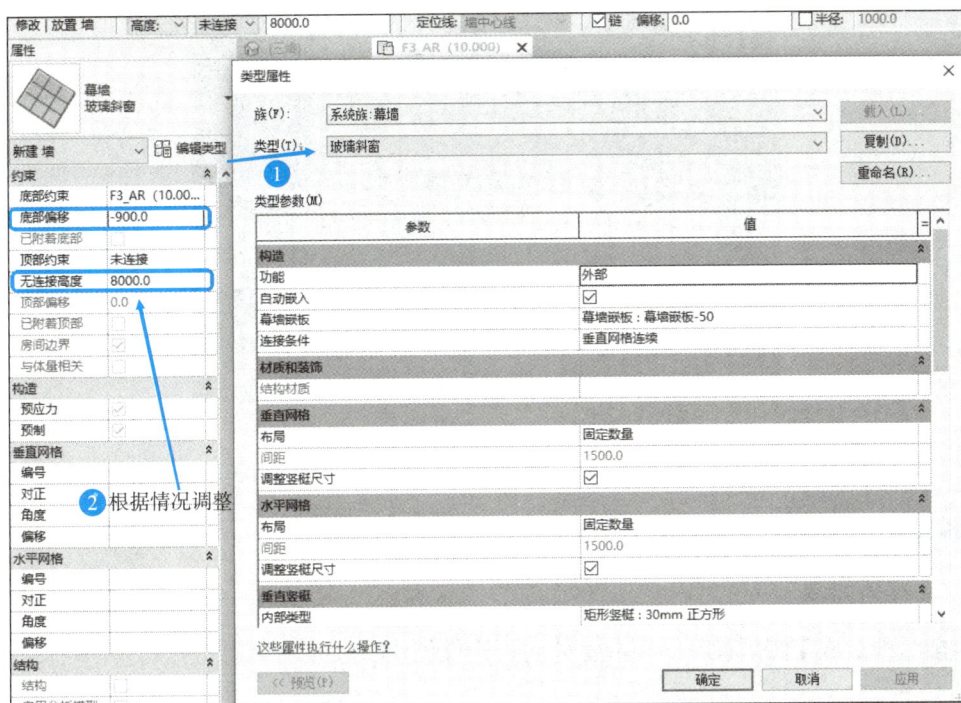

图 4.2.3　编辑雨篷细节

图 4.2.4　雨篷的三维效果

【步骤 7】雨篷编辑：玻璃斜窗的编辑和玻璃幕墙相同，网格和竖梃可以参照幕墙的编辑方法在"属性"面板中调整网格数量，如图 4.2.5 所示。

图 4.2.5　网格编辑

任务 4.3　创建室外台阶

4.3.1　工作任务

按照项目施工图纸设计，完成室外台阶构件创建。

4.3.2　任务分析

此任务介绍两种室外台阶的创建思路

【方法一】通过多块板叠加创建

在 Revit 中，室外台阶的创建可以使用"板"命令进行。室外台阶一般情况阶数不会特别多，可以通过制作多块相同材质但不同尺寸参数的板进行叠加放置，创建室外台阶。

【方法二】通过简单轮廓族创建

可以创建一个简单的轮廓族，并将新建轮廓载入项目中，使用"楼板：楼板边"命令实行室外台阶的创建。

4.3.3　操作演示

项目实例：完成本项目案例小别墅室外台阶的创建。

【步骤 1】打开上一节保存的项目文件，或者直接打开本书配套资源中工程文件"别墅 – 雨篷"文件。在此项目案例中，详细介绍使用"轮廓族"创建室外台阶的方法。

【步骤 2】切换到 1F，滚动鼠标中键适当放大视图到南侧③轴和④轴之间大门的位置，单击"建筑"选项卡→"构建"面板"楼板"下拉箭头→"楼板：建筑"工具绘制如图 4.3.1 所示的楼板，确认选择"回填 – 防滑砖 450mm"板类型。绘制完成后单击"模式"面板中的"完成编辑模式"按钮，完成楼板的创建。

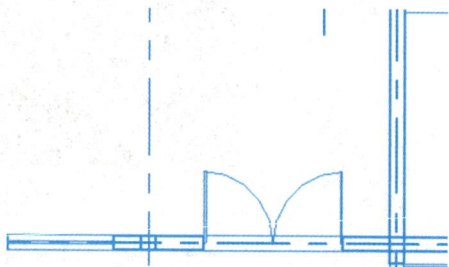

图 4.3.1　大门口楼板

【步骤 3】单击"文件"菜单，在文件列表中选择"新建"后的展开按钮，在列表当中单击"族"按钮，如图 4.3.2 所示。

图 4.3.2　新建族

【步骤 4】在弹出的"新族 – 选择样板文件"对话框中选择"公制轮廓"样板，存储位置为"C：/ProgramData/Autodesk/RVT2018/Family TemplatesChinese/ 公制轮廓"，单击"打开"按钮，如图 4.3.3 所示，进入轮廓族编辑器模式。

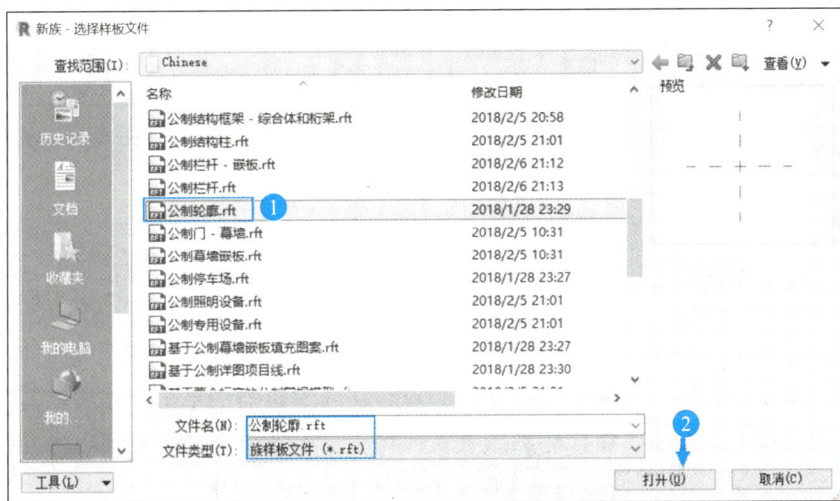

图 4.3.3　新建族选择样板文件

【步骤 5】使用"创建"选项卡→"详图"面板→"线"工具，如图 4.3.4 所示。切换进入"修改|放置线"选项卡，在"绘制"面板中选择"线 /"，在"修改 | 放置线"选项栏中勾选"链"复选框，使绘制线条首尾连接，如图 4.3.5 所示。

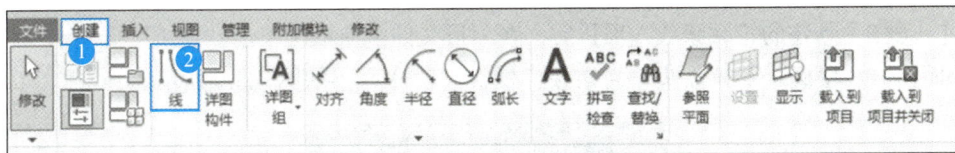

图 4.3.4　选择"线"工具

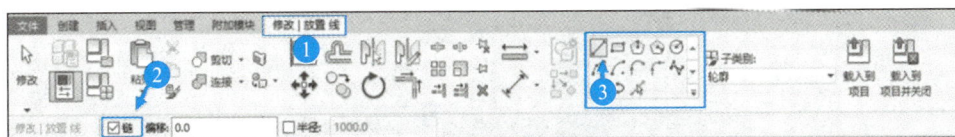

图 4.3.5　修改 | 放置 线

【步骤 6】在绘图区域中，以参照平面中心为基点在第 1 象限内绘制封闭的室外台阶断面轮廓，如图 4.3.6 所示。

【步骤 7】在"属性"面板中，在"其他"参数栏中单击"轮廓用途"参数后的下拉箭头，在下拉列表中选择"楼板边缘"选项，如图 4.3.7 所示。

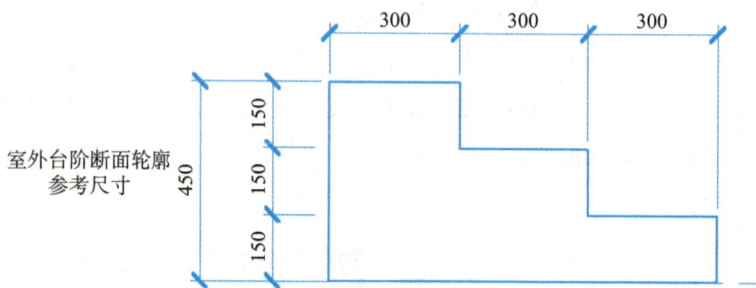

图 4.3.6　室外台阶断面参考轮廓

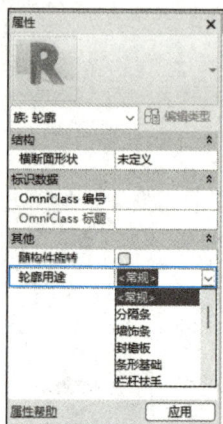

图 4.3.7　轮廓用途

小知识

轮廓族绘制的是要创建的实体的截面，绘制的轮廓不得有重叠的线。

【步骤 8】单击"保存"按钮，将该轮廓族命名为"室外台阶 .rfa"族文件并保存。可以在项目需要的时候，插入项目中使用，或者在族编辑器中单击"族编辑器"面板中的"载入到项目中"按钮，将该轮廓族载入项目中，或者单击"载入到项目并关闭"按钮，如图 4.3.8 所示，存储创建的轮廓族，并将该族载入项目中。

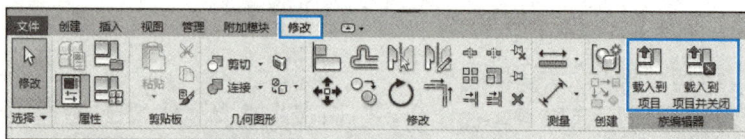

图 4.3.8　载入创建的族到项目

【步骤 9】新建的轮廓族载入项目后，在项目文件中，依次单击"建筑"选项卡→"构建"面板→"楼板"下拉箭头→"楼板：楼板边"命令，如图 4.3.9 所示。

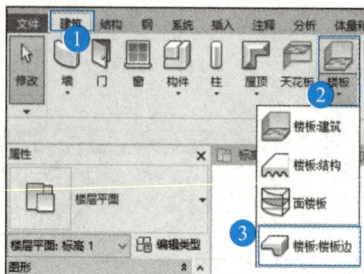

图 4.3.9　"楼板：楼板边"命令

【步骤 10】单击楼板边缘"属性"面板中的"编辑类型"按钮,打开"类型属性"对话框,单击"构造"参数中"轮廓"的下拉箭头,在下拉列表当中选择刚载入的"室外台阶"选项,单击"应用"按钮,设置完成后单击"确定"按钮,退出"类型属性"对话框,如图 4.3.10 所示。

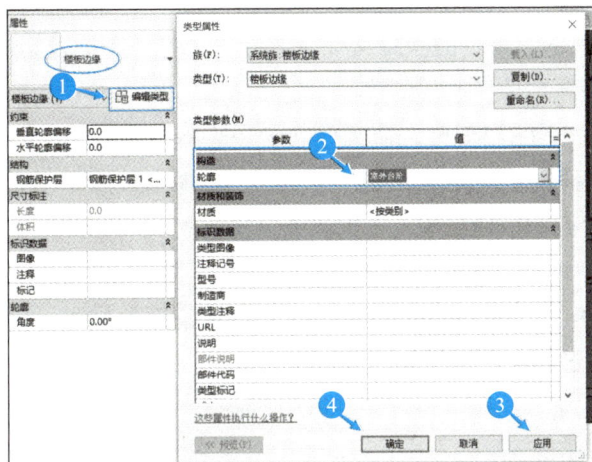

图 4.3.10   楼板边轮廓设置

【步骤 11】切换到三维视图,准备放置楼板边。适当放大视图至大门出入口处,单击拾取创建的主入口楼板的下边缘,此时创建的楼板边缘轮廓将自动生成台阶,如图 4.3.11 所示。

【步骤 12】重复相同的步骤,在另外两个室外出口处创建室外台阶,台阶创建完毕后,如果位置不合适,可以直接使用鼠标拖曳台阶端点至合适的位置,如图 4.3.12 所示。

【步骤 13】完成室外台阶创建后,三维效果如图 4.3.13 所示,保存项目文件,以备后续课程继续操作。

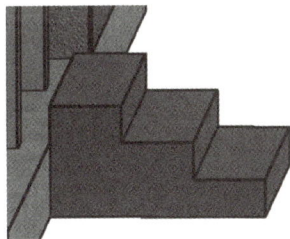

图 4.3.11   楼板边生成室外台阶   图 4.3.12   室外台阶调整   图 4.3.13   室外台阶三维示意图

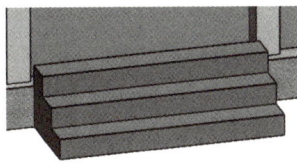

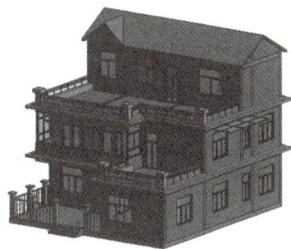

任务 4.4   创建散水

4.4.1   工作任务

按照项目施工图纸设计,完成散水构件创建。

4.4.2   任务分析

散水的创建思路:在 Revit 中可以通过使用"轮廓族"绘制散水的截面轮廓,将散水轮廓载入项目中进行放置，类似于室外台阶的创建方式。不同的是"散水"是基于墙体存在的，因此在创建散水的轮廓族时要选择其功能为"墙饰条"。

4.4.3 操作演示

项目实例：完成本项目案例小别墅散水的创建。

【步骤1】打开上一节保存的项目文件，或者直接打开本书配套资源中工程文件"别墅－室外台阶"文件。

微课：创建散水

【步骤2】单击"文件"菜单，在文件列表中选择"新建"后的展开按钮，在"新建"列表中单击"族"选项，在弹出的"新族－选择样板文件"对话框中选择"公制轮廓"样板，单击"打开"按钮，进入轮廓族编辑器模式。

【步骤3】使用"创建"选项卡→"详图"面板→"线"工具，切换进入"修改放置|线"下拉选项卡，在"绘制"面板中选择"线"。在绘图区域中，以参照平面中心为基点在第1象限内绘制封闭的散水断面轮廓，如图4.4.1所示，在"属性面板"中，在"其他"参数栏中单击"轮廓用途"参数后的下拉箭头，在下拉列表中选择"墙饰条"选项，如图4.4.2所示。

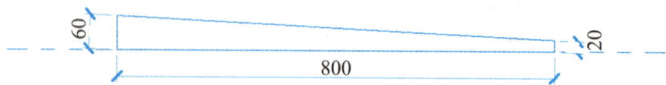

图 4.4.1　散水断面参考轮廓

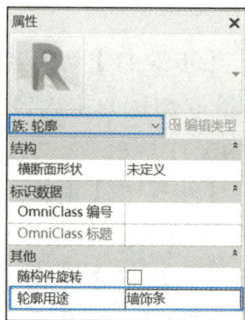

图 4.4.2　定义轮廓用途

【步骤4】单击"族编辑器"面板中的"载入到项目中"按钮或者"载入到项目并关闭"按钮，将该轮廓族载入项目中。

【步骤5】切换到三维视图中，准备放置散水。依次单击"建筑"选项卡→"构建"面板→"墙门"下拉箭头→"墙：饰条"按钮，如图4.4.3所示。

图 4.4.3　创建墙：饰条命令

> **小知识**
>
> 墙饰条需要在三维视图中进行放置。

【步骤6】单击墙饰条"属性"面板中的"编辑类型"按钮，打开"类型属性"对话框，单击"复制"按钮，在弹出的"重命名"对话框中修改名称，单击"确定"按钮，如图4.4.4所示。

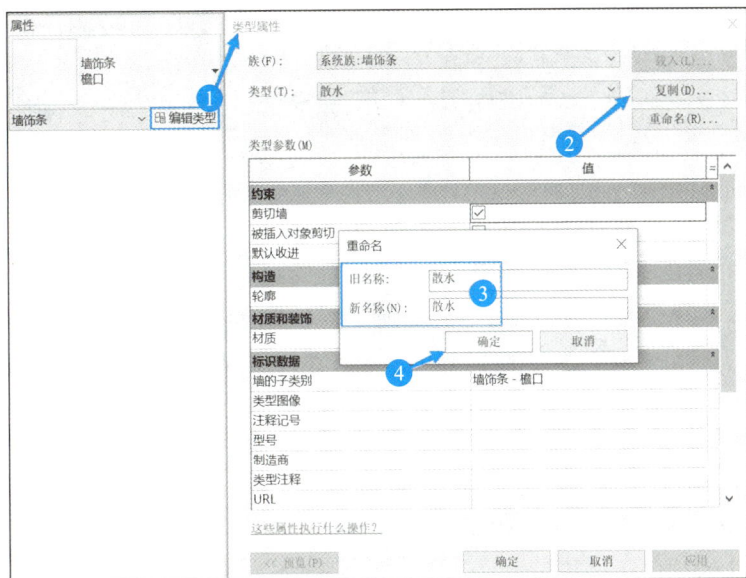

图 4.4.4　创建散水类型

【步骤 7】对新创建的散水类型参数进行定义，单击"构造"参数中"轮廓"值后的下拉箭头，在下拉列表当中选择刚刚载入的"散水"，单击"材质和装饰"参数中"材质"值后的"编辑画"按钮，在"材质浏览器"中选择"混凝土–现场浇筑混凝土"材质，完成散水材质的设置，完成散水参数的定义后，单击"确定"按钮，退出"类型属性"对话框，如图 4.4.5 所示。

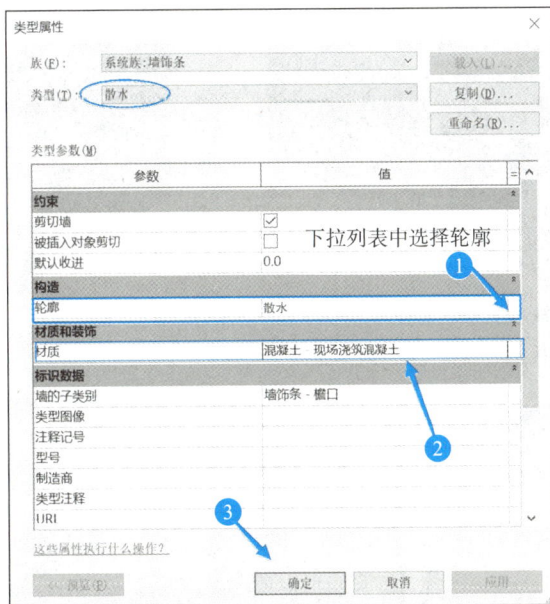

图 4.4.5　散水参数定义

【步骤 8】切换进入"修改 | 放置 墙饰条"选项卡，在"放置"面板中选择"水平"工具，如图 4.4.6 所示。

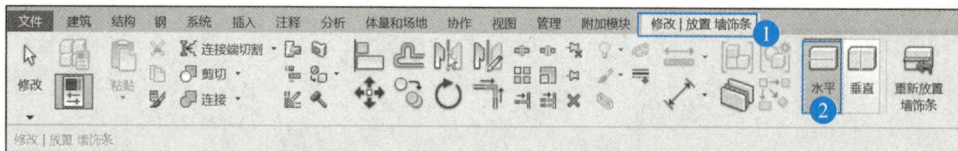

图 4.4.6　修改 | 放置 墙饰条选项卡

> **提示**
>
> 　　在"1+X"建筑信息模型（BIM）职业技能等级考试初级建模考试中，散水通常都会考察到，到一般情况下只会给定一个宽度尺寸，其余尺寸并未做具体要求，本节散水轮廓尺寸可以作为参考。

　　【步骤9】切换到三维视图，准备放置墙饰条。适当放大视图，单击拾取墙的下边线，此时创建的墙饰条轮廓将自动生成散水，如图 4.4.7 所示。

　　【步骤10】完成散水创建后，三维效果如图 4.4.8 所示，保存项目文件，以备后续课程继续操作。

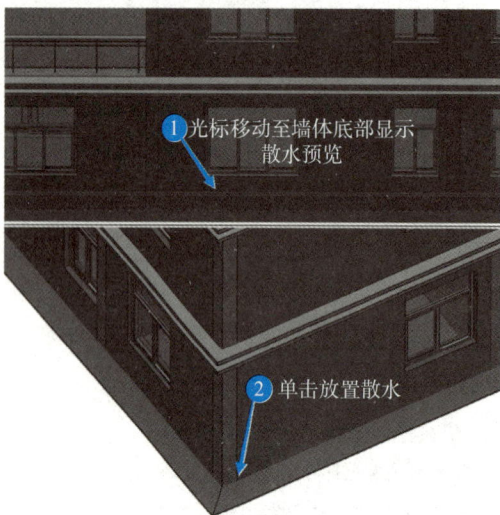

图 4.4.7　散水放置示意图

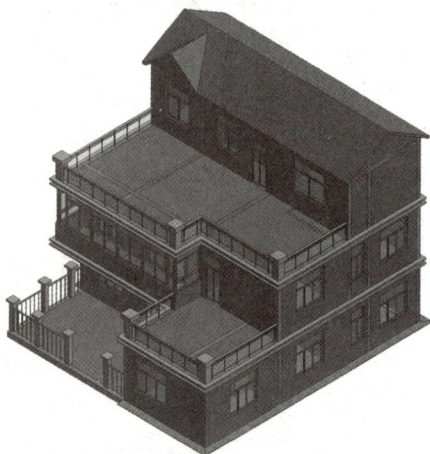

图 4.4.8　散水三维示意图

任务 4.5　创建坡道

4.5.1　工作任务

　　按照项目施工图纸设计，完成坡道构件创建。

微课：
创建坡道

4.5.2　任务分析

　　坡道的创建思路：坡道命令和楼梯命令在同一面板上，因此坡道的创建和楼梯类似，通过绘制坡道路径生成，并会自动带有栏杆扶手。

4.5.3 操作演示

项目实例：坡道的创建。

小别墅项目图纸没有坡道，此处主要进行坡道命令的讲解。

【步骤1】打开上一节保存的项目文件，或者直接打开本书配套资源中工程文件"别墅-散水"文件。

【步骤2】在"项目浏览器"中双击切换到室外地坪楼层平面视图，依次单击"建筑"选项卡→"楼梯坡道"面板→"坡道"按钮，如图4.5.1所示。

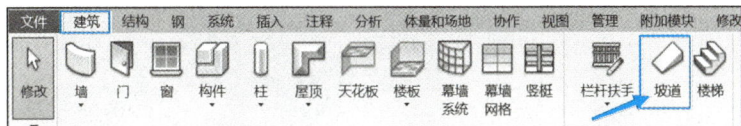

图 4.5.1 创建坡道命令

【步骤3】切换进入"修改|创建坡道草图"选项卡，在"绘制"面板中选择"梯段"，选择"线"工具，适当放大视图，从Ⓐ轴开始向Ⓓ轴方向绘制坡道草图，并根据需要调整坡道尺寸，如图4.5.2所示。

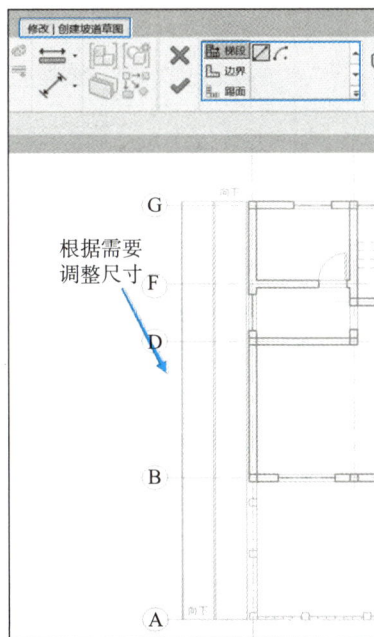

图 4.5.2 绘制和修改坡道

【步骤4】绘制完毕后，单击"模式"面板的"完成编辑模式"按钮，完成坡道的创建，切换到三维视图观察，调整坡道的位置，如图4.5.3所示。

【步骤5】选中坡道，单击"属性"面板的"编辑类型"按钮，打开"类型属性"对话框，单击"构造"参数中"造型"值后的下拉箭头，在下拉列表中选择"实体"选项，设置完成后单击"确定"按钮，退出"类型属性"对话框，如图4.5.4所示，"结构板"造型与"实体"造型的区别如图4.5.5所示。

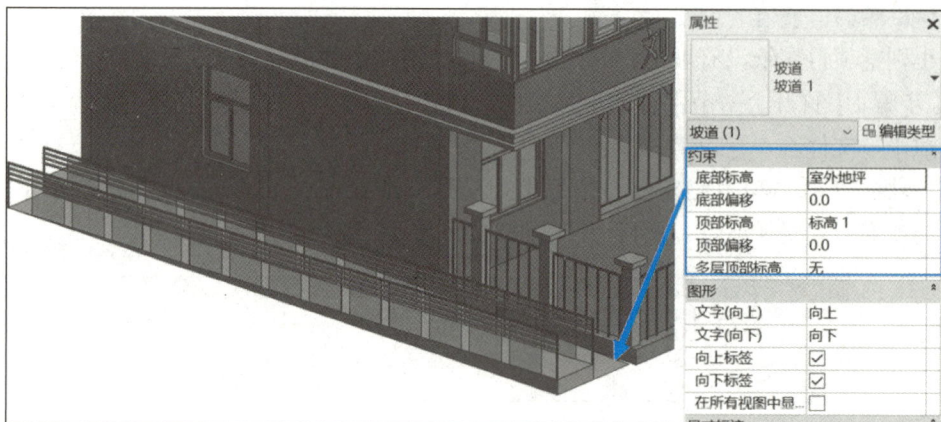

图 4.5.3　调整坡道的位置

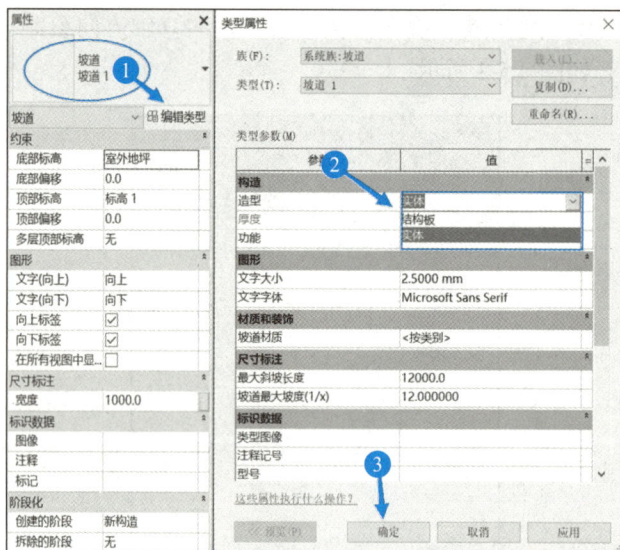

图 4.5.4　编辑坡道造型

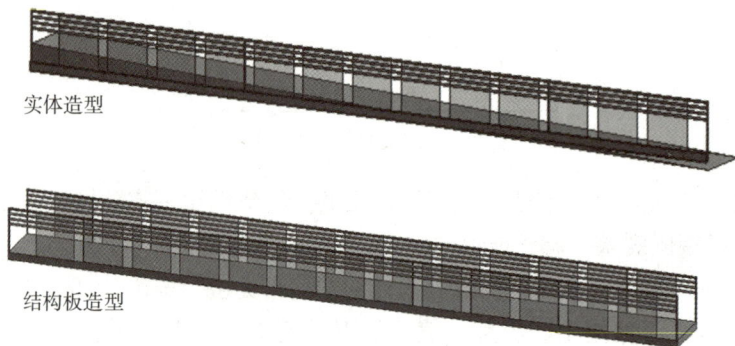

实体造型

结构板造型

图 4.5.5　不同造型的坡道

【步骤 6】如果不需要栏杆扶手，直接选中删除即可。如果需要添加栏杆扶手，则绘制路径，选择合适的类型放置栏杆扶手即可，三维效果如图 4.5.6 所示。

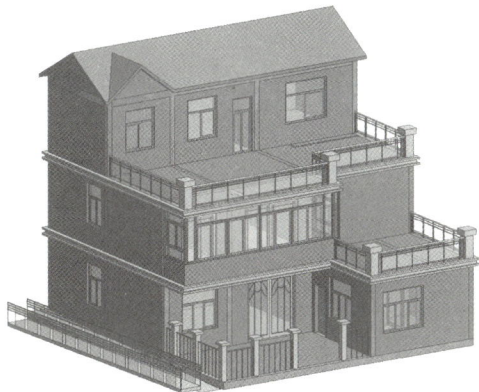

图 4.5.6　坡道三维效果

任务 4.6　创建栅栏

4.6.1　创建栅栏工作任务

按照项目施工图纸设计，完成坡道构件创建。

4.6.2　创建栅栏任务分析

栅栏的创建思路：建模时有很多特殊的定制构件，但是 Revit 中没有直接可以使用的构件命令。此时，可以通过内建族的方式根据需要创建合适的构件。

4.6.3　创建栅栏操作演示

项目实例：完成本项目案例小别墅栅栏的创建。

【步骤 1】打开上一节保存的项目文件，或者直接打开本书配套资源中工程文件"别墅 – 散水"文件。

【步骤 2】使用内建族的方式完成别墅木栅栏的创建。在"项目浏览器"中双击切换到 1F 楼层平面视图，依次单击"建筑"选项卡→"构建"面板→"构件"命令下拉箭头→"内建模型"按钮，如图 4.6.1 所示。

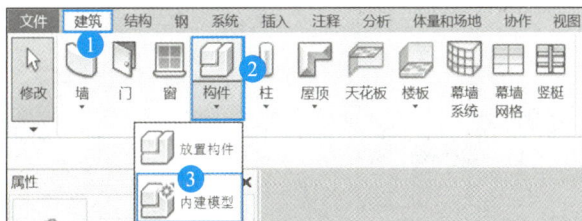

图 4.6.1　创建内建模型

【步骤 3】在弹出的"族类别和族参数"对话框中，在"过滤器列表"中选择"建筑"选项，在下方列表中展开"栏杆扶手"类别，选择"支座"，单击"确定"按钮，如图 4.6.2 所示，将创建的内建族命名为"木栅栏"，如图 4.6.3 所示。

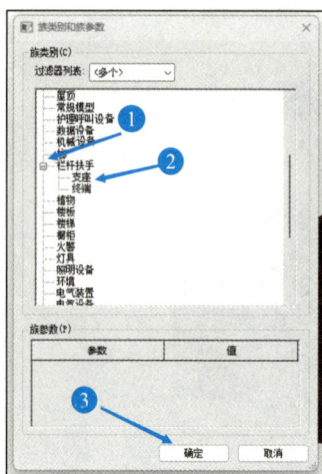

图 4.6.2　选择内建族类别

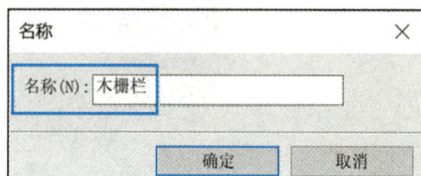

图 4.6.3　命名内建族名称

【步骤 4】进入族创建编辑界面，依次单击"创建"选项卡→"形状"面板→"拉伸"工具按钮，如图 4.6.4 所示。

【步骤 5】切换进入"修改 | 创建拉伸"选项卡→"工作平面"面板→"设置"工具按钮，设置一个拉伸工作平面，如图 4.6.5 所示。

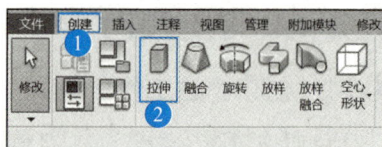

图 4.6.4　拉伸命令

图 4.6.5　设置拉伸工作平面

【步骤 6】单击设置工作平面命令后，弹出"工作平面"对话框，确定当前工作平面为"标高：1F"，在"指定新的工作平面"栏中选中"拾取一个平面"单选按钮，单击"确定"按钮，如图 4.6.6 所示，使用鼠标滚轮放大视图至Ⓐ轴位置，单击Ⓐ轴拾取参照平面，如图 4.6.7 所示。

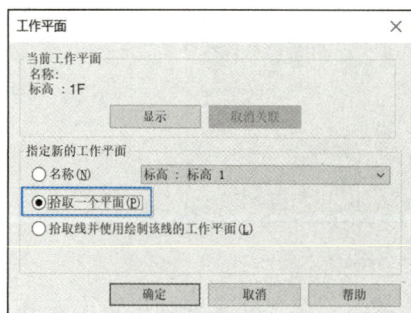

图 4.6.6　工作平面对话框

图 4.6.7　拾取参照平面

【步骤 7】跳出"转到视图"对话框，选择"立面：南"，单击"打开视图"。在南立面视图中，通过"修改 | 创建拉伸"选项卡→"绘制"面板→"线"工具，放大视图到要放置木栅栏的位置，按照大样图绘制木栅栏的轮廓，如图 4.6.8 所示。

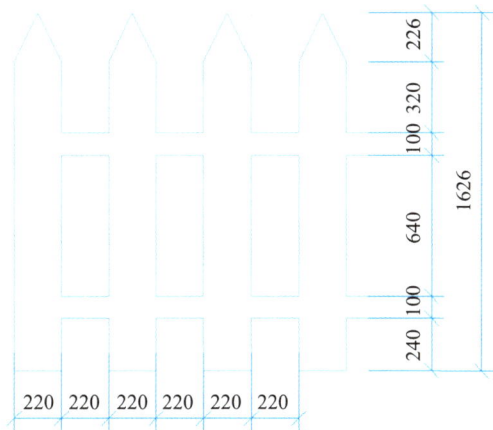

图 4.6.8　按照参数绘制木栅栏的轮廓

【步骤 8】单击"修改 | 创建拉伸"选项卡→"绘制"面板→"圆角弧"工具，修改木栅栏顶端尖为圆弧形，如图 4.6.9 所示。放大木栅栏的尖端，选择两条斜边，形成"圆角弧"，单击圆角弧的弧度，修改参数为"30°"，完成顶端圆角弧编辑，如图 4.6.10 所示。

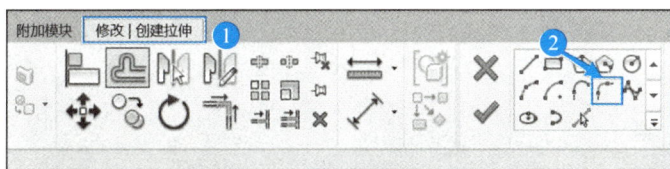

图 4.6.9　绘制圆角弧

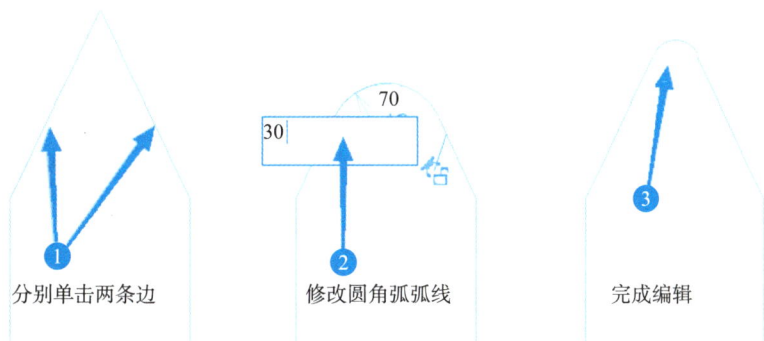

分别单击两条边　　　　修改圆角弧弧线　　　　完成编辑

图 4.6.10　完成圆角弧绘制

【步骤 9】在"属性"面板中修改相关参数，调整"约束"条件栏中"拉伸起点"参数值为"30.0"，"拉伸终点"参数值为"60.0"，给出的木栅栏板厚为 30，因此拉伸起点和拉伸终点间的差值为 30；拉伸起点的参数是栅栏与轴线间的偏移距离；单击"材质和装饰"条件栏中"材质"后的"编辑"按钮，在"材质浏览器"中选择合适的材质，如图 4.6.11 所示。

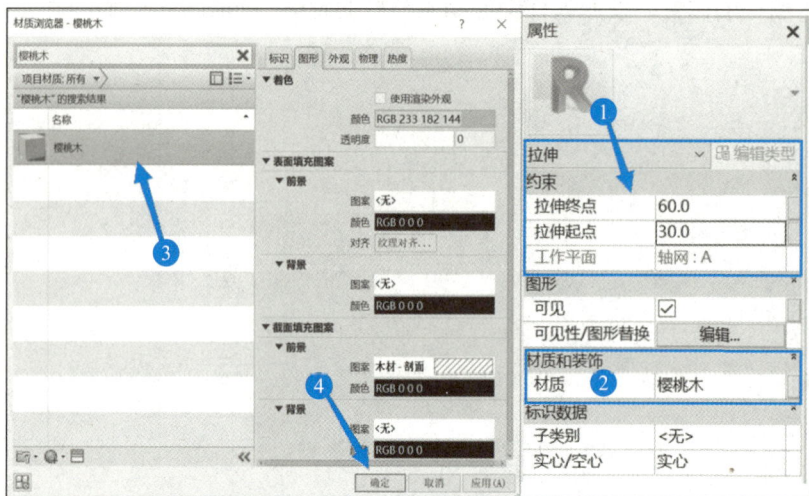

图 4.6.11　拉伸约束条件和材质赋予

【步骤 10】调整完成后，依次单击"修改 | 创建拉伸"选项卡→"模式"面板→"完成编辑模式"按钮，返回上层选项卡，切换到三维视图查看完成后的木栅栏竖条拉伸结果，如图 4.6.12 所示。双击切换回 1F 楼层平面视图，可见创建出的木栅栏竖条，如图 4.6.13 所示。

图 4.6.12　木栅栏竖条拉伸结果

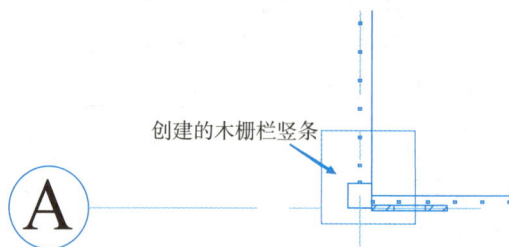

图 4.6.13　1F 楼层平面木栅栏竖条

【步骤 11】选中已经创建的木栅栏竖条，执行"修改 | 拉伸"选项卡→"修改"面板→"复制"命令或者"阵列"命令，放置其余的木栅栏竖条，每个木栅栏竖条之间间隔为"120"，在转角位置处，选中要变换方向的木栅栏竖条，单击"修改"面板中的"旋转"按钮，或者直接使用快捷键 RO 激活旋转命令，在"进项栏"中输入"角度"为"90"，按 Enter 键，将木栅栏竖条转到合适的位置，如图 4.6.14 所示。

【步骤 12】其余的木栅栏使用相同的方法创建，中途不退出，直到所有木栅栏完成后，勾选"完成模型"复

图 4.6.14　木栅栏示意图

选框即可，所有木栅栏完成之后，三维效果如图 4.6.15 所示。

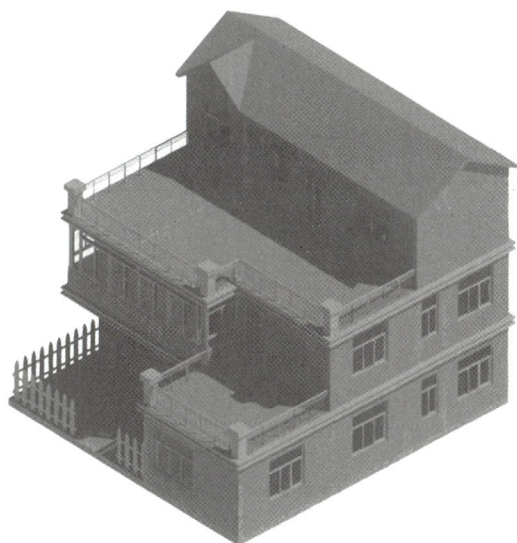

图 4.6.15　木栅栏三维示意图

> **提示**
>
> 　　在"1+X"建筑信息模型（BIM）职业技能等级考试初级建模考试中，综合实操题中一般不会出现很多定制构件的情况，但是散水、室外台阶、坡道、雨篷等零星小构件经常会有。

项目 5　BIM 模型的基本应用

项目 4 以小别墅案例为蓝本，完整讲解了模型创建的方法和技巧。BIM 作为综合应用的技术，除了建模外，在模型的基础上可以方便地进行各种应用，本项目主要讲解 Revit 的模型基本应用。

通过模型的创建，引导学生深刻理解国家创新驱动发展战略，培养学生善于创新和善于总结的习惯。

📖 教学目标

（1）创建和编辑注释、标记。
（2）创建和编辑明细表。
（3）图纸创建和管理。
（4）视图渲染和动画漫游。

📘 素养目标

（1）强调合作精神和团队协作精神。结合整个建模过程，学生可深刻体会到合作精神和团队协作的重要性，养成善于沟通、乐于助人的精神。

（2）厚植诚实守信的价值观。通过成果输出的对象，学生理解诚信的核心价值观，养成用户至上的服务精神。

（3）培养自我管理的能力和对职业生涯规划的能力。学生通过实际操作过程中的学习和自主练习，提高自身的能力，并能制订有效的职业生涯规划。

（4）培养一丝不苟、精益求精的"工匠精神"。学生在学习知识和技术的过程中，通过模型创建的操作，体会到要用自己的实力去支撑梦想，学好技术才能实现真正的精益求精。

任务 5.1　模型基本应用——注释

（1）主要考点：掌握标记、标注和注释的编辑和创建。
（2）考核方式：理论考核 + 实操考核。
（3）学习任务分为以下 4 项。
① 注释选项卡。

②尺寸标注面板，对齐，高程点，高程点坡度。

③标记面板，按类别标记，全部标记。

④注释模型。

5.1.1　尺寸标注

提示

在"1+X"建筑信息模型（BIM）职业技能等级考试初级建模考试中，实操题没有专门针对注释进行考核，但是会在综合考题中有所涉及，在本书中针对常用的集中注释应用进行介绍，读者可根据需要选择性地学习。

1. 注释应用

设计最终的成果要用于施工，而施工中需要有各种注释说明具体的尺寸及其他信息，保证施工的正常进行。

在 Revit 中有专门用于进行注释的各种工具，均在"注释"选项卡中，如图 5.1.1 所示。

图 5.1.1　"注释"选项卡

在"注释"选项卡下有多个面板，用于不同的注释应用，包括"尺寸标注""详图""文字""标记""颜色填充"和"符号"，根据需要选择合适的工具应用，以达到相应的目的。

2. 尺寸标注

尺寸标注是项目中用于显示尺寸的视图专有图元，也是注释应用中最常用的标注之一，包括临时尺寸标注和永久尺寸标注。

1）临时尺寸标注

（1）创建临时尺寸标注。创建、放置或者选择图元时，Revit 会自动在构件周围显示临时尺寸，帮助进行构件位置的精准定位。放置构件时会显示蓝色的临时尺寸标注，再放置另一个构件时，将跳转至当前构件的临时尺寸，前面的临时尺寸标注将不再显示。

（2）查看和调整临时尺寸标注。选中某一构件时，将出现该构件的临时尺寸，临时尺寸以蓝色表示，选择尺寸数值可以进行修改，也可以直接拖曳尺寸界线调整尺寸。

2）永久尺寸标注

（1）创建永久尺寸标注。为精确构件的定位，可以创建永久性尺寸标注来定义特定的尺寸和距离。"尺寸标注"工具可以为项目构件或者族构件放置永久性尺寸标注。

"注释"选项卡"尺寸标注"面板中提供了 6 种不同类型的尺寸标注，用于标注不同类型的尺寸线，包括"对齐""线性""角度""半径""直径"和"弧长"。

单击合适的尺寸标注工具，单击操作完成永久尺寸标注（参考任务 1.2.3 轴网中尺寸标注部分具体操作步骤）。

（2）将临时尺寸标注转换为永久性尺寸标注。单击临时尺寸标注下方的"转换尺寸标注"符号，如图 5.1.2 表示。

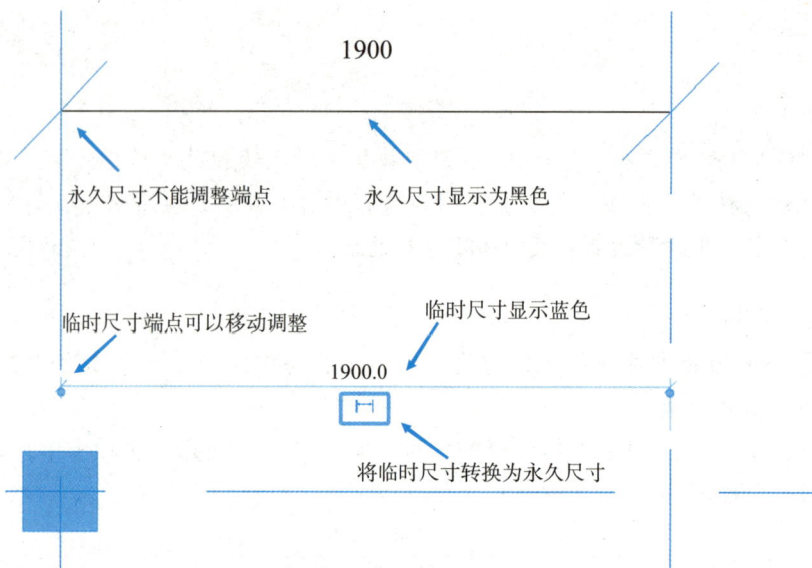

图 5.1.2　将临时尺寸转换永久尺寸

3. 高程点

高程点可以说明和表示当前楼层的标高，室内外高差或者同一平面图纸中不同标高的位置。

1）创建高程点

依次单击"注释"选项卡→"尺寸标注"面板→"高程点"按钮，转入"修改|放置尺寸标注"选项卡，在"属性"面板的"类型选择器"中选择要放置高程的类型，在"修改|放置尺寸标注"选项栏中勾选或取消勾选"引线"复选框，"显示高程"参数选择"实际（选定）高程"，也可以根据需要选择不同的显示类型，如图 5.1.3 所示。

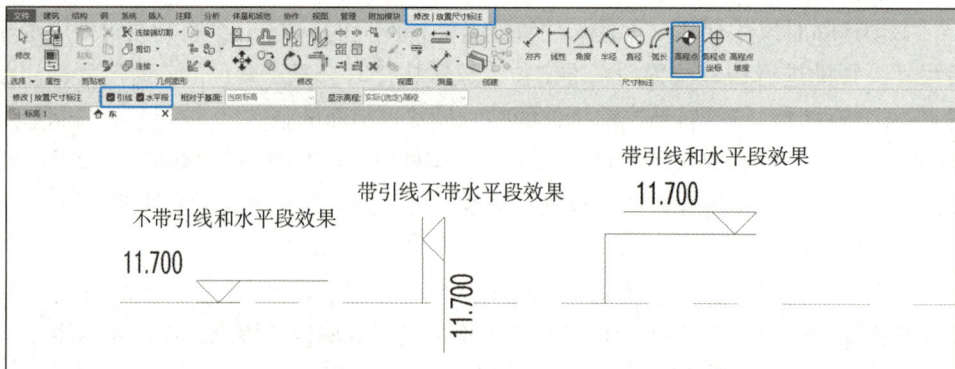

图 5.1.3　高程点引线效果对比

2）放置高程点

在"修改|放置尺寸标注"选项卡中取消勾选"引线"复选框，取消勾选"水平

段"复选框，单击确定高程点测量位置，上下移动光标调整高程点方向，再次单击放置即可，如图 5.1.4 所示。

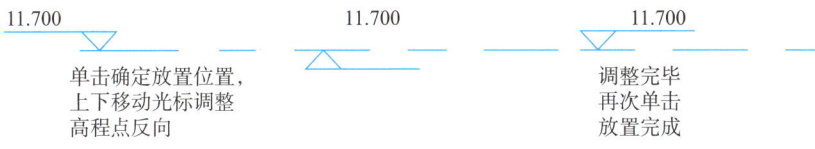

图 5.1.4　不带引线高程点的放置步骤

在"修改 | 放置尺寸标注"选项栏中勾选"引线"复选框，取消勾选"水平段"复选框，单击确定高程点测量位置，移动光标调整高程点的引线方向、引线的长短，调整合适后再次单击完成放置，如图 5.1.5 所示。

图 5.1.5　带引线不带水平段高程点的放置步骤

在"修改 | 放置尺寸标注"选项栏中勾选"引线"复选框，勾选"水平段"复选框，单击高程点测量位置，上下移动光标调整高程点方向，再次单击放置即可，如图 5.1.6 所示。

图 5.1.6　带引线带水平段高程点的放置步骤

3）调整高程点

如果需要重新调整放置完毕后的高程点位置，选中高程点标注，移动拖曳点，调整文字、引线、水平段的位置，或者使用"移动"命令调整高程点标注的位置，如图 5.1.7 所示。

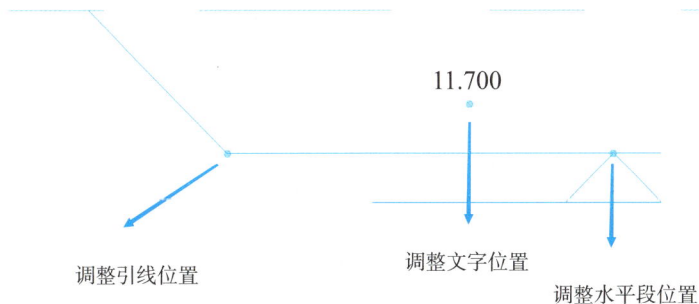

图 5.1.7　调整高程点

4. 高程点坡度

标注尺寸时要表示建筑中的散水、坡度等信息，需要通过"高程点坡度"标注工具来表达。

1）创建坡度

依次单击"注释"选项卡→"尺寸标注"面板→"高程点坡度"按钮，转入"修改 | 放置尺寸标注"选项卡，在"属性"面板的"类型选择器"中选择要放置的坡度类型，单位格式选择"百分比"。高程点坡度类型属性的设置与其他注释相似。

2）放置坡度

光标放置到需要放置坡度注释的位置，Revit 会自动根据板的坡度计算出坡度值，移动光标调整放置位置，单击完成高程点坡度的放置，如图 5.1.8 所示。

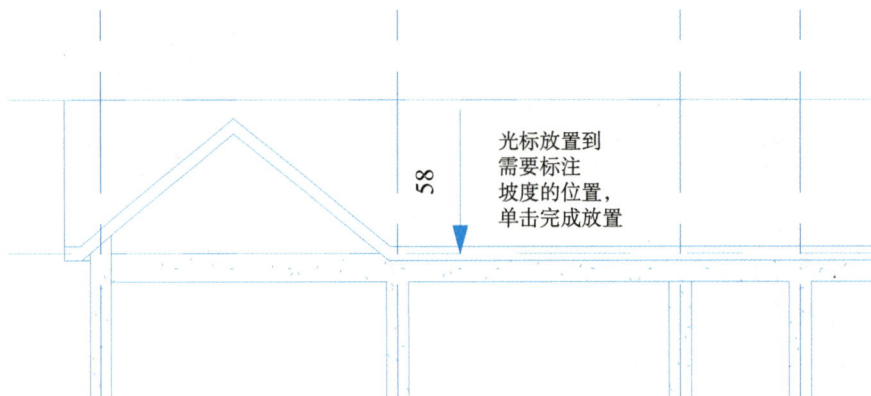

图 5.1.8　坡度放置

5.1.2　标记

标记是识别图元的专用注释。每一个类别都有一个标记，有的会自动载入，有的则需要手动载入，可以在族编辑器中创建所需的标记。

1. 创建标记

创建标记的方法在任务 3.3 创建门和任务 3.4 创建窗中已经使用案例进行过详细说明。在此归纳如下。

1）自动标记

在使用门、窗、梁、房间等工具时，在对应的"修改 | 标记"选项卡中，激活"标记"面板中的"在放置时进行标记功能"工具，Revit 将在放置图元时进行自动标记。

2）手动标记

通过在"注释"选项卡"标记"面板中的标记工具进行手动标记。手动标记可分为以下两种。

（1）按类别标记。"按类别标记"工具通过逐一单击拾取要标记的图元，逐一对图元创建标记注释。依次单击"注释"选项卡→"标记"面板→"按类别标记"工具，切换到添加标记的模式中进行逐一标记。

（2）全部标记。"全部标记"工具通过批量对某一类或者某几类的图元创建标记。依次单击"注释"选项卡→"标记"面板→"全部标记"工具，打开"标记所有未标记的对象"对话框，在列表中的"类别"中选择要标记的类别；在"载入的标记"中显示的参数是 Revit 默认的标记族；"引线"功能决定标记是否需要引线，如果勾选，可以修改"引线长度"参数；"标记方向"用于确定标记方向是"水平"还是"垂直"。

2．编辑标记

创建标记时，选项栏会默认放置方向为"水平"，勾选"引线"复选框，如图 5.1.9 所示。

图 5.1.9　标记选项卡

1）编辑标记方向

放置标记的原则是清晰美观，有时候需要根据构件的位置调整标记的方向，选中需要调整的标记，单击选项栏中"方向"参数的下拉箭头，在下拉列表中，选择"水平"或"垂直"选项，确定标记的放置方向。

2）编辑标记引线

标记默认启用"引线"功能，标记引线可以选择两种方式：附着端点和自由端点。

（1）附着端点：创建时自动捕捉引线起点，放置标记后只能拖曳标记位置，起点不能调整。

（2）自由端点：创建时需要手动确定引线的起点、折点、终点位置，放置标记后能拖曳调整。

（3）删除引线：选中带有引线的标记，取消勾选"引线"复选框，可以删除标记中的引线。

任务 5.2　模型基本应用——明细表

（1）主要考点：掌握明细表的创建和编辑。

（2）考核方式：理论考核＋实操考核。

（3）学习任务分为以下 3 项。

① 明细表的功能。

② 明细表的类型、明细表/数量、图形柱明细表、材质提取、图纸列表、注释块、视图列表。

③ 明细表/数量的创建和编辑、字段、过滤器、排序/成组、格式、外观。

5.2.1 明细表概述

1. 明细表应用

明细表在 Revit 中主要应用在工程量的统计方面。Revit 中的明细表以表格的形式显示项目中相应图元构件的信息，通过明细表的创建有助于项目数据库的构件统计，提升工程管理的水平。明细表可以在项目的任何阶段创建，由于表中的信息是从项目的图元构件中提取的，因此，对项目的修改会联动到明细表，明细表会自动根据修改去更新表中的信息。创建出的明细表可以添加到图纸中，也可以直接导出传递信息。

Revit 中的明细表创建通过"视图"选项卡→"创建"面板→"明细表"工具创建，如图 5.2.1 所示。

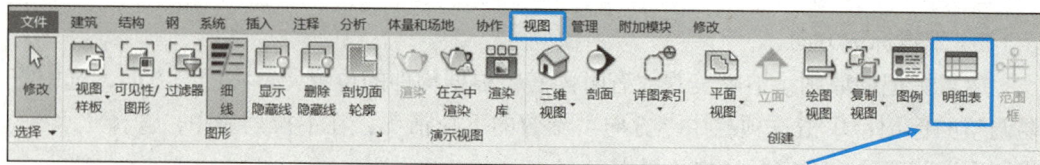

图 5.2.1　视图选项卡明细表

2. 明细表类型

Revit 中的明细表可以用于快速分析工程量，对成本费用进行核算，还能够通过变更及时进行跟踪管理，这可以体现出 BIM 技术准确性、同步性的特点。根据统计模型图元的数量、材质、列表等，分为 6 种不同的类型，如图 5.2.2 所示。

1）明细表 / 数量

"明细表 / 数量"是用于针对建筑构件按照类别创建的明细表，在表中反映各构件的类型、数量、尺寸等信息。例如门、窗、墙等构件明细表。

2）图形柱明细表

"图形柱明细表"是用于项目中统计结构柱的图形明细表，根据结构柱的标识添加信息到明细表中。

图 5.2.2　明细表类型

3）材质提取

"材质提取"是用于显示组成构件所赋予的材质的详细信息。

4）图纸列表

"图纸列表"是用于统计项目中的图纸的明细表，列出项目中所有的图纸的信息，可以视为是项目图纸的索引，可以作为施工图文档的目录。

5）注释块

"注释块"相对其他类型来说并不常用，主要是用于项目中同一类注释的统计。

6）视图列表

"视图列表"是用于统计项目中所有视图的明细表，可以按照类型、标高等参数对视图进行分组和排序。

> **提示**
>
> 在"1+X"建筑信息模型（BIM）职业技能等级考试初级建模考试中，对明细表的考核主要是考核门、窗的明细表，因此以门窗明细表为例进行详细讲解。

5.2.2　门明细表

1. 创建明细表

门属于建筑构件，使用"明细表 / 数量"工具进行统计。通过"视图"选项卡→"创建"面板→"明细表"下拉菜单→"明细表 / 数量"工具创建明细表，并根据要求编辑调整。

项目实例： 完成本项目案例小别墅门明细表的创建，门明细表要求包含：类型标记、宽度高度、标高、合计字段。

【步骤 1】打开小别墅项目文件。

【步骤 2】依次单击"视图"选项卡→"创建"面板→"明细表"下拉菜单→"明细表 / 数量"工具，弹出"新建明细表"对话框，在"类别"列表中选中构件"门"，明细表名称将自动变为"门明细表"，单击"确定"按钮，如图 5.2.3 所示。

微课：
生成明细表

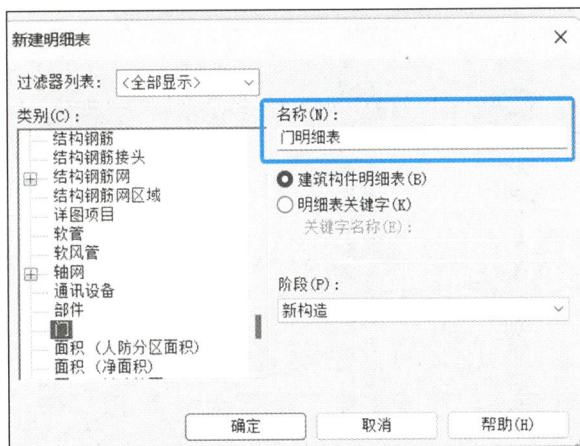

图 5.2.3　新建明细表

【步骤 3】在新弹出的"明细表属性"对话框中，进行明细表字段的选择，如图 5.2.4 所示，"明细表属性"左侧是"可用的字段"，右侧是"明细表字段"，根据要求拖动浏览条，按 Ctrl 键选中"类型标记""宽度""高度""标高""合计"等字段，单击"添加参数"按钮，将明细表所需字段添加到门明细表中。

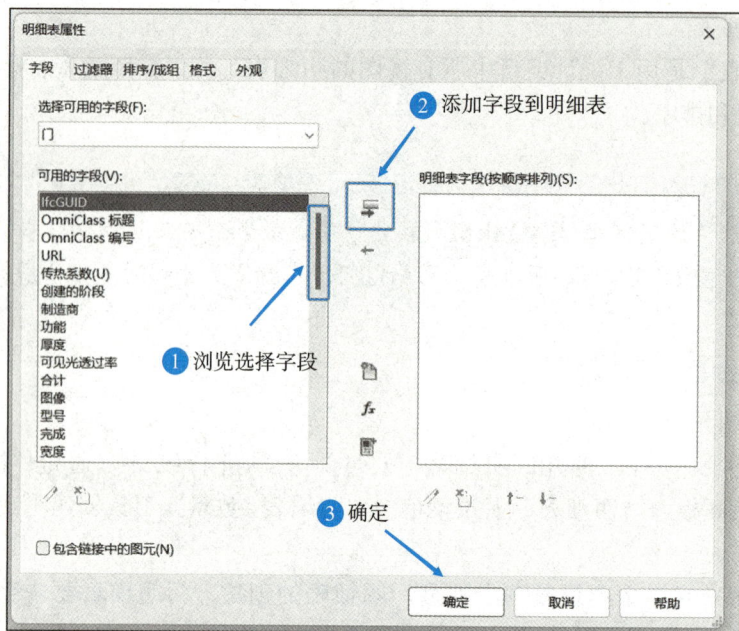

图 5.2.4 选择明细表字段

【步骤 4】单击"确定"按钮后，Revit 会自动生成门明细表，如图 5.2.5 所示。

<门明细表>

A	B	C	D	E
合计	宽度	标高	类型标记	高度
1	2400	标高 1	M2427	2700
1	2700	标高 1	M2432	2400
1	900	标高 1	M2433	2100
1	900	标高 1	M2433	2100
1	900	标高 1	M2433	2100
1	900	标高 1	M2433	2100
1	800	标高 1	M2434	2100
1	2700	标高 2	M2432	2400
1	1800	标高 2	M1824	2400
1	1000	标高 2	M1024	2400
1	800	标高 2	M2434	2100
1	800	标高 2	M2434	2100
1	900	标高 2	M2433	2100
1	900	标高 2	M2433	2100
1	900	标高 2	M2433	2100
1	1000	标高 3	M1024	2400

图 5.2.5 门明细表

2. 编辑明细表

生成的明细表可以根据需要，在"属性"面板中打开"明细表属性"对话框，进行字段的调整和数据信息的筛选，如图 5.2.6 所示。

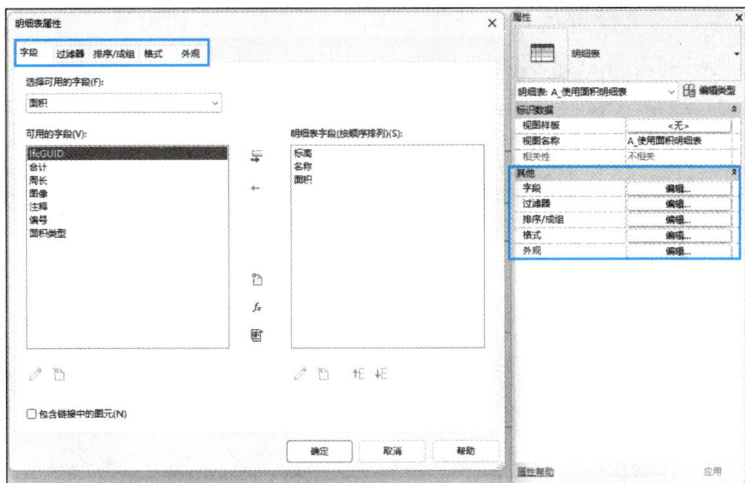

图 5.2.6　明细表属性面板及明细表属性

1）"字段"选项卡

"字段"选项卡用于调整明细表中的字段信息，选中左侧"可用的字段"后单击"添加参数"按钮，将明细表所需字段添加进明细表中，选中右侧"明细表字段"后，单击"移除参数"按钮，删除明细表中不需要的字段。

在"明细表字段"中选择字段，配合下方"上移参数"或者"下移参数"按钮，调整明细表中字段的先后排序，如图 5.2.7 所示。

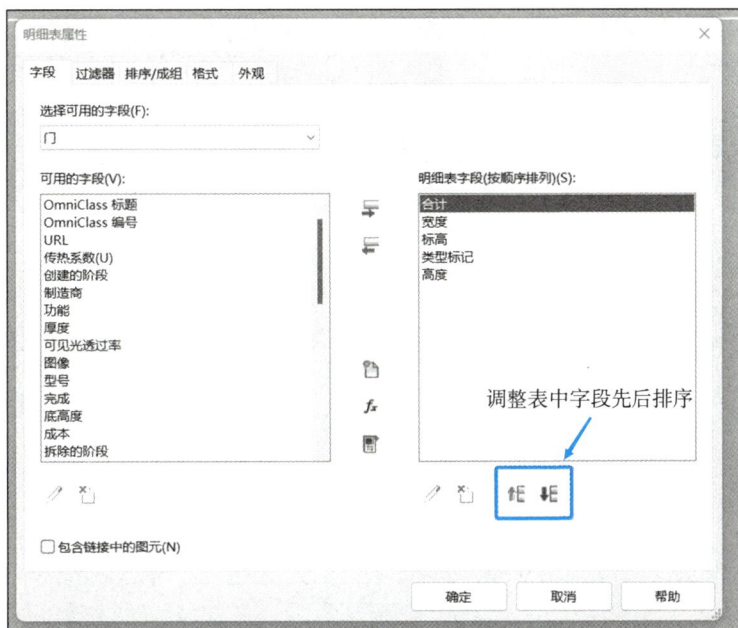

图 5.2.7　明细表属性"字段"选项卡

2）"过滤器"选项卡

"过滤器"选项卡中可以创建限制明细表中数据的过滤器，明细表中的文字、编号长度、标高等参数均可设置为过滤条件。如图 5.2.8 所示，如果将过滤条件设置为"标高等于 1F"，则明细表将只显示 1F 标高层的门类型。

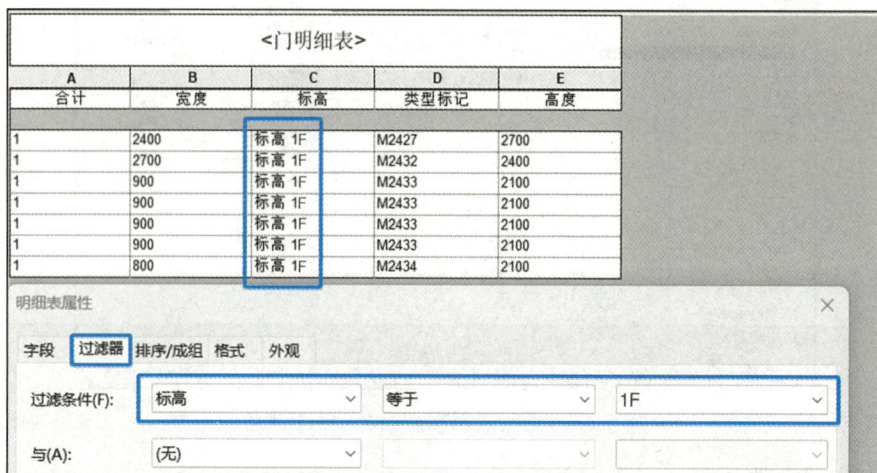

图 5.2.8　明细表属性"过滤器"选项卡

3）"排序 / 成组"选项卡

"排序 / 成组"选项卡用于指定明细表中行的排序，可以按照不同的排序方式进行排序。明细表中会体现门类型，并按照类型拼音的字母排序，对话框底部可以选择使用"总计"或"逐项列举每个实例"选项，还可以根据需要添加页眉、页脚，如图 5.2.9 ～图 5.2.11 所示。

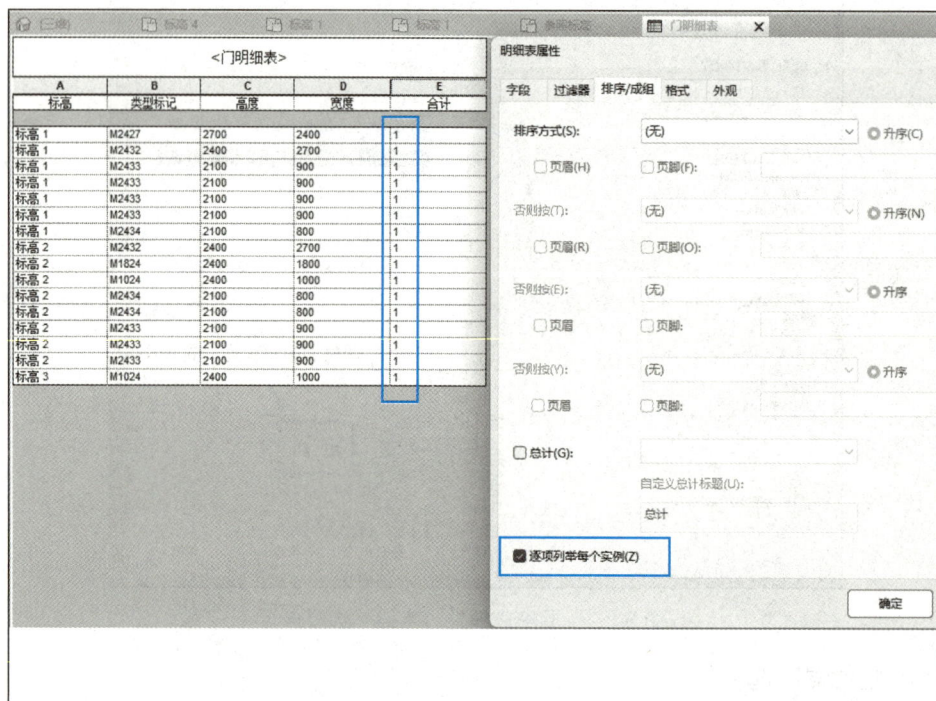

图 5.2.9　明细表属性"排序 / 成组"选项卡总计选项

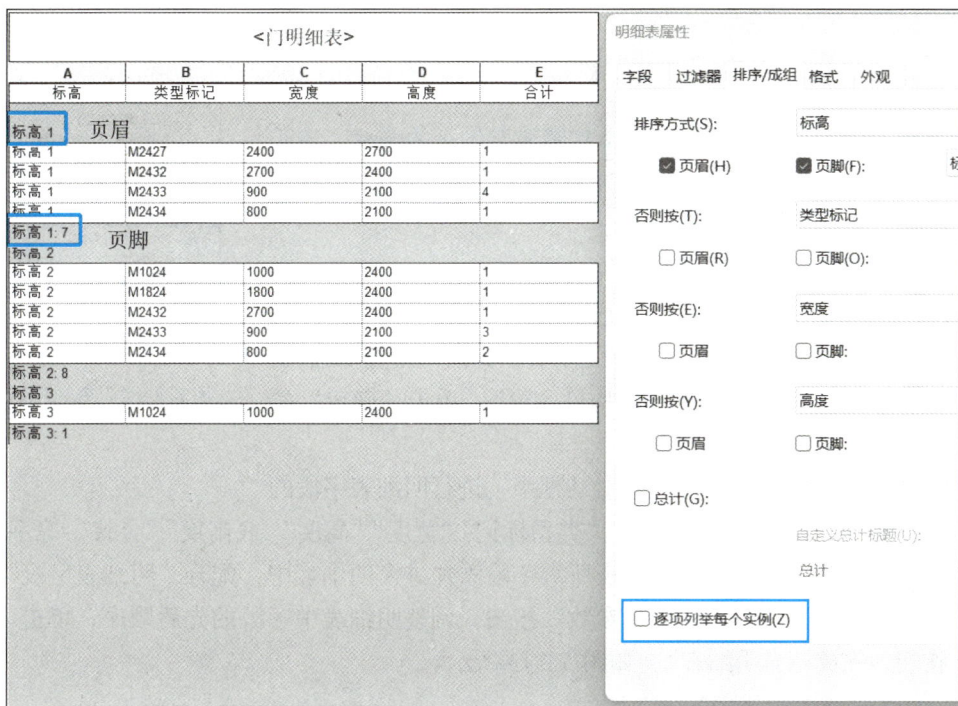

图 5.2.10　明细表属性"排序／成组"选项卡逐项列举每个实例选项

图 5.2.11　明细表属性"排序／成组"选项卡添加页眉、页脚

4）"格式"选项卡

"格式"选项卡用于设置字段及列的格式。

5）"外观"选项卡

"外观"选项卡用于调整明细表网格线及轮廓线条样式，也可以用于设置文字样式。

3. 查看明细表

新建的明细表可以在"项目浏览器"面板的"明细表／数量（全部）"中进行查看和

编辑，如图 5.2.12 所示。

5.2.3 窗明细表

　　项目实例：完成本项目案例小别墅窗明细表的创建，窗明细表要求包含：类型标记、宽度高度、底高度、标高、合计字段，并计算总数。

　　【步骤 1】打开小别墅项目文件。

　　【步骤 2】依次单击"视图"选项卡→"创建"面板→"明细表"下拉菜单→"明细表 / 数量"工具，弹出"新建明细表"对话框，在"类别"列表中选中构件"窗"，单击"确定"按钮，打开"明细表属性"对话框。

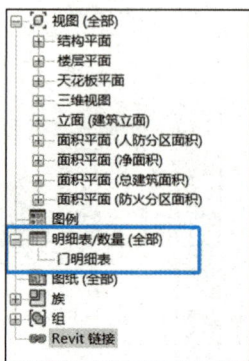

图 5.2.12　查看明细表

　　【步骤 3】在"明细表属性"对话框中，进行明细表字段的选择，根据要求选中字段"标高""类型标记""宽度""高度""底高度""合计"等字段，单击"添加参数"按钮，将明细表所需字段添加进窗明细表中，配合"明细表字段"列表下方"上移参数"或者"下移参数"按钮，调整明细表中字段的先后顺序，单击"确定"按钮，完成"窗明细表"，如图 5.2.13 所示。

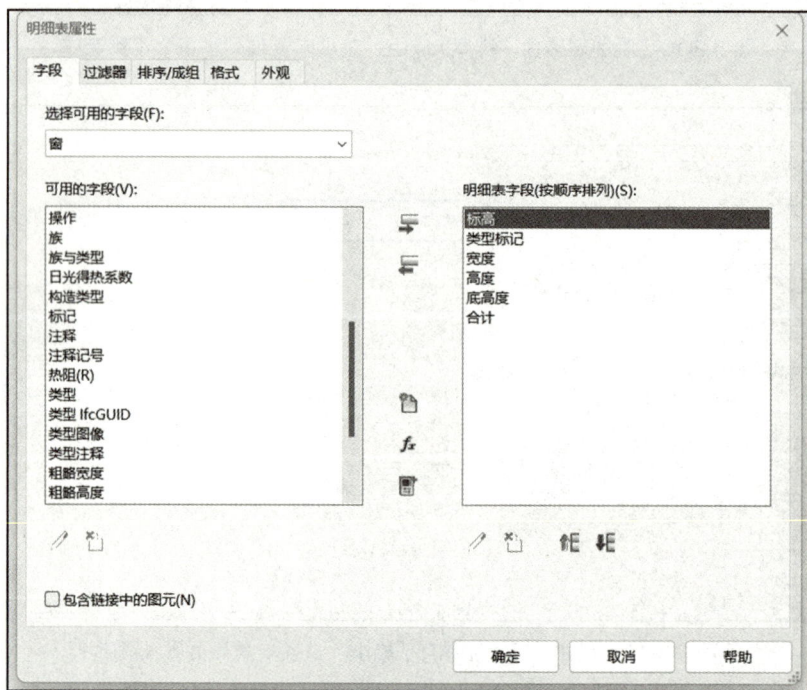

图 5.2.13　窗明细表字段选择及调整

　　【步骤 4】单击"属性"面板"排序 / 成组"后的"编辑"按钮，在"明细表属性"对话框"排序 / 成组"选项卡中按照需要进行排序，在对话框下方取消勾选"逐项列举每个实例"复选框，勾选"总计"复选框，选择总计后"标题、合计和总数"选项，单击"确定"按钮，如图 5.2.14 所示。

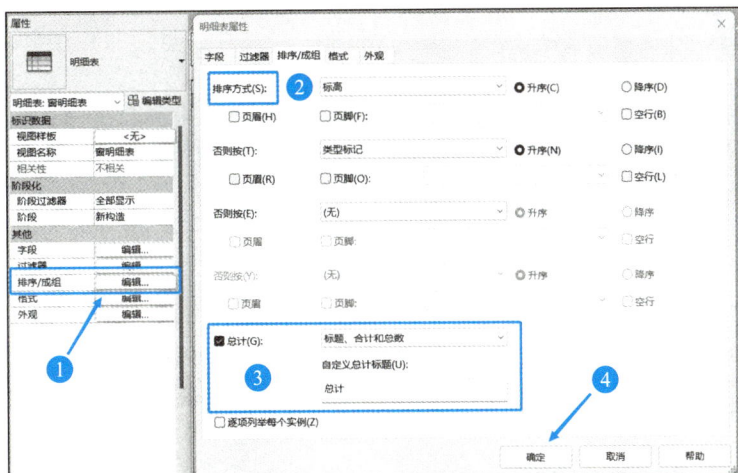

图 5.2.14　窗明细表排序及总计

【步骤 5】完成窗明细表的创建和编辑，如图 5.2.15 所示。

A	B	C	D	E	F
标高	类型标记	宽度	高度	底高度	合计
标高 1	C0918	900	1800	900	3
标高 1	C1218	1200	1800	900	2
标高 1	C1818	1800	1800	900	5
标高 1	C1819	2100	1800	900	1
标高 2	C0918	900	1800	900	3
标高 2	C1218	1200	1800	900	2
标高 2	C1818	1800	1800	900	2
标高 2	C2120				6
标高 3	C0918	900	1800	900	2
标高 3	C1218	1200	1800	900	1
标高 3	C1518	1500	1800	900	2
标高 3	C2118	2100	1800	900	2

表标题：＜窗明细表＞　总计：31

图 5.2.15　完成窗明细表的创建

任务 5.3　模型基本应用——图纸

（1）主要考点：掌握图纸管理的原则、掌握图纸的创建和编辑。

（2）考核方式：理论考核＋实操考核。

（3）学习任务分为以下 4 项。

①图纸的组成、图纸、标题栏、视图、明细表。

②创建图纸。

③布置视图。

④编辑图纸、图纸名称、整理视图、视图比例、图纸标题。

5.3.1 图纸概述

> **提示**
>
> 在"1+X"建筑信息模型（BIM）职业技能等级考试初级建模考试中，实操题有专门对图纸进行的考核，需要熟练掌握。

1. Revit 中的图纸应用

建筑图纸是表达设计思想的技术文件，是技术交流和建筑施工的依据。制图需要按照国家统一的规范用二维图纸的方式清晰准确地表现。Revit 中提供了方便的图纸创建功能，可以直接使用图纸功能创建图纸，并可以根据需要向图纸中添加图形和明细表等信息。

Revit 中的图纸可通过"视图"选项卡→"图纸组合"面板→"图纸"工具创建，如图 5.3.1 所示。

图 5.3.1　视图选项卡明细表

2. Revit 图纸的组成

Revit 中使用图纸工具可以创建图纸并向图纸添加视图、明细表、注释等信息完成所需图纸的编辑。Revit 中图纸还包括标题栏、视图、明细表。

5.3.2 创建图纸

1. 创建图纸

无论是导出图纸文件还是打印图纸，都需要先进行图纸的创建，创建图纸首先要布置图纸、设置标题，然后进行信息设置等步骤。

微课：
图纸输出

项目实例：创建本项目案例小别墅门项目一层平面图，创建 A3 公制图纸，插入一层平面图，并将视图比例调整为 1∶100。

【步骤 1】打开小别墅项目文件。

【步骤 2】依次单击"视图"选项卡→"图纸组合"面板→"图纸"工具，单击"载入"根据项目需要，在"C://ProgramData/Autodesk/RVT2019/Libraries/Libraries/China/ 标题栏"中，选择"A3 公制"图纸，单击"打开"按钮，载入项目。

【步骤 3】在"新建图纸"对话框，选中"A3 公制"图纸，单击"确定"按钮，创建"A103- 未命名"图纸，新建的空白图纸在"项目浏览器"中的"图纸（全部）"子项中，图纸名称默认为"未命名"，如图 5.3.2 所示。

2. 布置视图

创建新的空白图纸后，可以将已有的视图放置在创建的图纸当中。

项目实例：创建本项目案例小别墅项目一层平面图，插入一层平面图。

【步骤 1】接上一步创建图纸，依次单击"视图"选项卡→"图纸组合"面板→"视图"工具，弹出"视图"对话框，选择要布置的视图"楼层平面：标高 1"，单击"在图纸中添加视图"按钮，如图 5.3.3 所示。

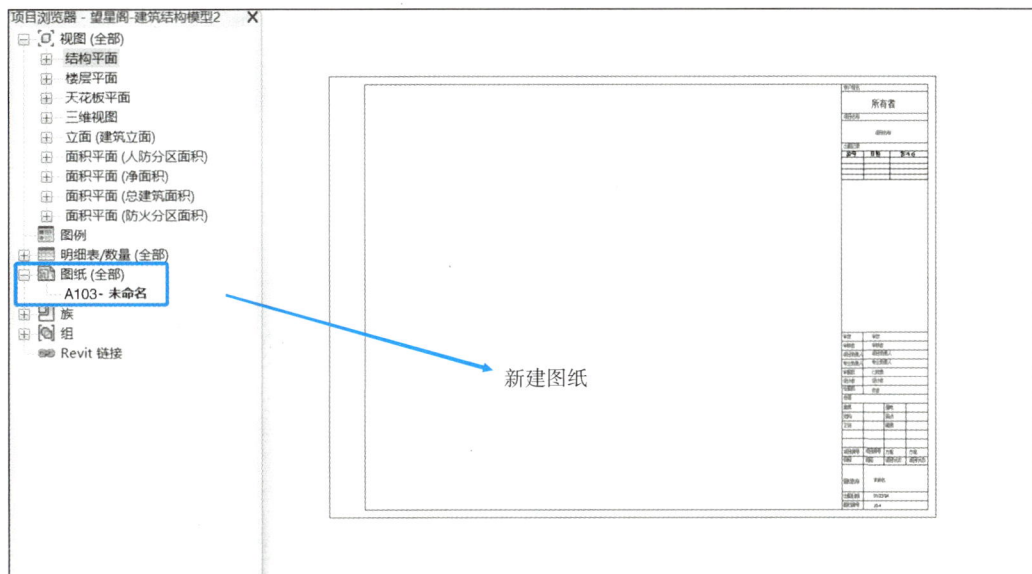

图 5.3.2　创建空白图纸

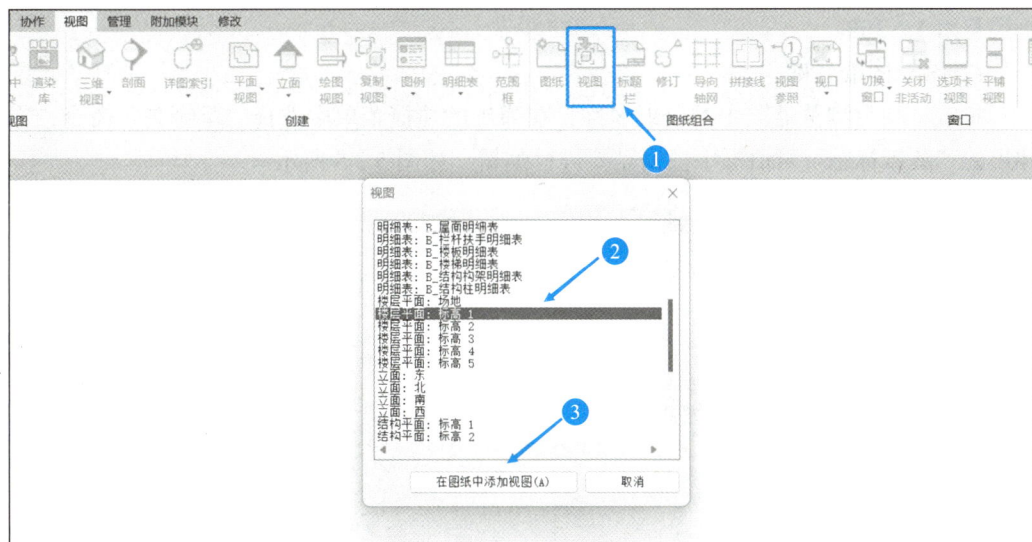

图 5.3.3　插入项目视图

【步骤 2】直接将"项目浏览器中"的"楼层平面：标高 1"拖动放置到新创建的空白图纸中，将光标放置到图纸空白区域，单击放置该视图即可完成放置，如图 5.3.4 所示。

3．编辑图纸

楼层平面视图放置到新建图纸后，需要在图纸中进行编辑，从而得到合理的图纸布局和相应图纸信息。

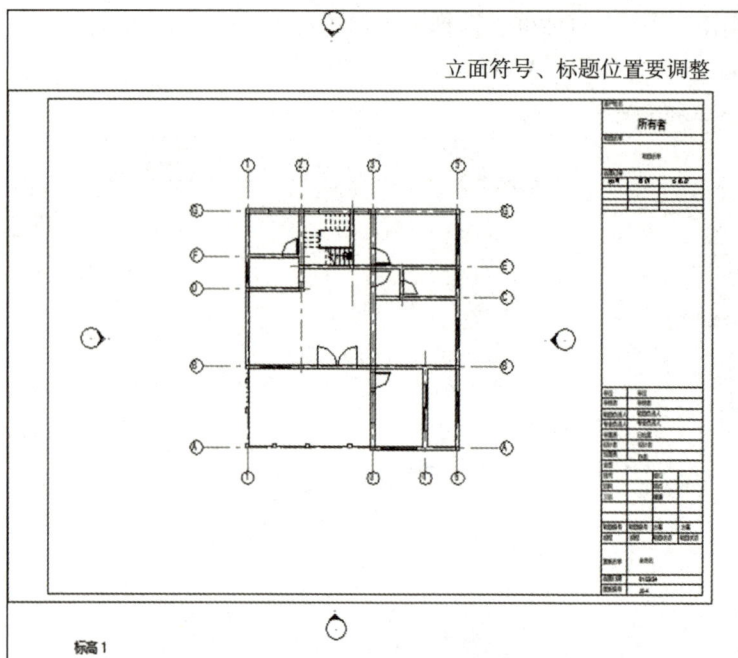

立面符号、标题位置要调整

标高1

图 5.3.4　放置视图

项目实例：创建本项目案例小别墅项目一层平面图，插入一层平面图，并将视图比例调整为 1：100。

1）编辑图纸名称

右击"项目浏览器"中的图纸名称，在弹出的快捷菜单中选择"重命名"命令，在弹出的"图纸标题"对话框中根据需要进行编辑，如图 5.3.5 所示。

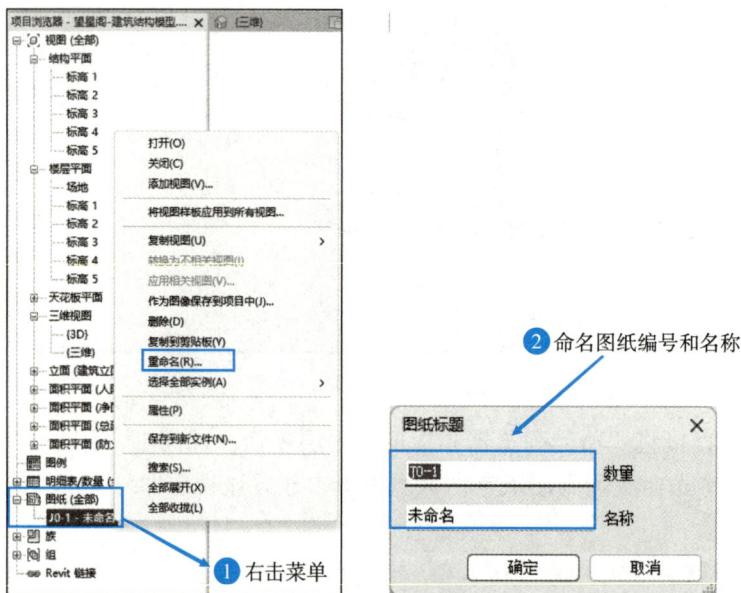

❷ 命名图纸编号和名称

❶ 右击菜单

图 5.3.5　重命名图纸名称

也可以在图纸"属性"面板当中根据信息进行编辑，如图 5.3.6 所示。

2）复制整理视图

为使得视图添加到图纸中显示得清晰、明确、合理，需要对视图进行复制和整理。选中"楼层平面：1F"视图，右击打开快捷菜单，单击"复制视图"，选择"带细节复制"命令，如图 5.3.7 所示。

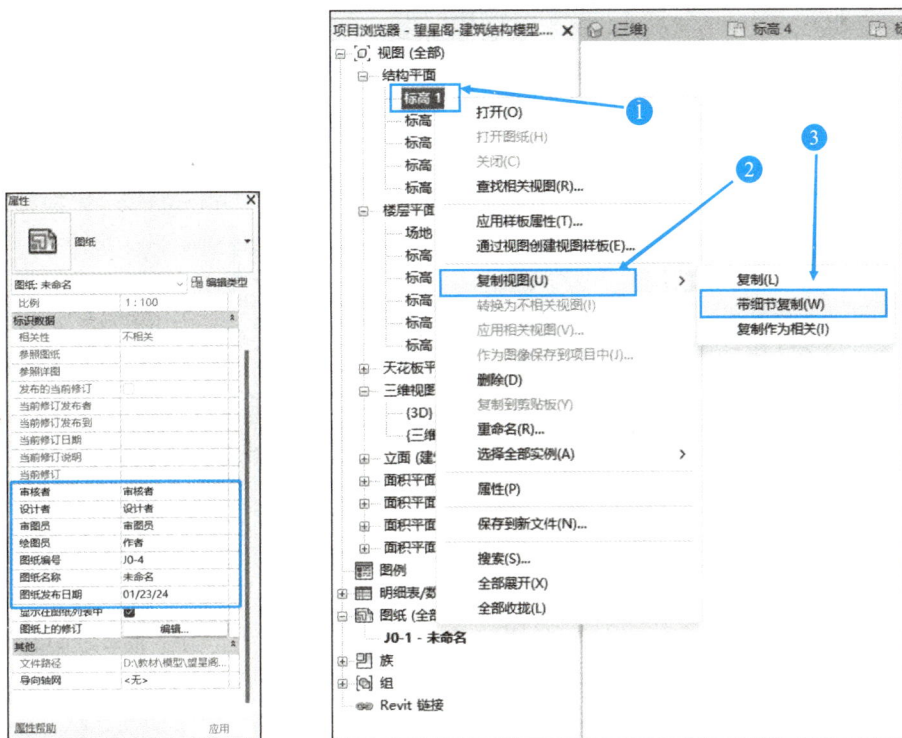

图 5.3.6　图纸属性面板

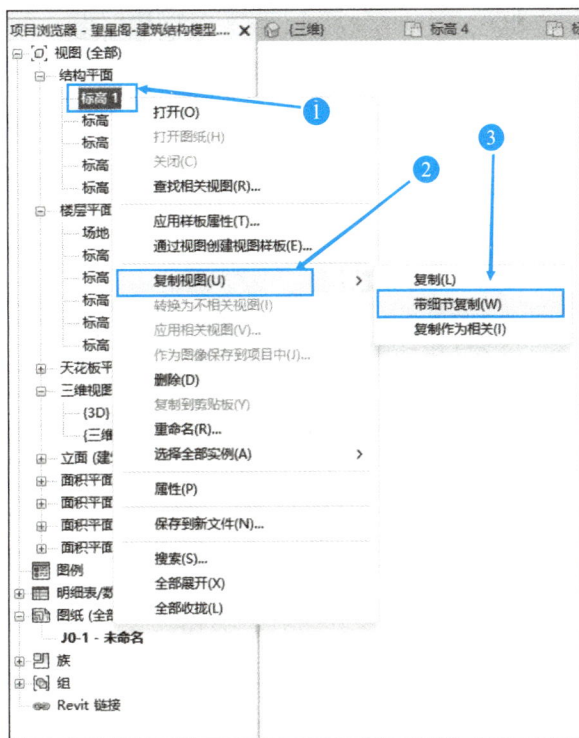

图 5.3.7　复制视图

重命名复制的新视图为"一层平面图"，如图 5.3.8 所示。

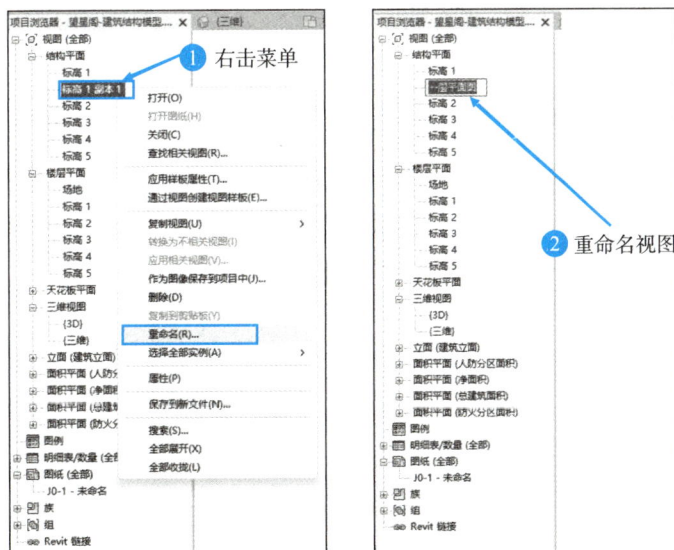

图 5.3.8　重命名新视图

在楼层平面"属性"面板中，调整"一层平面图"的图形可见性，将立面符号进行隐藏，将"室外地坪"删除，完成视图的整理，如图 5.3.9 所示。

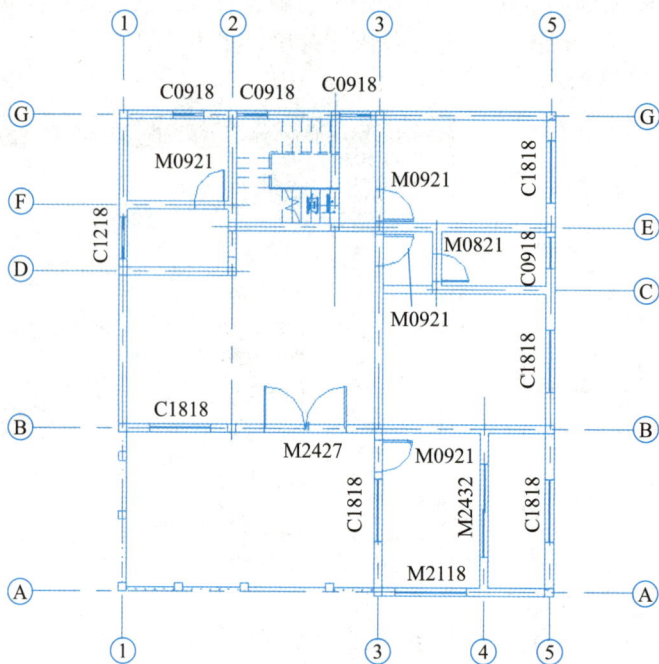

图 5.3.9　视图整理完毕

3）调整视图比例

将"一层平面图"插入图纸，选中插入图纸中的视图，在"属性"面板中单击"视图比例"下拉箭头，选中合适的视图比例，如图 5.3.10 所示。

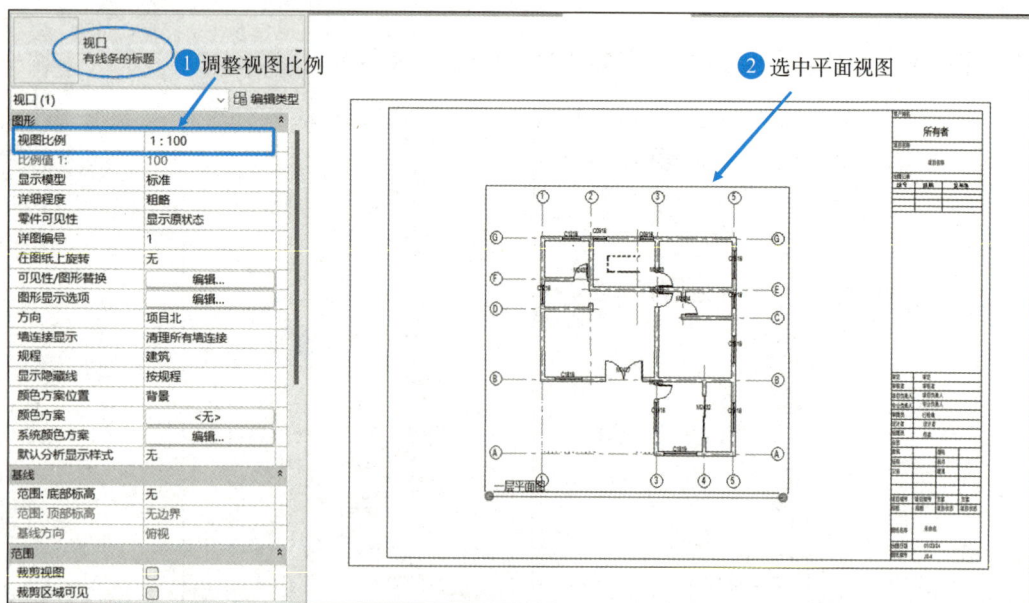

图 5.3.10　调整视图比例

4）调整图纸标题

选中图纸名称，打开"类型属性"对话框，取消勾选"显示延伸线"复选框，使用鼠标移动图纸名称到合适的位置，完成布图，如图 5.3.11 和图 5.3.12 所示。

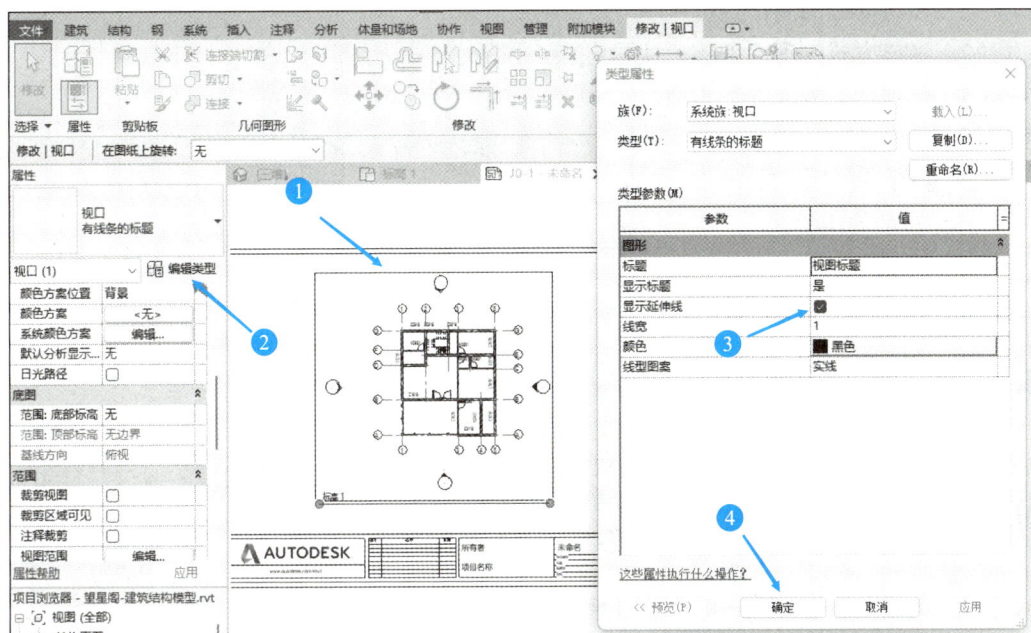

图 5.3.11　取消勾选"显示延伸线"复选框

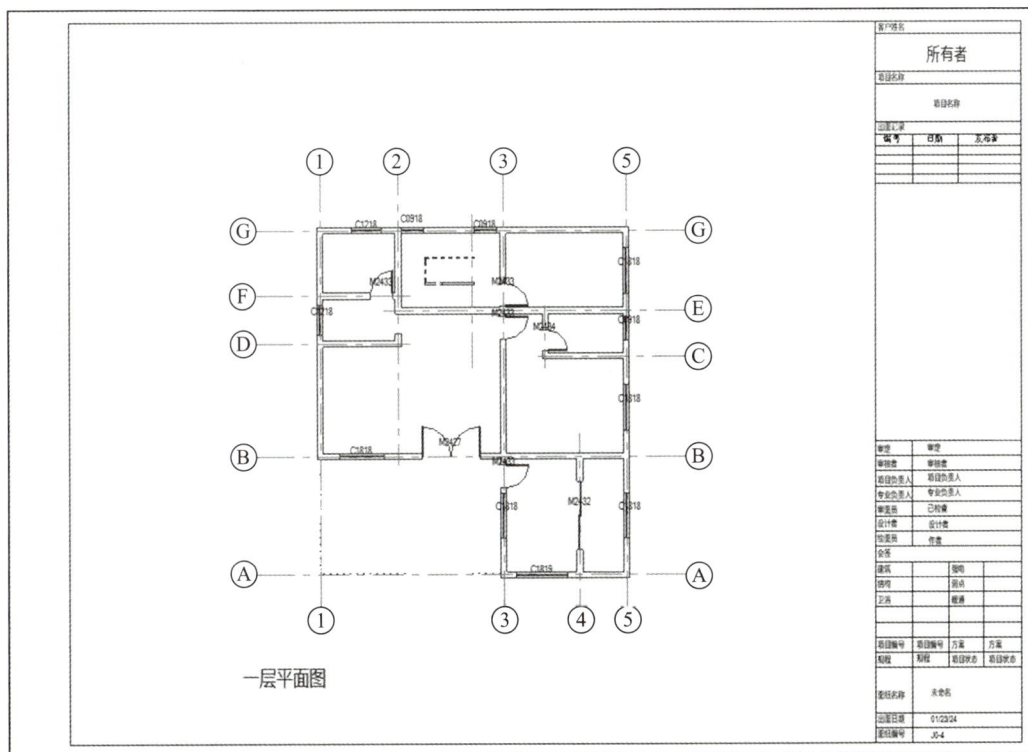

图 5.3.12　布图完成

任务 5.4　模型基本应用——可视化

（1）主要考点：熟悉模型管理、了解照明、背景的设置、掌握相机的使用、掌握视图渲染和漫游动画的制作。

（2）考核方式：理论考核＋实操考核。

（3）学习任务分为以下 5 项。

① 日光和阴影。

② 照明的设置。

③ 相机的使用方法。

④ 创建渲染效果图。

⑤ 漫游路径的绘制。

5.4.1　日光及阴影

1. 项目位置

Revit 最大的特点就是可视化，软件可以对三维模型进行展示和表现。通过对日光进行相应的分析，可以为项目做出优化。

依次单击"管理"选项卡→"项目位置"面板→"地点"工具，在弹出的"位置、气候和场地"对话框中可以设置项目具体所在的位置。

2. 阴影效果

建筑模型中的阴影效果与太阳方位密切相关，切换到三维视图，通过"视图选栏"中的"打开阴影"按钮和"关闭阴影"按钮可以观察三维模型的阴影效果如图 5.4.1 所示。

图 5.4.1　关闭 / 打开阴影效果

微课：
生成场地

3. 日光研究

阴影的位置和太阳的位置相关，Revit 中默认的阴影效果是太阳在某个时刻照射后的效果，通过"视图选项栏"中的"打开日光路径"按钮和"关闭日光路径"按钮，可以观察太阳的轨迹效果，如图 5.4.2 所示。

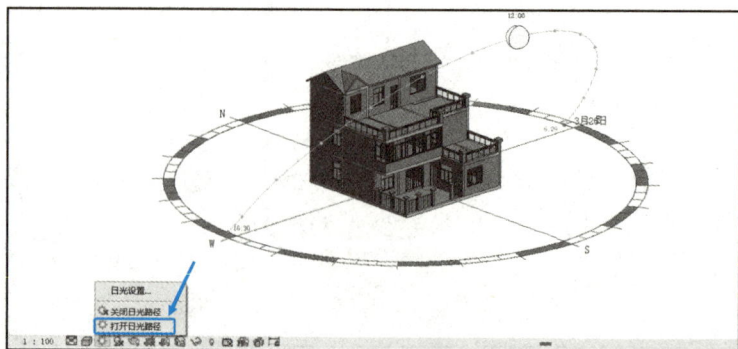

图 5.4.2　关闭 / 打开日光路径

太阳轨迹的设置可以通过"视图选项栏"中的"日光设置"完成，单击"日光设置"打开"日光设置"对话框，根据需要选择不同的时间点，以确定太阳的位置，影响阴影的效果，如图 5.4.3 所示。

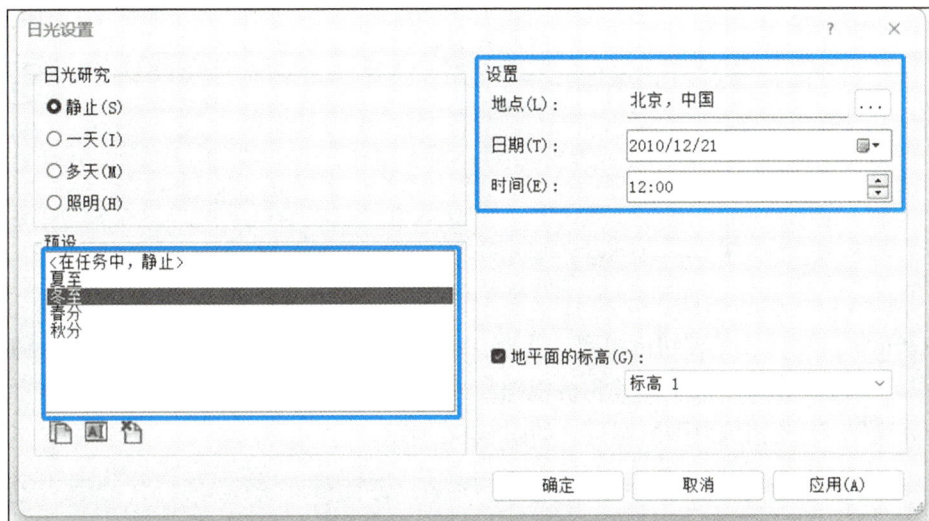

图 5.4.3　日光设置

5.4.2　视图渲染

1. 创建相机视图

Revit 中的相机工具，既可以用于创建静态的相机视图，也可以通过特定的相机视图创建漫游路径，生成动态的三维动画。

相机视图可以在平面图、立面图、三维视图当中创建，位置可以灵活调整。

项目实例：对项目案例小别墅三维模型进行渲染，设置相机。

【步骤 1】打开小别墅项目文件。

【步骤 2】切换到 1F 楼层平面视图，依次单击"视图"选项卡→"创建"面板→"三维视图"下拉列表→"相机"，如图 5.4.4 所示，进入相机的创建。

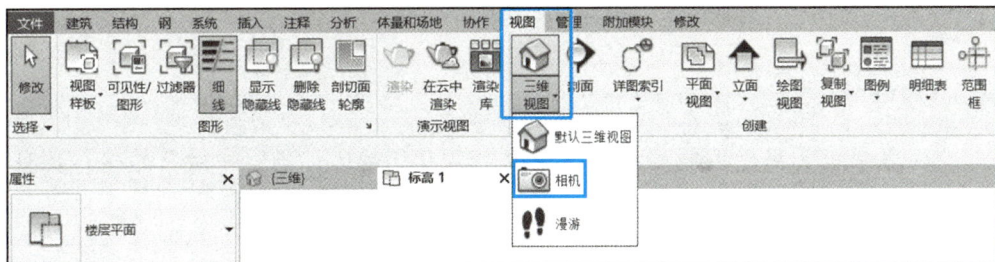

图 5.4.4　创建相机

【步骤 3】第一次单击放置相机，拖动光标调整相机的视角和位置，第二次单击完成放置，如图 5.4.5 所示，拖曳视图中的"相机位置""目标位置""远剪裁"可以调整位置。

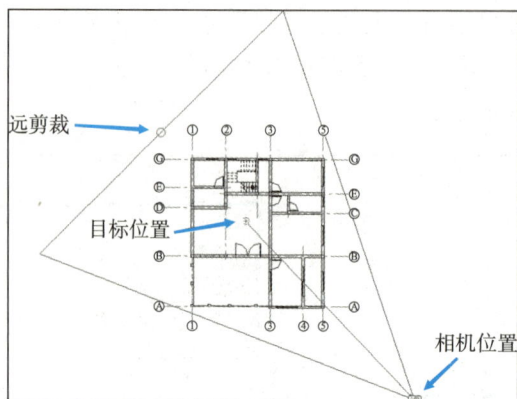

图 5.4.5　放置相机

Revit 将自动生成三维相机视图，并会自动切换到新创建的相机视图中，可以通过拖动视图范围边框上的调整点调整相机视图，或者在"属性"面板中调整"视点高度"和"目标高度"，完成相机视图的调整，如图 5.4.6 所示。

图 5.4.6　调整相机视图

> **小知识**
>
> "远剪裁框"用于控制相机视图深度，离目标越远，场景中对象越多；离目标越近，场景中对象越少。

2. 渲染设置

1）渲染面板

（1）通过"视图"选项卡→"演示视图"面板→"渲染"工具，如图 5.4.7 所示。

图 5.4.7　演示视图渲染工具

（2）通过"视图选项栏"→"显示渲染对话框"工具打开，如图 5.4.8 所示。

图 5.4.8　视图选项栏显示渲染对话框工具

（3）使用快捷键 RR 打开渲染对话框。

2）渲染参数

在渲染三维视图前，在"渲染"对话框中可以对渲染质量、渲染背景、图纸输出的分辨率、照明方案等进行设置，如图 5.4.9 所示。一般情况下，选择系统默认设置渲染视图即可。渲染参数可分为以下几项。

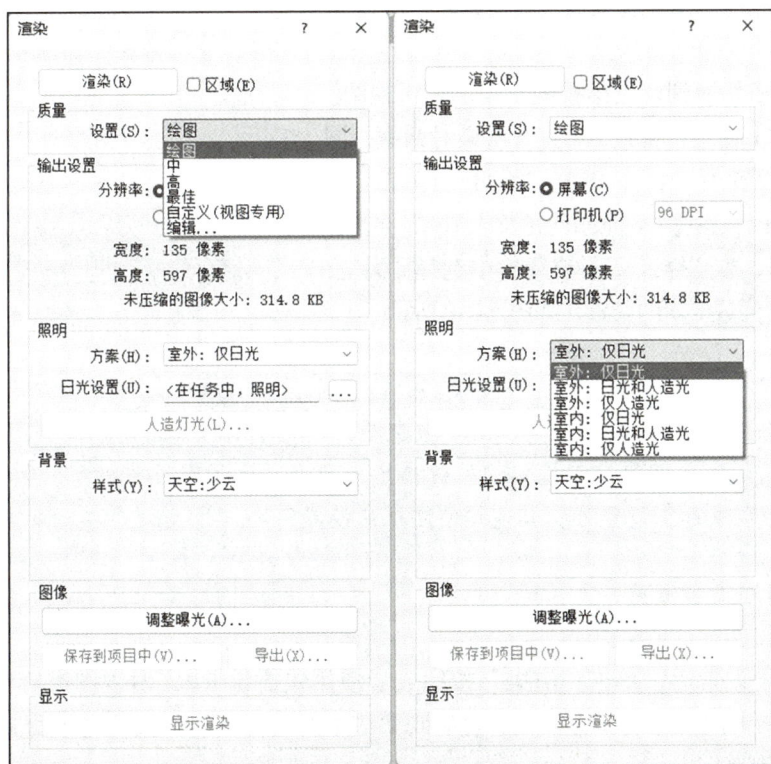

图 5.4.9　"渲染"对话框

（1）质量：用于设置渲染质量，在设置下拉菜单中可以选择"绘图""中""高""最佳""自定义（视图专用）"等选项。

（2）输出设置：用于设置出图的质量，分辨率可以选择"屏幕"或者"打印机"，如果选择"打印机"，DPI越高质量越好。图像尺寸或者分辨率越高，产生渲染图像时所需要的时间就越长。

（3）照明：照明方案可以选择"仅日光""仅人造光"和"日光和人造光"选项，用于"室内"或者"室外"的视图渲染。日光设置和视图选项栏中的日光设置功能一致。

（4）背景：用于调整渲染出的图形文件的背景，可以选择使用系统设置的天空和背景、指定的颜色背景、指定的自定义图像背景等不同的背景，满足需要。

（5）图像：用于调整渲染图像的曝光值、高亮、阴影、饱和度、白点的参数，对细节调整，使效果图更加精细化。

项目实例：对项目案例小别墅三维模型进行渲染，质量设置为"中"，设置背景为"天空：少云"，照明方案设置为"室外：日光和人造光"，其他设置不做要求。渲染结果存储为"别墅渲染.jpg"文件。

【步骤1】切换到"三维视图"中的相机视图。

【步骤2】使用快捷键RR打开渲染对话框，调整"质量"设置为"中"；调整"照明"，单击"方案"下拉菜单，选择"室外：日光及人造光"选项；调整"背景"，在"样式"下拉菜单中选择"天空：少云"选项，完成要求的设置，如图5.4.10所示。

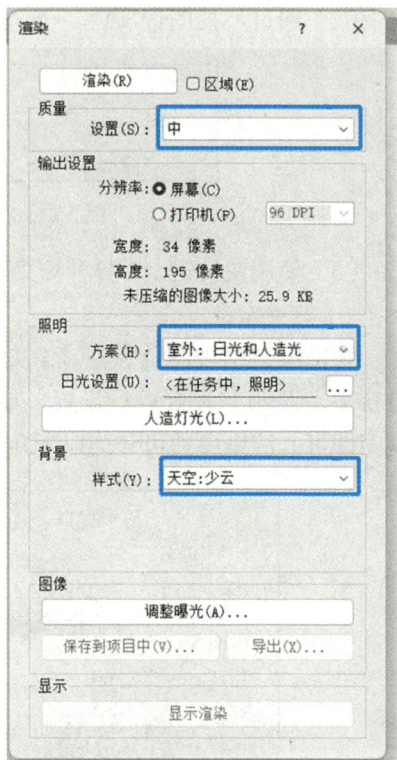

图 5.4.10　渲染参数设置

提示

在"1+X"建筑信息模型（BIM）职业技能等级考试初级建模考试中，有专门对模型渲染的考察，掌握渲染操作的关键信息，可以灵活展现三维模型的效果。建议除按照题目要求选择设置外，其他均使用默认设置即可。

3．视图渲染和保存

1）视图渲染

完成渲染设置后，单击"渲染"按钮或者使用快捷键RR，对视图进行渲染，进行渲染时会弹出"渲染进度"对话框，可以观察渲染的进度，默认渲染完毕后关闭。

2）保存图像

（1）保存到项目中。完成渲染后，可以将三维模型的渲染结果保存到项目中。单击"渲染"对话框中的"保存到项目中"按钮，在弹出的"保存到项目中"对话框中命名渲染图名称，渲染结果将在"项目浏览器"中保存，如图5.4.11所示。

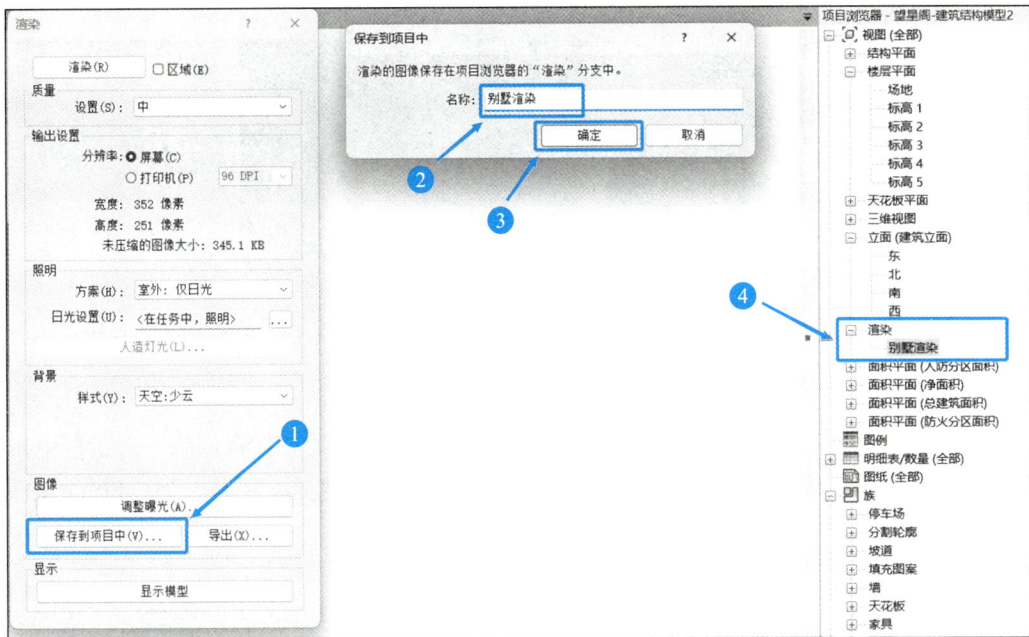

图 5.4.11　将渲染后的图像保存在项目中

（2）导出图像。完成的渲染结果，也可以导出到文件，存储于项目之外。单击"渲染"对话框中的"导出"按钮，在弹出的"保存图像"对话框中指定文件存储路径、文件名称及文件类型，单击"保存"按钮，完成图像的导出，如图 5.4.12 所示。

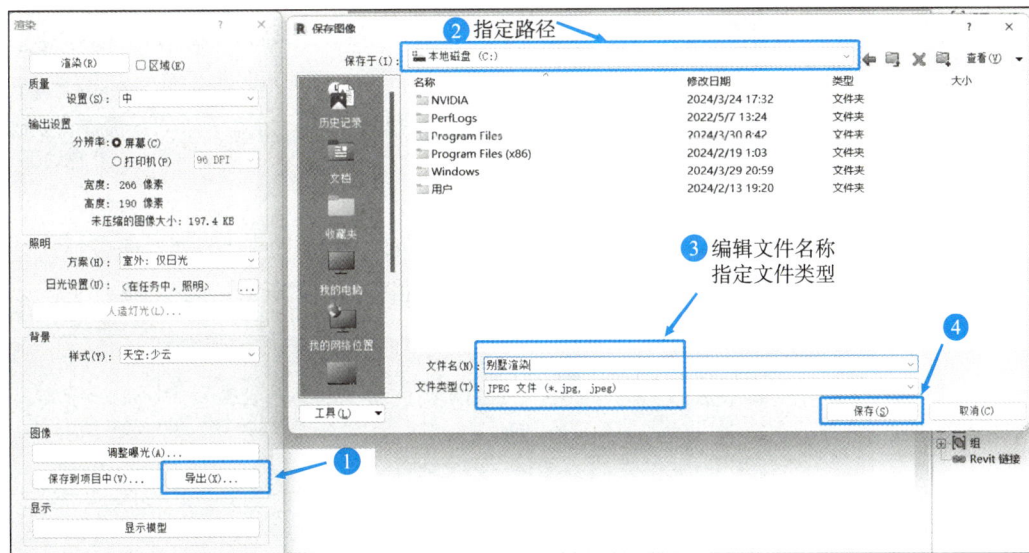

图 5.4.12　导出图像到项目外指定路径

项目实例：对项目案例小别墅三维模型进行渲染，渲染结果存储为"别墅渲染 .jpg"文件。

【步骤 1】单击渲染对话框中"渲染"按钮或者使用快捷键 RR，对视图进行渲染。

【步骤 2】渲染完毕后关闭对话框，显示渲染结果，如图 5.4.13 所示。

图 5.4.13 渲染效果

【步骤 3】单击"渲染"对话框中"导出"按钮，在弹出的"保存图像"对话框中指定文件存储路径，按照要求输入文件名称为"别墅渲染"，选择文件类型为"JPEG 文件（*.jpg，jpeg）"，单击"保存"按钮，完成图像的导出。

5.4.3 漫游动画

> **提示**
>
> 在"1+X"建筑信息模型（BIM）职业技能等级考试初级建模考试中，对可视化应用的考察主要是视图的渲染，漫游动画作为动态渲染，可以作为选学内容。

1. 创建漫游路径

漫游是由一系列的相机视图组合创建的视图集合，漫游路径就是这一系列视图的行走路径，Revit 创建漫游需要先创建漫游路径，然后再通过编辑路径上的相机视角和位置形成相机路径，最后生成漫游。

微课：生成
漫游动画

项目实例：创建本项目案例小别墅的漫游动画。

【步骤 1】打开小别墅项目文件。

【步骤 2】切换到 1F 楼层平面视图，依次单击"视图"选项卡→"创建"面板→"三维视图"下拉列表→"漫游"按钮，进入漫游创建，如图 5.4.14 所示。

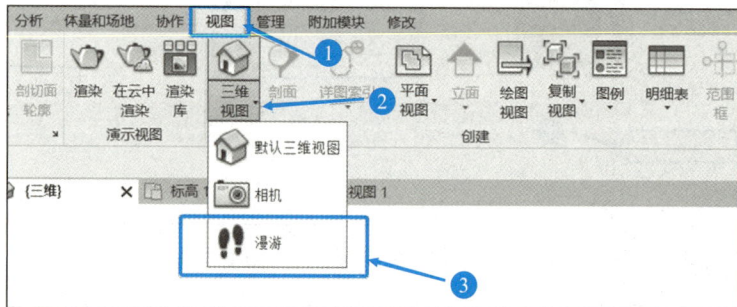

图 5.4.14 创建漫游路径

【步骤 3】移动光标在视图中相应的位置，沿需要的方向依次单击放置关键帧，每单击一次可放置一个关键帧，完成漫游路径的创建，如图 5.4.15 所示。

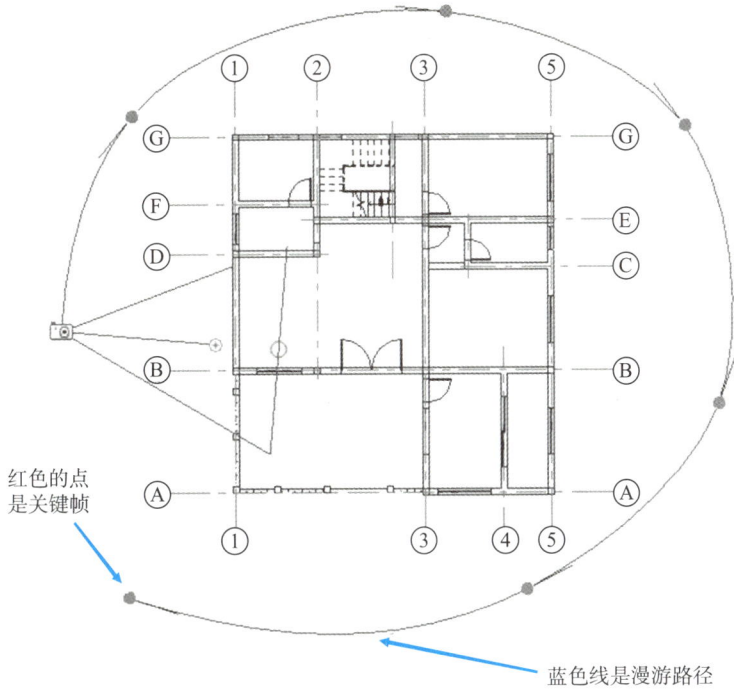

红色的点
是关键帧

蓝色线是漫游路径

图 5.4.15　绘制漫游路径

【步骤 4】完成漫游路径的创建后，可以在"项目浏览器"中观察和重命名该漫游视图，双击该视图，打开漫游视图，会显示漫游终点的视图样式，如图 5.4.16 所示。

显示漫游路径最后一点的视图

双击显示漫游
视图，漫游可
以重命名

视图样式选择

调整漫游视图范围

图 5.4.16　漫游视图显示

2. 编辑漫游

完成漫游路径创建后，可以随时预览效果，也可以重新编辑路径和调整相机的视角方向，以达到满意的漫游效果。

1）剪裁漫游视图

（1）拖曳调整。切换到漫游视图，单击漫游视图边界，拖曳边界线上的控制点调整视图边界范围，如图 5.4.17 所示。

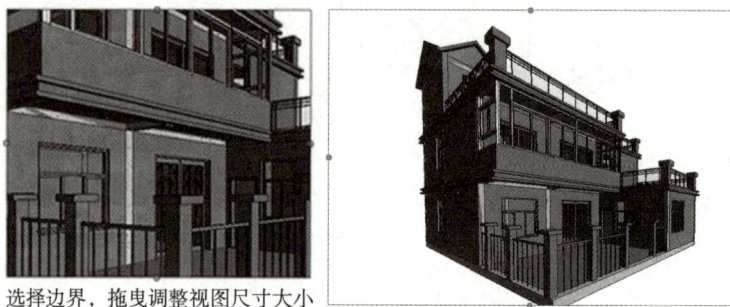

图 5.4.17　调整视图边界大小

（2）尺寸剪裁。切换到漫游视图，单击漫游视图边界，依次单击"修改 | 相机"选项卡→"裁剪"面板→"尺寸剪裁"按钮，在"裁剪区域尺寸"对话框中输入尺寸，可以调整视图尺寸大小，如图 5.4.18 所示。

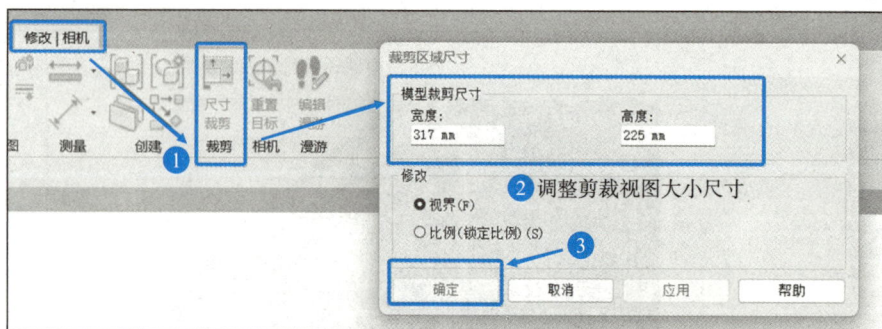

图 5.4.18　调整剪裁尺寸大小

2）预览漫游视图

预览可以发现路径或者相机视觉等问题，方便编辑操作。单击漫游视图边界，依次单击"修改 | 相机"选项卡→"漫游"面板→"编辑漫游"工具，切换到"编辑漫游"选项卡，激活"漫游"面板中的"播放"工具，如图 5.4.19 所示，要注意帧数的选择，如图 5.4.19 所示，共 300 帧，数值栏中是指从 67.8 帧开始播放，如果要从头开始播放，可将数值文本框中参数值设置为 1。

3）编辑相机视角

在"编辑漫游"选项卡，确认选项栏中"控制"参数选择为"活动相机"，单击

"漫游"面板中的"上一关键帧""上一帧""下一帧""下一关键帧"按钮，来调整相机的视角，如图 5.4.20 所示。

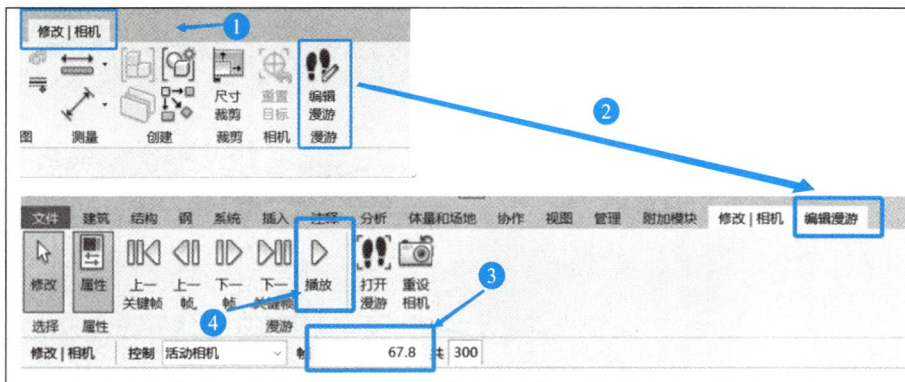

图 5.4.19　漫游预览

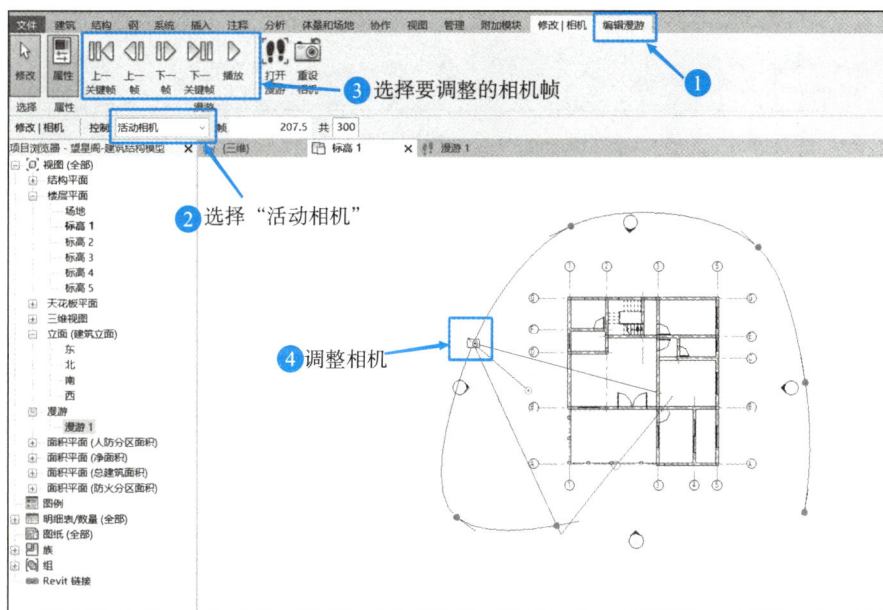

图 5.4.20　调整相机视角

除了可以编辑相机视角，也可以根据需要添加或者删除关键帧以达到相机路径的精确设置，添加或者删除关键帧需要切换到平面视图，在"控制"选项栏中参数调整为"添加关键帧"或者选中要删除的关键帧后"删除关键帧"，如图 5.4.21 所示。

4）编辑漫游路径

在"编辑漫游"选项卡，修改"控制"选项栏中参数为"路径"，平面视图中显示的蓝色点为控制点，拖曳光标控制点到指定位置即可修改和调整漫游路径，如图 5.4.22 所示。

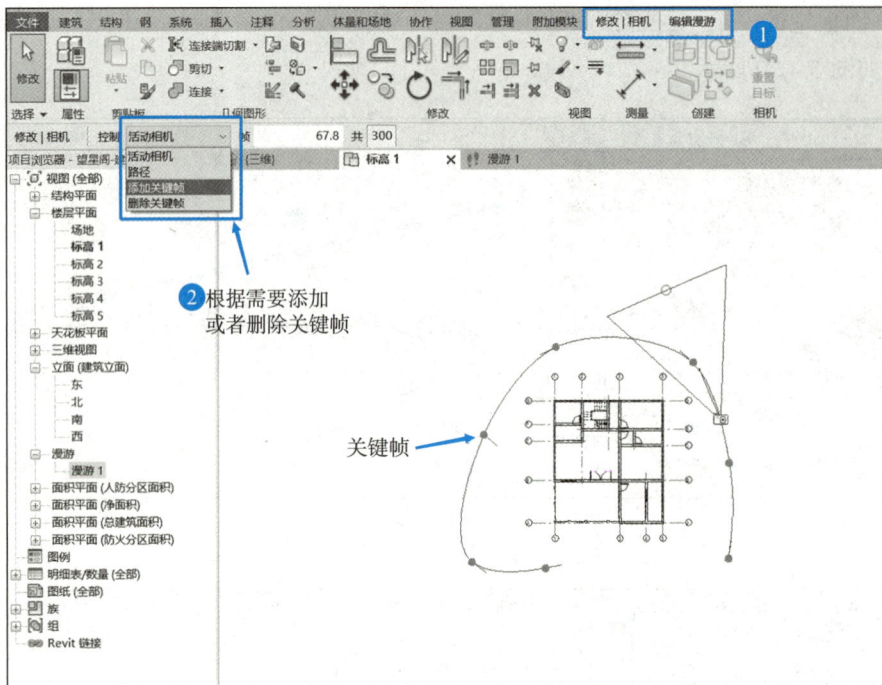

图 5.4.21　添加删除关键帧

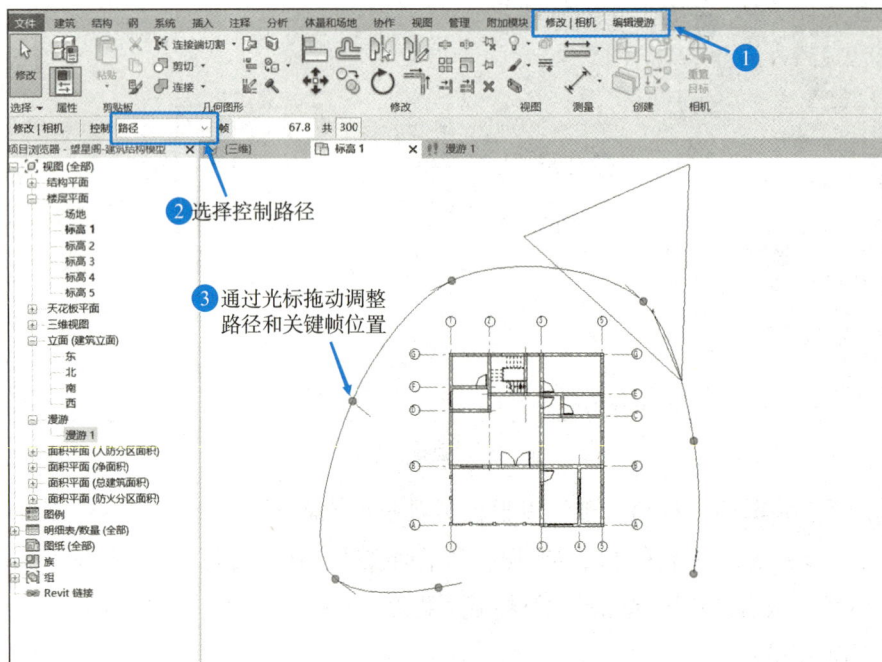

图 5.4.22　调整修改漫游路径

3. 导出漫游

漫游编辑完成后，可以把漫游导出为图像文件或者 AVI 格式的文件。

项目实例：创建本项目案例小别墅的漫游动画。

【步骤 1】打开漫游视图，依次单击左上角 "文件" 选项卡→ "导出" →右侧列表中 "图像和动画"，再单击 "漫游"，如图 5.4.23 所示。

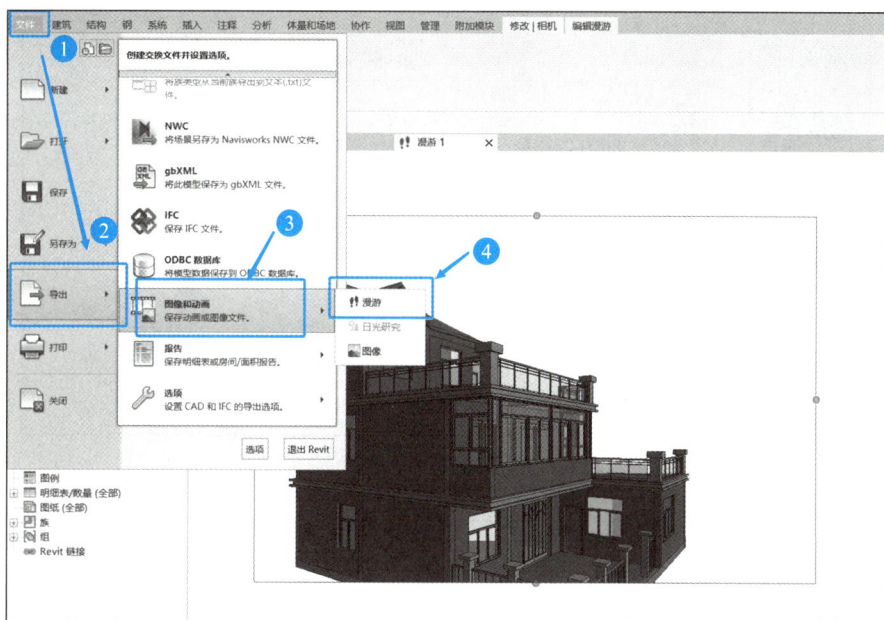

图 5.4.23　导出漫游

【步骤 2】在弹出的 "长度 / 格式" 对话框中选中动画输出长度为 "全部帧"，格式栏中 "视觉样式" 选择 "真实" 选项，输出动画导出的尺寸标注即导出动画的分辨率，可根据需要调整，完成后单击 "确定" 按钮，如图 5.4.24 所示。

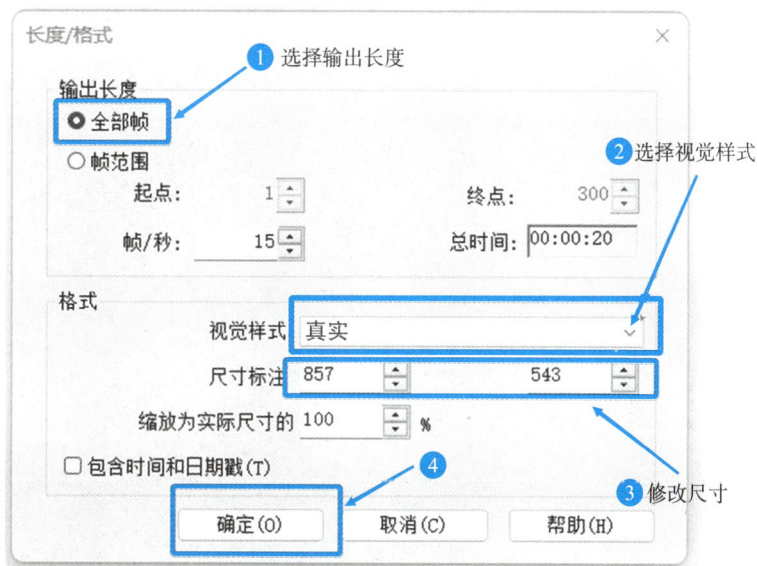

图 5.4.24　"长度 / 格式" 对话框

【步骤 3】在弹出的"导出漫游"对话框中，确定文件的存储路径、文件名称和文件类型，单击"保存"按钮，如图 5.4.25 所示。

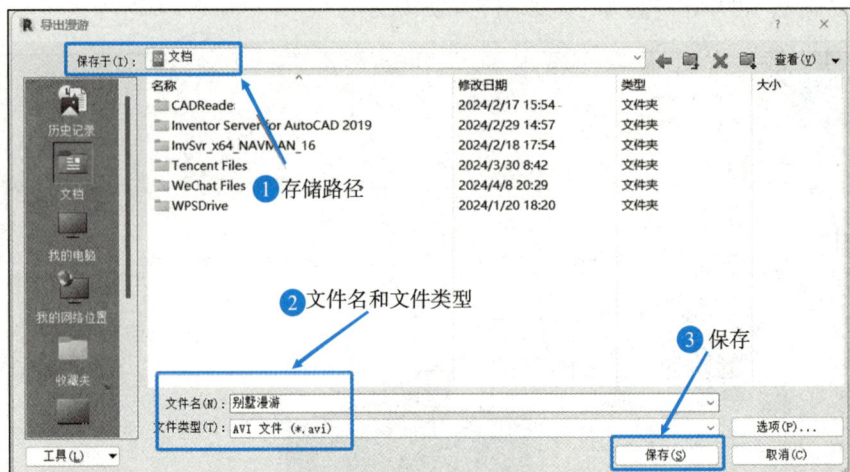

图 5.4.25 "导出漫游"对话框

【步骤 4】继续弹出"视频压缩"对话框，选择合适的视频压缩程序，单击"确定"按钮，完成漫游动画的导出，如图 5.4.26 所示。

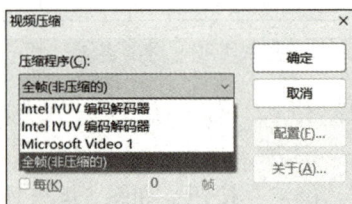

图 5.4.26 "视频压缩"对话框

项目 6 BIM 定制化建模

建筑信息模型 BIM 技术最大的特点就是参数化，根据需求通过不同的参数对模型进行定制化。本项目将在基础建模的基础上，对族和概念体量及基础操作进行讲解，以提升读者建模的技术。

结合概念体量的创建，通过"中央电视台总部大楼""苏州东方之门""国家体育场""国家游泳中心"等现代异型标志性建筑，培养爱岗敬业的职业精神和爱国热情。

教学目标

（1）简单参数化构件的创建。
（2）构件参数设置与挑战。
（3）概念体量的创建。
（4）概念体量的基本应用。

素养目标

（1）锻炼耐心、执着、坚持的专注精神。学生在实际操作中真正了解专业、了解行业、了解自己和社会，提高其学习热情，成为"干一行，爱一行，有技能，肯奉献"的优秀人才，具备执着专注的工匠精神。

（2）培养追求卓越的工匠精神。结合参数化族的创建，为学生营造"技能宝贵、创造伟大"的氛围，使其具备追求卓越的创造精神。

（3）培养人文素养和美学素养。学生通过对知名建筑的了解，具备美学素养，通过建筑背后的故事，了解匠人应有的人文素质。

任务 6.1 定制化建模——参数化族

（1）主要考点：熟悉 BIM 模型构件的基本类型、熟悉构件参数设置与调整、掌握简单参数化构件的创建。

（2）考核方式：理论考核 + 实操考核。

（3）学习任务可分为以下 4 项。

① 族的概念和分类：按定义方式（可载入族、内建族、系统族），按图元特性（模型、基准、视图）。

② 族三维形状的创建：拉伸、融合、旋转、放样、放样融合、空心形状。

③ 三维形状的组合方式。

④ 进行布尔运算、剪切、连接。

6.1.1　Revit 族基础知识

族（family）是 Revit 中非常重要的概念，Revit 中的所有图元都是基于族的。建筑信息模型的参数化在族上体现得最为明显，每一个族都包含了诸多的参数和信息，例如类型、尺寸、材质、外形及其他的参数值，这有助于更高效地对数据进行管理和修改。

由于 Revit 的族具有很强的开放性和灵活性，因此在使用时，既可以方便地从丰富的族库中调用所需的族，也可以根据自己的需要自定义参数化族，实现建筑模型的参数化设计。

1. 族的概念

Revit 族是一个包含通用属性（称为参数）集和相关图形表示的图元组。举例说明族，如基本墙，既包含表达墙体的三维图形，也包括结构、材质、底部约束、顶部约束等支撑图形表达的内在属性。从项目构成上讲，族是组成项目的构件，Revit 项目是基于构件（墙、门、窗、楼板、楼梯、基础以及详图、注释和标题栏等）拼装而成。

综上所述，族是构建三维模型的"砖瓦"，是承载建筑信息的"基石"。Revit 自带丰富的族库，满足常规建模所需，同时支持新建族功能，可以根据实际需要自定义参数化构件。

2. 族的分类

常见的族主要按定义方式和图元特性这两种方式进行分类。

1）按定义方式分类族

（1）系统族：指样板所带基础构件，具有较高保护等级，不允许分类等操作，即自身不可以被创建、复制、修改或删除，只能在项目中创建和修改的族类型，例如墙、楼板、天花板等。

（2）可载入族：指在项目外创建的 .rfa 文件，可通过族库载入项目中使用。在前面的内容中，载入的都属于可载入族，可载入族是在初级建模阶段运用最多的一种类型，在安装软件的同时会自动安装族库。可载入族可以通过依次单击"修改"选项卡→"编辑族"进行再次编辑。

（3）内建族：根据当前项目的实际要求，只在当前项目使用的独特图元，是族的一个灵活补充。新建内建族时，通过"建筑"选项卡→"构建"面板→"构件"下拉菜单→"内建模型"工具创建，创建流程与可载入族类似（内建族的实例操作可以参考任务 4.6 栅栏）。需要修改内建族时，可通过"在位编辑"工具进行，用户在当前项目中对族进行编辑。

以上三类族的概念要点、特点和示例如表 6.1.1 所示。

表 6.1.1　族类别的概念要点、特点和示例

族类别	概念要点	特　　点	示　　例
系统族	样板自带，不能新建	不能作为外部文件载入，可在项目及样板间传递	墙、楼板、楼梯、尺寸标注等
可载入族	基于族样板创建的扩展名为 RFA 的文件	通过构件库载入	门、窗、柱、基础
内建族	在当前项目中创建	仅限当前项目使用，不能单独保存成 RFA 文件，不能用于其他项目文件中	当前项目特有的异形构件

2）按图元特性分类族

（1）模型类族：主要是指三维构件族，例如常见的结构柱、门窗、楼梯等。

（2）基准类族：主要是指用于定位的图元，包括标高、轴网、参照线等。

（3）视图类族：主要是指在特定视图使用的一些二维图元，例如文字注释、尺寸标注、详图线、填充图案等。

3．族参数

族参数包括几何参数、材质参数、其他参数等。几何参数主要用于控制构件的几何尺寸，一般包括长度、半径、角度等，几何参数可通过尺寸标签添加或通过函数公式计算。材质参数可对族赋予不同的材质。其他参数包括公共、结构、电气、管道等。族参数的创建、添加和修改在"参数属性"对话框中进行，如图 6.1.1 所示。

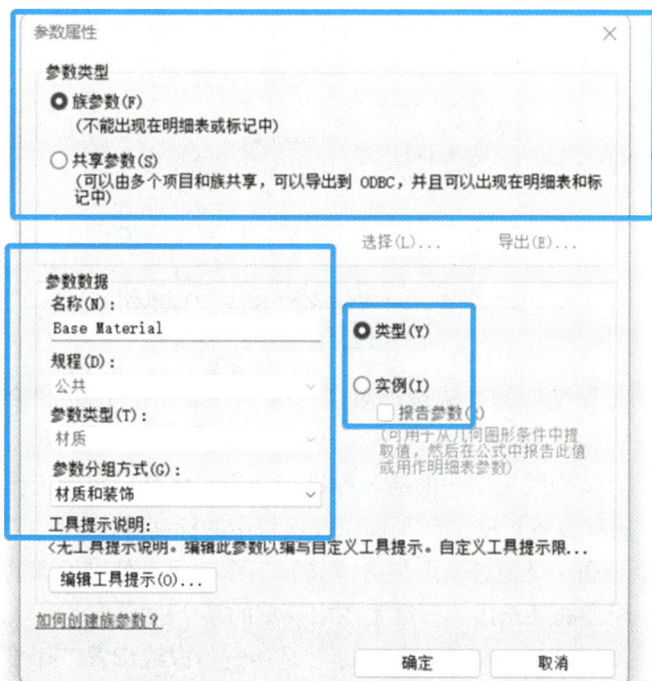

图 6.1.1　"参数属性"对话框

（1）"参数类型"是定义一个参数使用的范围。"族参数"仅本族内使用，"共享参数"是与多个族和项目一起共享使用。一般情况下默认选中"族参数"单选按钮。

（2）在"参数数据"中设置其他参数数据，"名称"中输入新建族参数名称，"规程"中设置族参数所属规程，"参数类型"决定了参数的特性，使用时需要根据实际情况选择"参数分组方式"，设置族参数分组方式。

（3）"类型"和"实例"是指设置新建族参数为类型参数还是实例参数。"类型"参数需要通过属性面板的"编辑类型"进入类型属性对话框进行编辑，且类型属性一旦被修改，所有族实例都会发生变化。"实例"参数显示在属性列表中，"实例"参数的修改只会影响当前实例。

4. 工作平面

工作平面是一个用于视图或绘制图元起始位置的虚拟二维表面，例如平面视图与标高相关联、立面视图与垂直工作平面相关联。大多数工作平面是自动设置的，但执行某些绘图操作以及在特殊视图中启用某些工具，如在三维视图中启用"选择"和"镜像"时，需手动设置工作平面。工作平面的操作步骤如下。

（1）依次单击"创建"选项卡→"工作平面"面板→"设置"按钮，打开"工作平面"对话框，如图 6.1.2 所示。

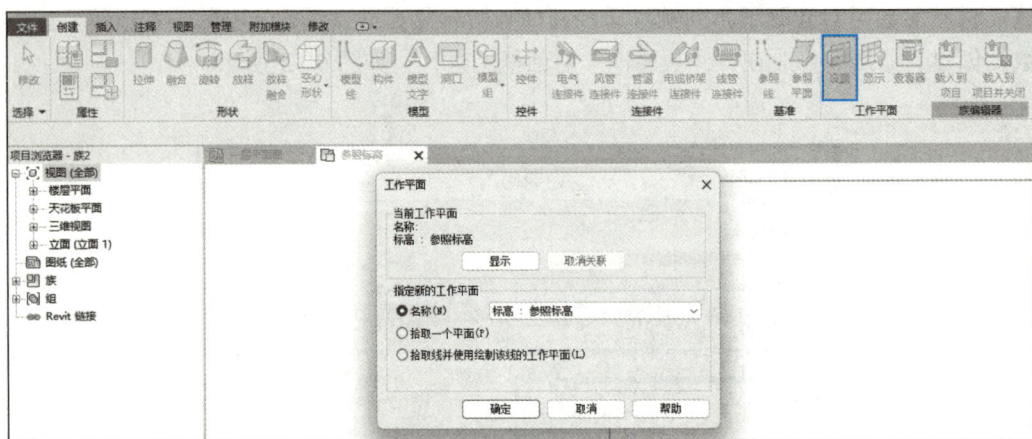

图 6.1.2　工作平面

（2）指定新的工作平面的方法包括对"名称""拾取一个平面""拾取线并使用绘制该线的工作平面"的设置。

① "名称"是直接按照工作平面的名称进行选择，将其设定为工作平面，包括被命名过的参照平面、曾经设置过的工作平面以及项目中的标高等。

② "拾取一个平面"是通过拾取的方式设置工作平面，可以拾取的对象有标高参照平面、二维视图中模型的某条边、三维视图中模型的某个面等。

③ "拾取线并使用绘制该线的工作平面"是通过拾取线设置工作平面，此时工作平面取决于当初绘制被拾取的那条线时所设置的工作平面。

由于工作平面是默认隐藏的，依次单击"创建"选项卡→"工作平面"面板→"显示"按钮，可隐藏或显示工作平面。

5. 创建参照平面和参照线族

参照平面和参照线族的创建过程中，"参照平面"和"参照线"用途最为广泛，是绘图的重要工具。

大多数族样板，已默认设置三个参照平面，分别为 X、Y、Z 平面，如"公制常规模型"族样板中心创建了中心（前/后）、中心（左/右）、与参照标高重合的三个参照平面，其交点是坐标原点（0，0，0）。这三个参照平面默认为锁定状态，不能被删除，"拉伸"命令中，"拉伸起点"为参照标高，默认值为 0。

参照平面可以设置为工作平面。当默认的一些视图不能满足建模需求时，可以新建参照平面作为工作平面。参照平面可以单击命名，如图 6.1.3 所示，进行工作平面设置时，按"名称"指定新的工作平面，也可以直接拾取绘制的参照平面作为工作平面。

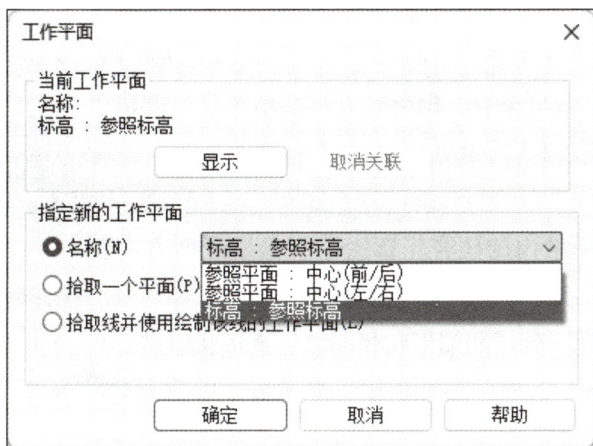

图 6.1.3　工作平面之参照平面

创建族的过程中，需要创建族参数、参照平面和图形，其中参照平面是参数和图形的媒介，参数需要与参照平面进行关联、而图形也需要与参照平面关联，一般使用对齐命令，并锁定，如图 6.1.4 所示，例如为拉伸体的封闭轮廓，其参数是使用对齐尺寸标准与参照平面关联，而图形通过对齐命令与两侧参照平面对齐并锁定。

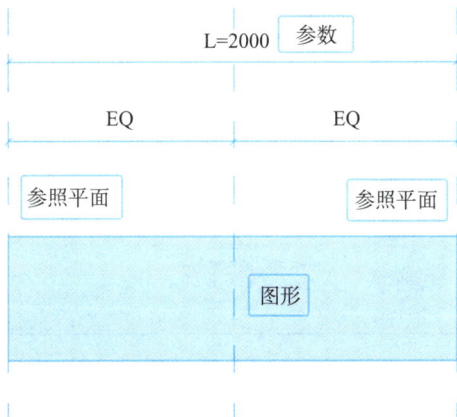

图 6.1.4　参数、参照平面和图形

"参照线"与"参照平面"功能基本相同，主要用于实现角度参数的变化。绘制参照线，将其端点锁定在参照平面上，进行角度注释，就可以对实体进行角度参数变化。

6.1.2　Revit 族的创建

> 在"1+X"建筑信息模型（BIM）职业技能等级考试初级建模考试中，可载入族是最常使用的族，考试时对族的考查通过两个方面完成，一是创建三维形状的模型；二是通过在综合建模中考察对族的灵活使用。本模块侧重讲解三维族的创建。
>
> "族"的创建需要使用"族编辑器"进行，利用"族编辑器"可以创建新的族，也可以对现有的族进行编辑和修改。

Revit 提供五种创建实心、空心形状的工具，分别为拉伸、融合、旋转、放样、放样融合，配合这五种基本工具可创建出复杂的族类型，如图 6.1.5 所示。

图 6.1.5　族的创建工具

1）拉伸

拉伸可以基于平面内的闭合轮廓沿垂直于该平面方向创建几何形状，确定几何形状的要素包括基准平面、拉伸轮廓、拉伸起点、拉伸终点。因此，"拉伸"工具适用于创建两端形状相同的三维形状模型。

项目实例：基于"公制常规模型"族样板，以圆柱体（半径为 100mm，高度为 300mm）为例创建三维形状。

【步骤 1】依次单击"文件"选项卡→"新建"下拉列表→"族"选项，弹出"新族 - 选择样板文件"对话框，选择库中"公制常规模型"族样板，单击"打开"按钮，进入族编辑界面，如图 6.1.6 所示。

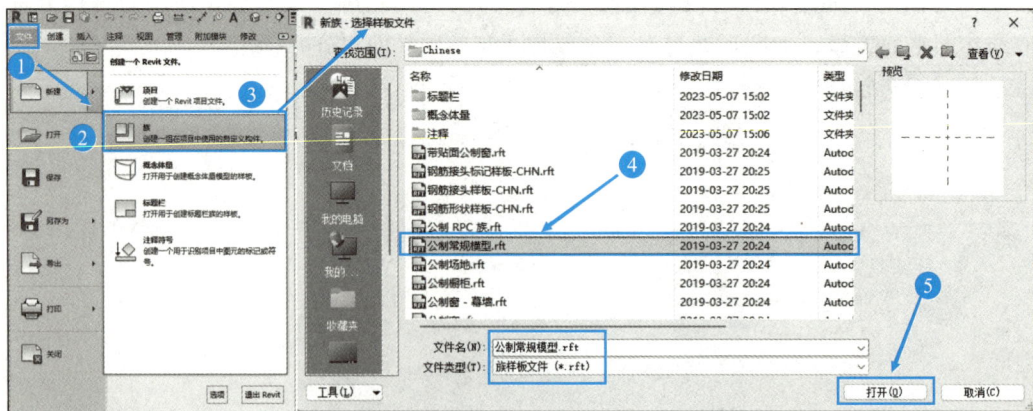

图 6.1.6　新建族

【步骤 2】切换至"参照标高"平面，依次单击"创建"选项卡→"形状"面板→"拉伸"按钮，切换到"修改|创建拉伸"选项卡，如图 6.1.7 所示。

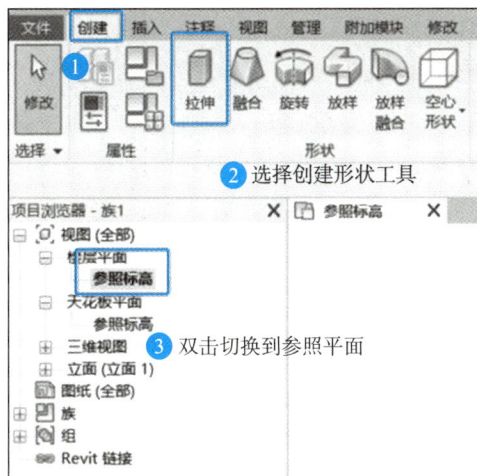

图 6.1.7　拉伸命令

【步骤 3】在"修改|创建拉伸"选项卡的"绘制"面板中，选择适当的工具绘制截面草图，此案例选择"圆形"命令，以两条参照平面的交点为圆心，绘制半径为"100.0"的圆，在选项栏中调整"深度"参数为"300.0"（深度表示拉伸的长度，即拉伸体的高度），如图 6.1.8 所示，或调整"属性"面板"约束"条件中的"拉伸终点"为"300.0"，如图 6.1.9 所示，完成后，单击"模式"的面板中"完成编辑模式"按钮，完成拉伸体创建，三维效果如图 6.1.10 所示。

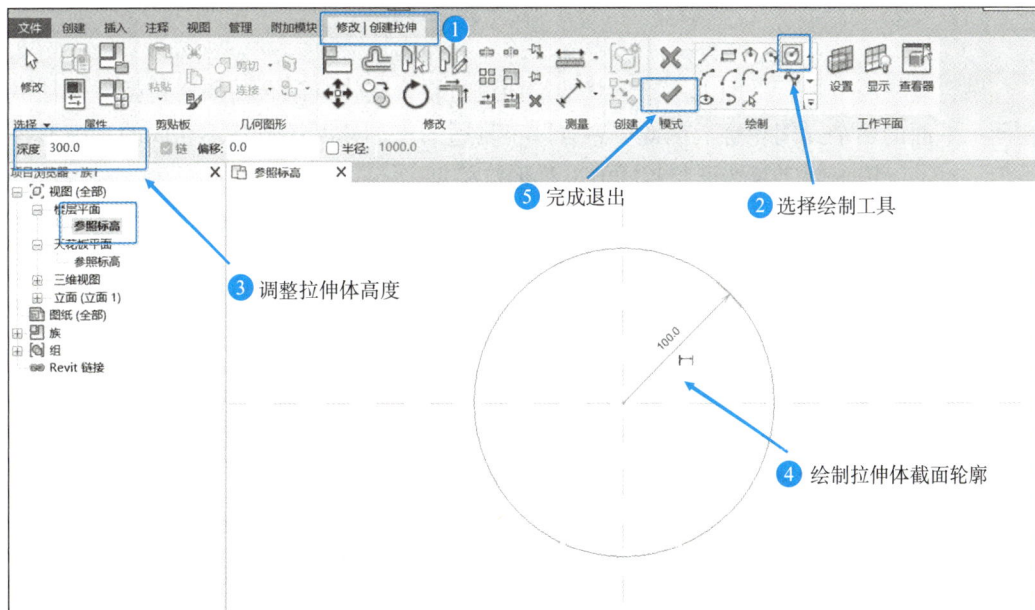

图 6.1.8　创建拉伸轮廓

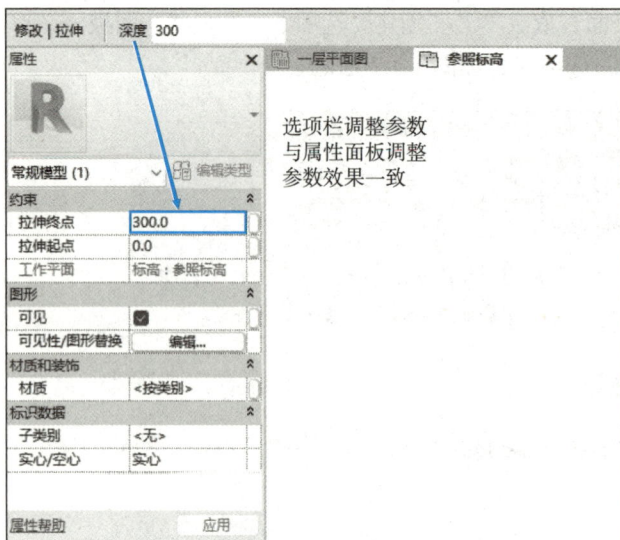

图 6.1.9　选项栏或属性面板修改参数

图 6.1.10　完成拉伸体创建

> **小知识**
>
> 　　拉伸命令的第一步是将视图调整到"参照标高"，Revit 是三维建模软件，拉伸命令需要首先绘制出二维轮廓，将二维轮廓绘制到三维空间的哪一个面，是需要明确的问题。因此，设置拉伸深度时，在属性栏里面，约束条件包括拉伸起点、拉伸终点。上述操作只修改了拉伸终点，起点值默认为 0。因此，在进行拉伸时要注意原点。

2）融合

　　融合是将两个平行平面上不同形状的端面进行融合建模，融合的要素包括平行且不在同一平面的两个封闭轮廓。因此"融合"工具适用于创建两端形状不相同的三维形状模型，也可以用于创建两端形状相同的三维形状模型。

　　项目实例：基于"公制常规模型"族样板，以底部圆半径为 500mm、顶部圆半径为 250mm，底面距顶面高度为 1000mm 的圆台为例，创建三维形状。

　　【步骤 1】依次单击"文件"选项卡→"新建"列表中→"族"，弹出"新族 – 选择样板文件"对话框，选择库中"公制常规模型"族样板，单击"打开"按钮。

　　【步骤 2】将视图切换至"参照标高"平面，依次单击"创建"选项卡→"形状"面板→"融合"按钮，如图 6.1.11 所示，切换到"修改 | 创建融合底部边界"选项卡。

　　【步骤 3】在"修改 | 创建融合底部边界"选项卡的"绘制"面板中选择适当的工具绘制融合几何体的截面草图。此案例选择"圆形"命令，以两条参照平面的交点为圆心，绘制一个半径为"500.0"的圆作为几何形状底部界面草图，完成后单击"模式"面板的"编辑顶部"按钮，进行切换，如图 6.1.12 所示。

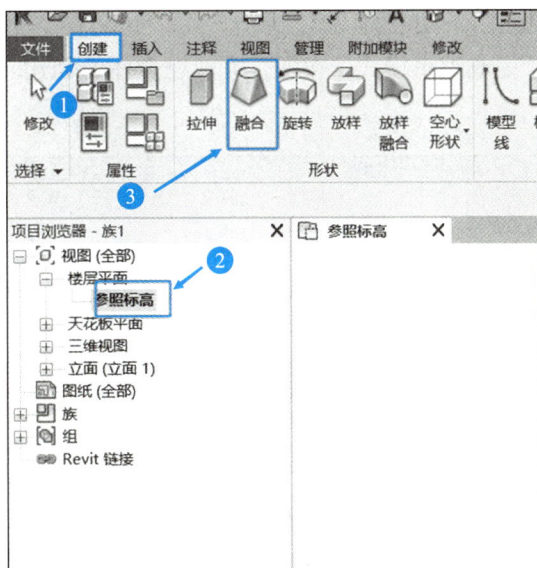

图 6.1.11　融合命令

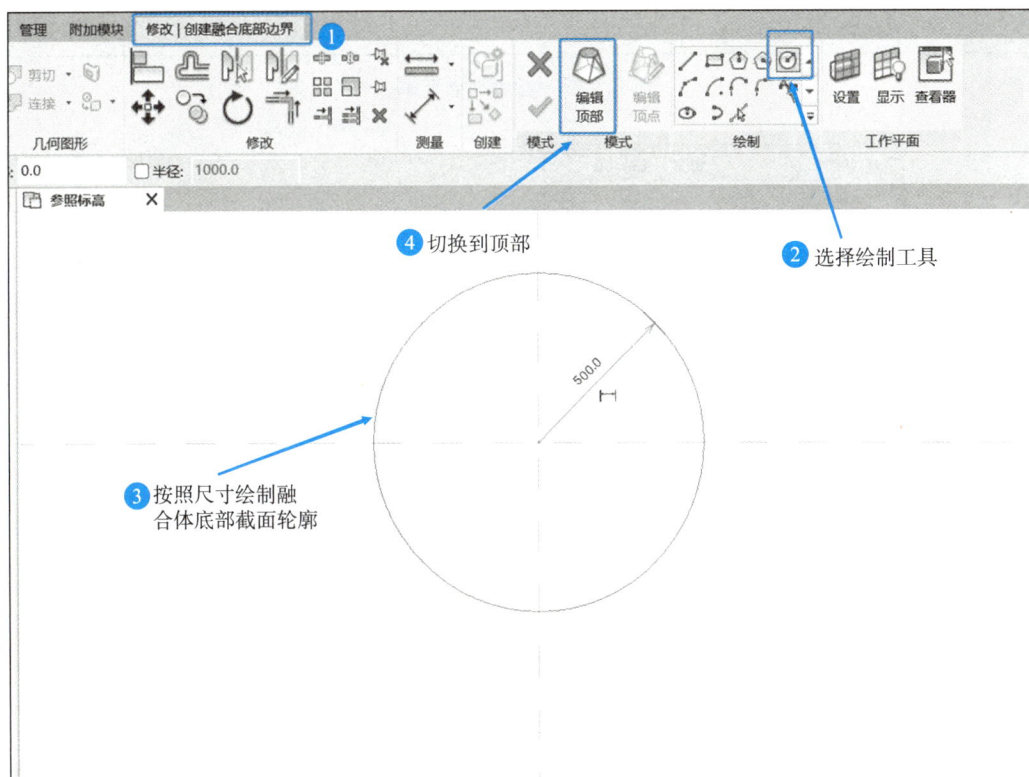

图 6.1.12　绘制融合体底面轮廓

【步骤 4】切换到顶部截面，选择"修改 | 创建融合顶部边界"选项卡→"绘制"面板→"圆形"命令，以两条参照平面的交点为圆心，绘制半径为"250.0"的圆，绘制几何形状顶部形状草图，设置选项栏参数"深度"为"1000.0"，如图 6.1.13 所示。或者调

整"属性"面板的"约束"条件中的"第二端点"为"1000.0",如图 6.1.14 所示。完成后单击"模式"面板"完成编辑模式"按钮,完成融合体的创建,三维效果如图 6.1.15 所示。

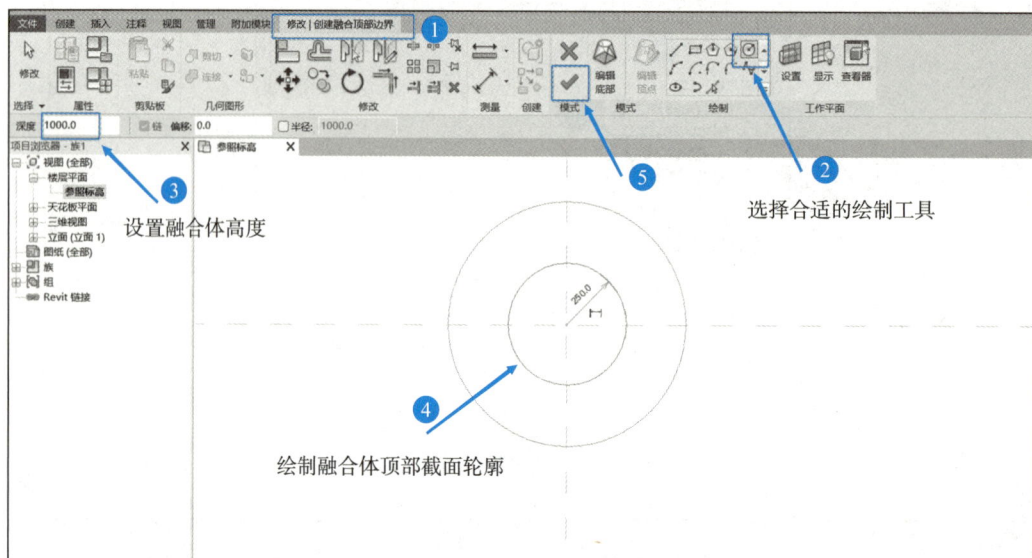

图 6.1.13　融合顶面轮廓

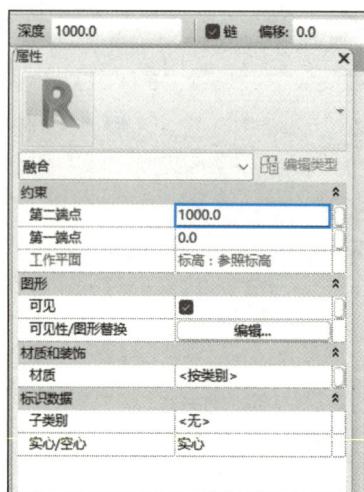

图 6.1.14　选项栏或属性面板参数

图 6.1.15　融合体创建

3）旋转

旋转的要素主要包括旋转轴和旋转边界,通过使用"旋转"工具可以使闭合轮廓绕旋转轴旋转一定角度生成三维模型。

项目实例:基于"公制常规模型"族样板,以半径为500mm的半球为例,创建三维形状。

【步骤1】依次单击"文件"选项卡→"新建"列表→"族",弹出"新族－选择样板文件"对话框，选择库中"公制常规模型"族样板，单击"打开"按钮。

【步骤 2】切换至"参照标高"平面视图，依次单击"创建"选项卡→"形状"面板→"旋转"工具，如图 6.1.16 所示，切换到"修改 | 创建 旋转"选项卡。

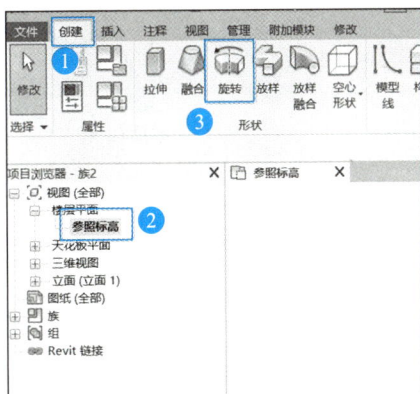

图 6.1.16　旋转命令

【步骤 3】在"修改 | 创建 旋转"选项卡→"绘制"面板中→"边界线"工具，绘制旋转体截面的轮廓。此案例选择"绘制"面板中的"圆心 – 端点弧"命令绘制半径为"500.0"的半弧形状，然后用"线"工具连接弧的起点和终点，形成一个闭合的半圆形状，如图 6.1.17 所示。

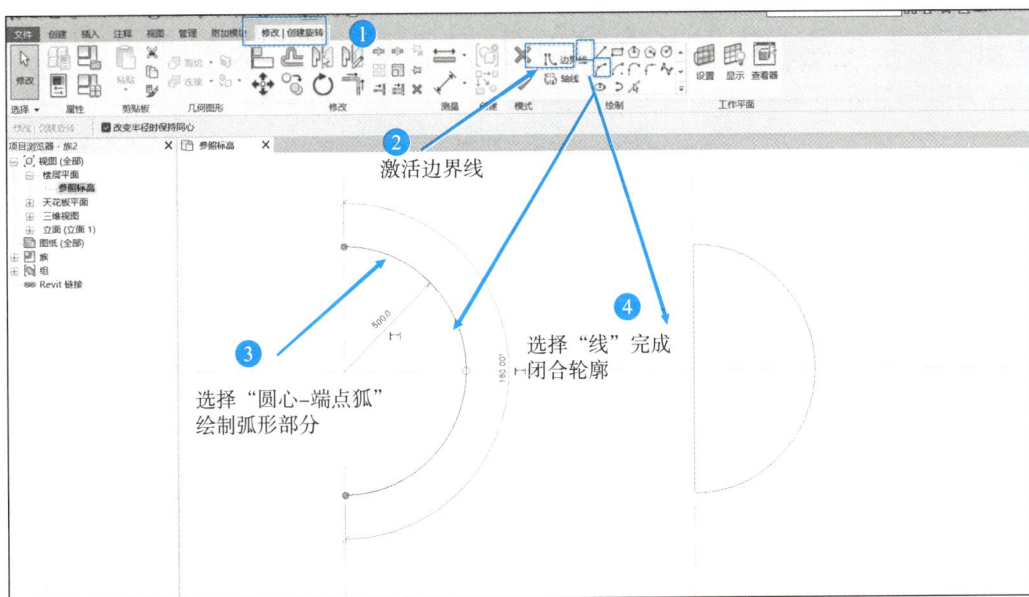

图 6.1.17　绘制旋转体的截面轮廓

【步骤 4】依次单击"修改 | 创建旋转"选项卡→"绘制"面板→"轴线"工具，选择"拾取线"命令，单击拾取垂直方向的参照平面作为旋转轴线（也可以直接使用"线 /"工具绘制旋转轴），如图 6.1.18 所示。

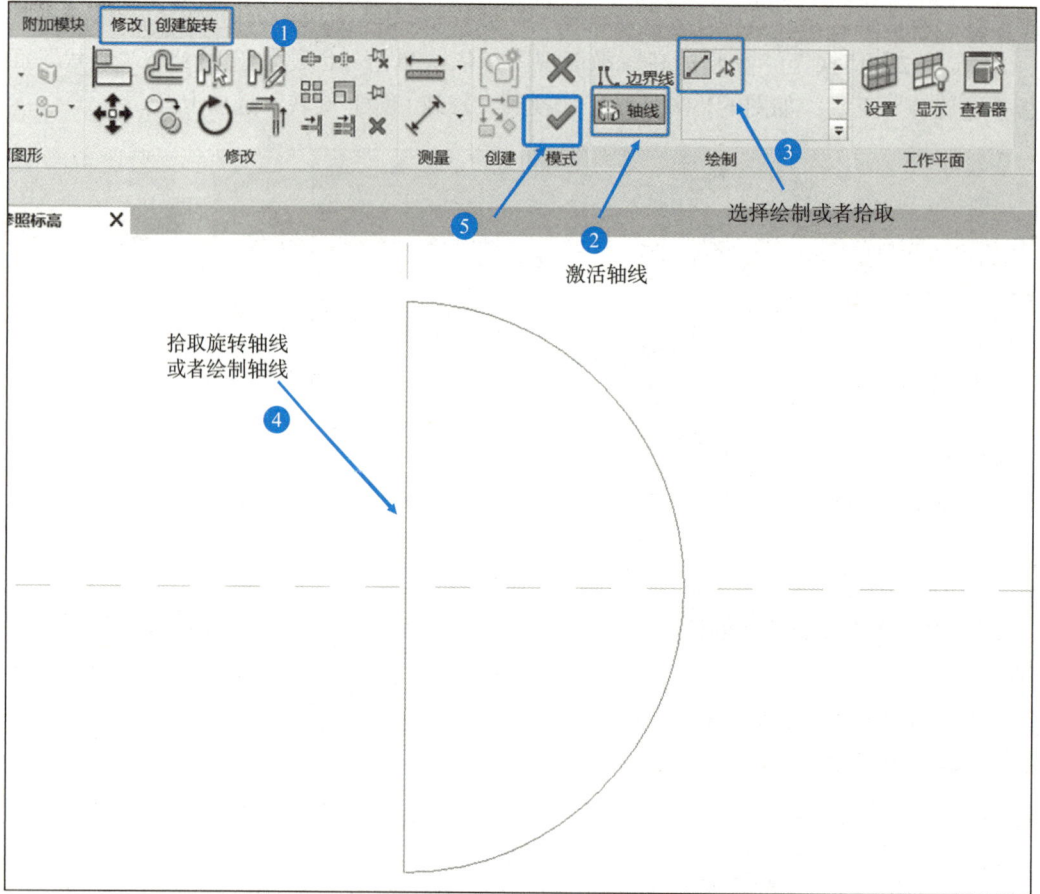

图 6.1.18　拾取旋转轴线

【步骤 5】在"属性"面板中设置旋转起始角度和结束角度，设置起始角度为"0.00°"，结束角度为"180.00°"，如图 6.1.19 所示。单击"模式"面板中的"完成编辑模式"按钮，完成旋转体的创建，三维效果如图 6.1.20 所示。

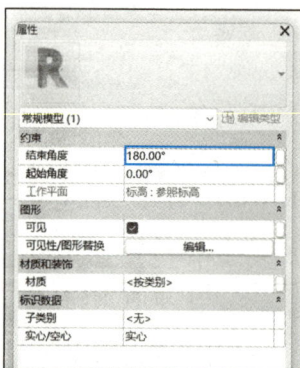

图 6.1.19　设置旋转角度

图 6.1.20　旋转体创建

4）放样

放样是通过闭合的平面轮廓按照连续的放样路径生成三维模型的建模方式。

项目实例：基于"公制常规模型"族样板，以外径 21mm，内径 15mm 的管子为例，创建三维形状。

【步骤 1】依次单击"文件"选项卡→"新建"列表→"族"，弹出"新族 – 选择样板文件"对话框，选择库中"公制常规模型"族样板，单击"打开"按钮。

【步骤 2】切换至"参照标高"平面，依次单击"创建"选项卡→"形状"面板→"放样"工具，切换到"修改 | 放样"选项卡，如图 6.1.21 所示。

【步骤 3】在"修改 | 放样"选项卡的"放样"面板中选择适当的工具，此案例中选择"绘制路径"命令，切换到路径创建工作界面，如图 6.1.22 所示。

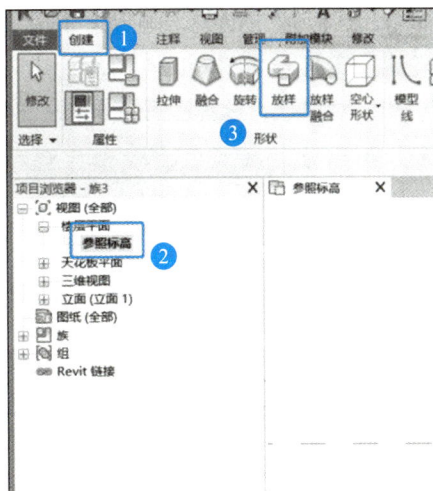

图 6.1.21　放样命令

图 6.1.22　放样面板

【步骤 4】在"修改 | 放样 > 绘制路径"选项卡"绘制"面板中选择适当的绘制工具，此案例选择"样条曲线"工具，绘制放样路径草图，绘制一条任意曲线，如图 6.1.23 所示，绘制完成后单击"模式"面板中的"完成编辑模式"按钮，切换回上一级"修改 | 放样"选项卡。

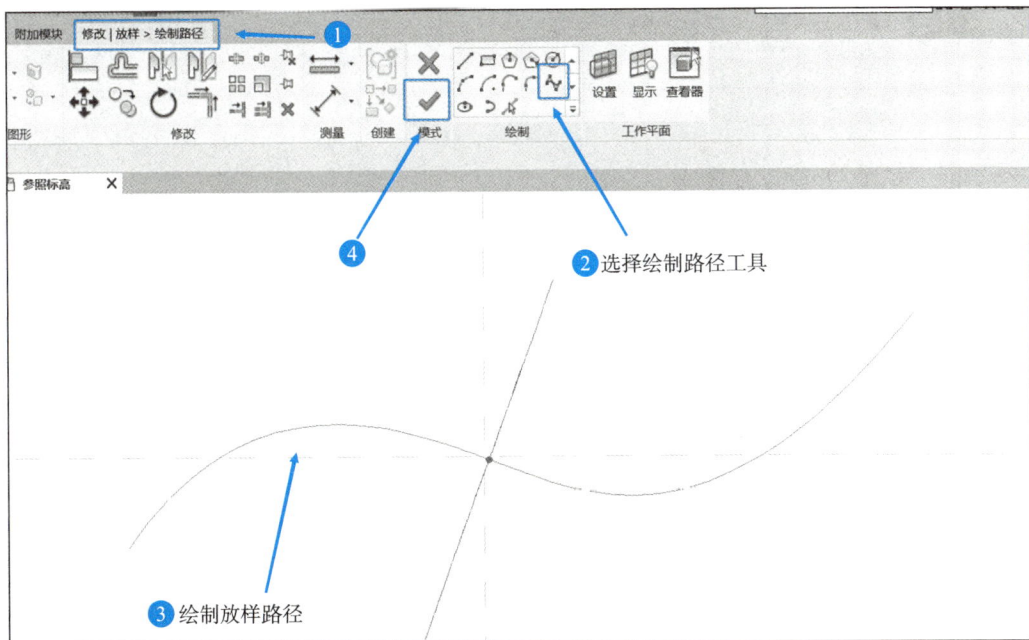

图 6.1.23　绘制放样路径

【步骤 5】创建放样轮廓。依次单击"修改 | 放样"选项卡→"放样"面板→"编辑轮廓"工具，如图 6.1.24 所示，进入放样轮廓编辑界面，可绘制轮廓草图。弹出"转到视图"对话框，选择"三维视图：视图 1"后单击"打开视图"，进入编辑轮廓界面。

图 6.1.24 编辑放样轮廓

【步骤 6】进入编辑轮廓界面后，将三维视图调整到一个比较合适的角度，选择合适的绘制工具，本案例使用"圆形"命令绘制两个圆，半径分别为 21mm 和 15mm，如图 6.1.25 所示。

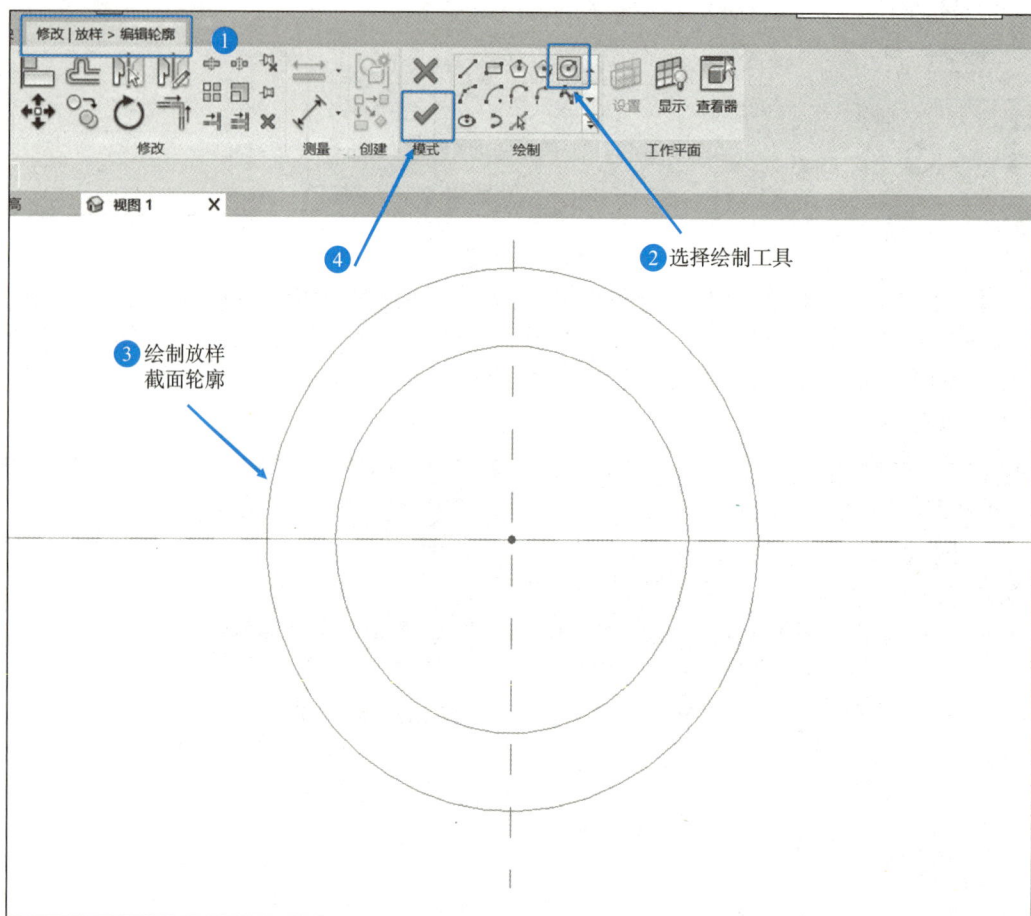

图 6.1.25 绘制放样轮廓

【步骤 7】单击"完成编辑模式"按钮，退回上一层选项卡"修改 | 放样"，再次单击"完成编辑模式"，完成放样几何形状的创建，如图 6.1.26 所示。

图 6.1.26　创建放样体

5）放样融合

放样融合结合了"放样"与"融合"的特点，可以将两个不在同一平面的形状按照指定的路径生成三维模型。

项目实例：基于"公制常规模型"族样板，创建一端为 100mm 半径的圆形，另一端为 200mm 半径的六边形的异形三维模型。

【步骤 1】打开"公制常规模型"族样板。

【步骤 2】切换至"参照标高"，依次单击"创建"选项卡→"形状"面板→"放样融合配"工具，如图 6.1.27 所示，切换到"修改 | 放样融合"选项卡，

【步骤 3】在"修改 | 放样融合"选项卡的"放样融合"面板中选择适当的工具，此案例中选择

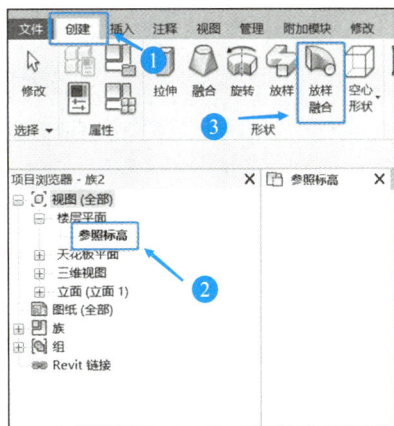

图 6.1.27　放样融合命令

"绘制路径"命令，切换到路径创建工作界面，在"修改 | 放样融合 > 绘制路径"选项卡的"绘制"面板中选择适当的绘制工具，此案例使用"起点 – 终点 – 半径弧"工具，绘制放样路径草图，如图 6.1.28 所示，绘制完成后单击"模式"面板中的"完成编辑模式"按钮，自动切换回上一级"修改 | 放样融合"选项卡。

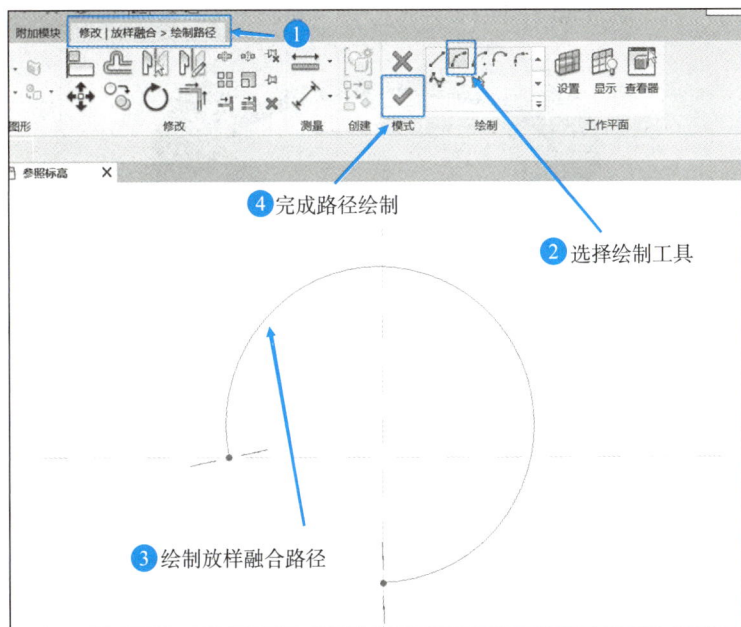

图 6.1.28　绘制放样融合路径

【步骤 4】依次单击"修改 | 放样融合"选项卡→"放样融合"面板→"编辑轮廓"工具，在弹出的"转换视图"对话框中选择合适的视图打开，进入编辑轮廓界面。将三维视图调整到一个比较合适的角度，使用"圆形"工具绘制一端的轮廓草图，使用"多边形"工具绘制另一端的六边形轮廓草图，如图 6.1.29 所示。

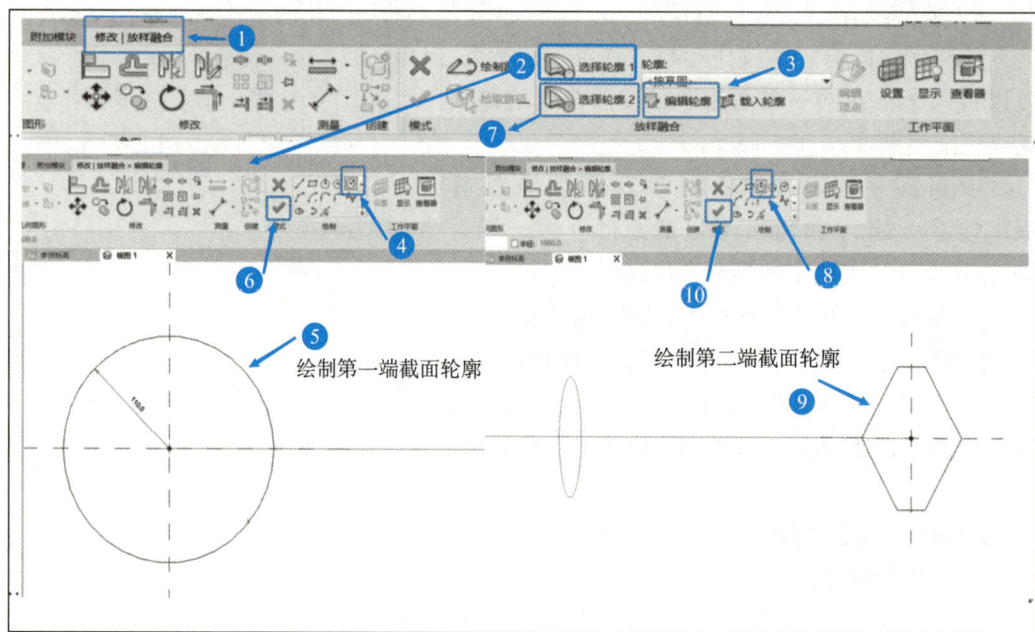

图 6.1.29　绘制两端轮廓

【步骤 5】单击"完成编辑模式"，退回上一层选项卡"修改 | 放样融合"，再次单击"完成编辑模式"按钮，完成放样几何形状的创建，如图 6.1.30 所示。

图 6.1.30　放样融合体创建

任务 6.2　定制化建模——概念体量

（1）主要考点：熟悉概念体量的概念、掌握概念体量的创建、掌握概念体量的基本应用。

（2）考核方式：理论考核 + 实操考核。

（3）学习任务可分为以下 3 项。

① 概念体量的概念和分类、可载入体量、内建体量。

② 概念体量的创建、概念设计环境、工具使用、修改调整。

③ 建筑构件转化、体量楼层的创建、基于体量的楼板、基于体量的幕墙系统、基于体量的屋顶、基于体量的墙体。

6.2.1　概念体量基础知识

概念体量与族有颇多相似之处，是一种特殊的族，但其运用多在项目概念设计阶段。Revit 通过提供概念设计环境，帮助设计师进行自由形状建模和参数化设计，并进行设计分析。相较于参数化族，概念体量尺寸更大，通常用于较大模型的创建，如一栋建筑物；而参数化族更多的是做构件，如柱、门、窗等。族创建形状的工具为拉伸、放样、融合、旋转、放样融合以及对应的空心工具。体量创建为基于点、线、面创建实心或空心形状，族能创建的模型，体量同样能创建，并且体量能创建更为复杂的模型。

1. 体量的概念

在现代建筑当中，我们发现有越来越多的形状自由、造型复杂的异形建筑，例如著名的"国家体育场""国家游泳中心""中央电视台总部大楼""苏州东方之门"等，异形建筑不仅实现设计师的理念，也成为城市的一张名片。

建筑体量是指建筑物在空间上的体积，包括建筑的长度、宽度、高度。建筑体量一般从建筑竖向尺度、建筑横向尺度和建筑形体三方面提出控制引导要求。概念体量设计需要在概念体量设计环境下完成，Revit 提供的概念设计环境是为了创建概念体量而开发的一个操作界面，专门用来创建概念体量，帮助建筑设计师在项目概念设计阶段创建自由的三维建筑形状、满足设计师对建筑外形轮廓的灵活要求，并可以编辑创建的形状、处理编辑形状表面、根据创建出的异形体量，生成体量楼层，将体量的面转化为建筑构件，完成对建筑的概念设计。

2. 体量的分类

概念设计环境其实是一种族编辑器，与族相似，Revit 提供两种概念体量创建方式：内建体量和可载入体量。

1）内建体量

内建体量需要在项目中创建，类似于内建族，在当前项目中使用。

2）可载入体量

可载入体量可以在项目外单独创建，后缀名为 .rfa，在一个项目中放置体量的多个实例或者在多个项目中使用体量族时，通常使用可载入体量族。

6.2.2　概念体量的创建

概念体量设计需要在概念体量设计环境下完成，概念体量设计环境其实是一种族编辑器，与族编辑器相类似，因此在创建体量的时候很多工具和族编辑相同。

概念体量的创建更灵活，形体的创建过程主要包括两步，先在"绘制"面板中选择合适的绘制工具创建草图，然后根据所绘制的草图运用"创建形状"命令生成实心或空心形状，如图 6.2.1 和图 6.2.2 所示。

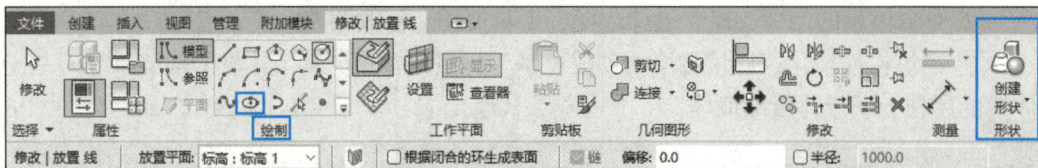

图 6.2.1　绘制创建形状

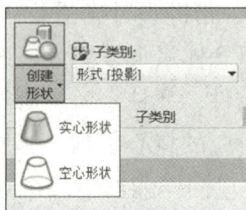

图 6.2.2　实心形状和空心形状

三维形象的创建可以选择"实心形状"或"空心形状"。这两种形状可以通过实例属性相互转换，空心形状几何图形的作用为剪切实心几何图形。

1. 概念体量创建工具

概念体量使用模型线和参照线两种形式创建草图，两种形式创建草图过程相同，但所创建的草图在图形样式及修改行为方面有区别。

基于模型线的图形显示为实线，可直接编辑边、表面和顶点，且无须依赖参照形状或参照类型。基于参照线的图形显示线为虚线参照平面，只能通过编辑参照图元来进行编辑，依赖于其他参照，其依赖的参照发生变化时，基于参照创建的形状也会随之发生改变。

2. 概念体量设计环境

概念体量形体的创建是由线生成面，由面生成体的过程。体量没有"拉伸""旋转"等工具，但是可以用不同平面的草图线生成更加复杂的形体。体量依然借助"族"工具进行形体创建，但是各种工具比族工具更为灵活，且生成形体后，形体的点、线、面、整体均可再编辑。

打开概念设计环境的方法有两种。

（1）方法一是在初始启动界面中，单击"文件"选项卡，在"新建"选项面板中选择"概念体量"命令，打开"新概念体量 - 选择样板文件"对话框，选择"公制体量"，这是一个族样板文件，后缀名为 *.rft，单击"打开"按钮，如图 6.2.3 所示，将以公制体量为模板创建一个新概念体量，进入概念设计环境。

（2）方法二是在 Revit 初始启动界面中，单击"新建概念体量"，如图 6.2.4 所示，以公制体量为模板创建一个新概念体量，进入概念设计环境。

图 6.2.3　通过文件管理打开概念体量

图 6.2.4　新建概念体量

3. 常见概念体量的形式创建

1) 拉伸形状

(1) 绘制草图。依次单击"创建"选项卡→"绘制"面板→"模型"按钮,切换到"修改 | 放置 线"选项卡,选择所需的绘制工具,例如选择"圆形"工具绘制圆的草图,不勾选选项栏中"根据闭合的环生成表面",如图 6.2.5 所示,根据需要的尺寸在参照平面上绘制闭合的轮廓,如图 6.2.6 所示。

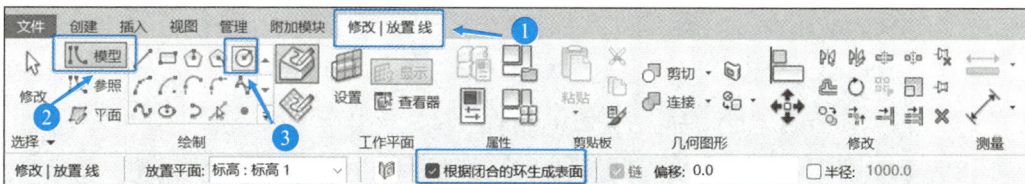

图 6.2.5　绘制草图轮廓

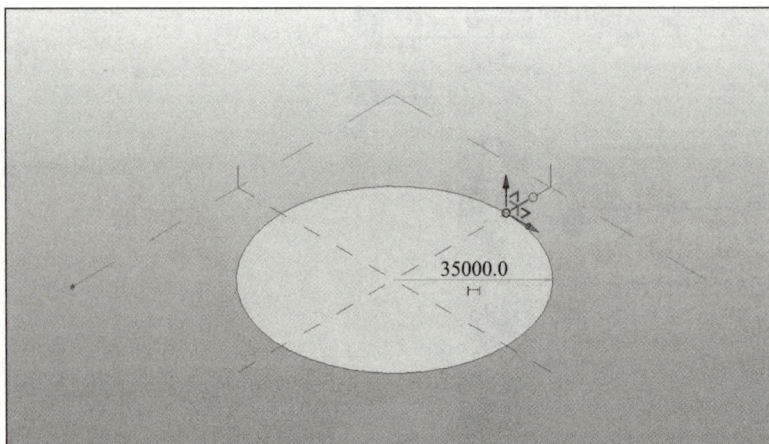

图 6.2.6　草图轮廓

（2）创建形状。依次单击"修改 | 放置 线"选项卡→"形状"面板→"创建形状"下拉箭头→"实心形状"，如图 6.2.7 所示。

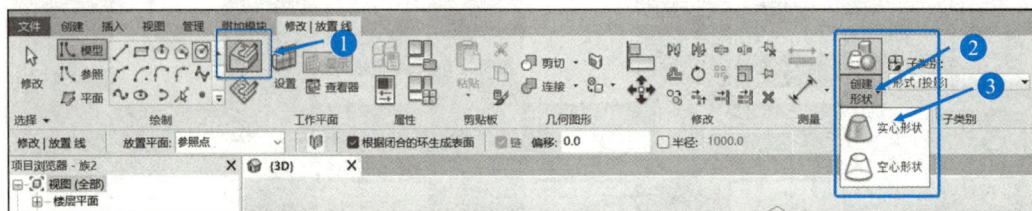

图 6.2.7　创建形状

草图轮廓为圆，模型线只能生成三维实体，可能的三维实体包括旋转而成的球体和拉伸形成的圆柱体，软件会提示进行选择，如图 6.2.8 所示，根据需要进行选择即可此处选择单击圆柱，生成体量。

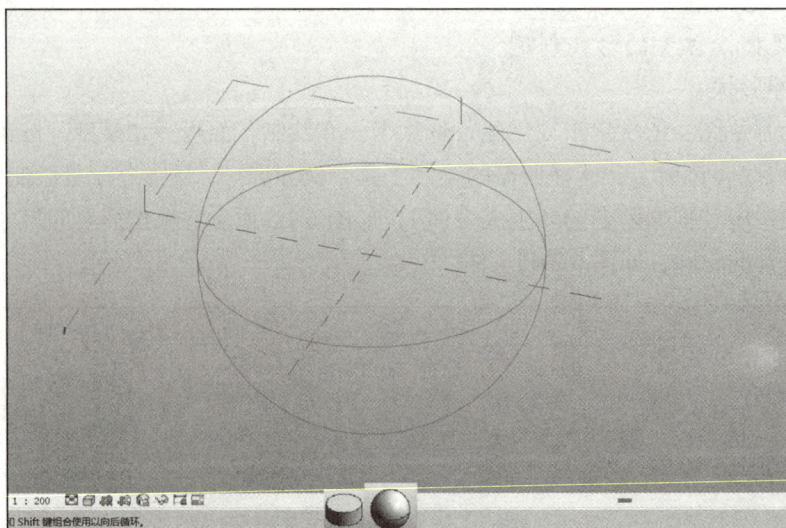

图 6.2.8　三维实体选择

小知识

　　绘制的草图为线或者闭合环，如果在选项栏中勾选"根据闭合的环生成表面"复选框，绘制的草图会自动形成面。此例在开始绘制草图时如果勾选"根据闭合的环生成表面"，则会直接生成圆柱体，因为绘制圆形草图时 Revit 已经自动生成了圆形的平面，所以不能再旋转成圆。

　　（3）调整拉伸形状。直接拉动三维实体上的拉伸箭头或者直接输入数据，可以对生成的实体三维形状进行调整，如图 6.2.9 所示。

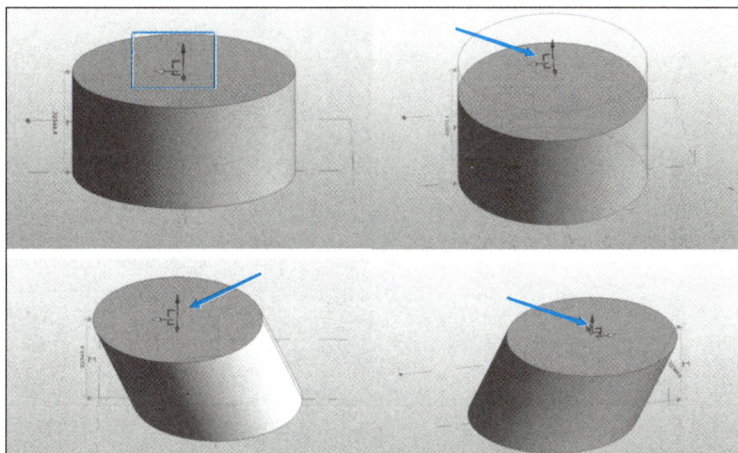

图 6.2.9　调整拉伸形状

　　（4）再次编辑。拉伸完成后，可以选择形体的点、线、面、体，进行再次编辑。在选择对象时，按 Tab 键，可以对选择对象进行切换。例如，修改拉伸体顶面半径拉伸体可以修改成为融合体，如图 6.2.10 所示。

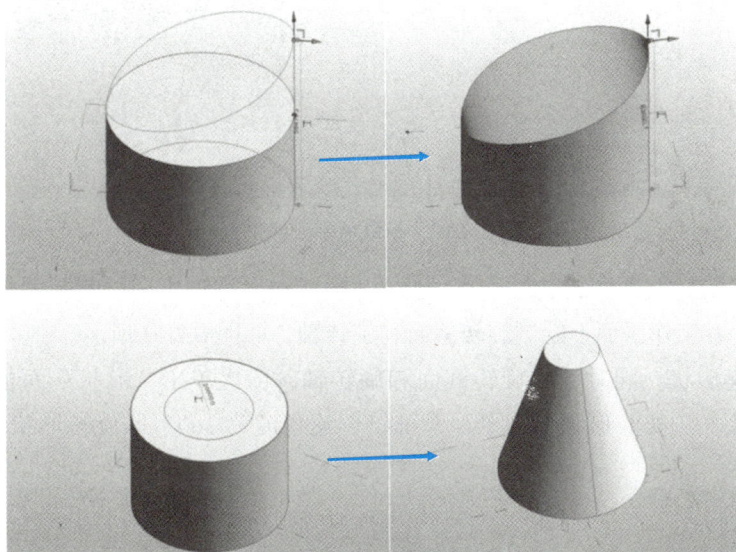

图 6.2.10　再次编辑

2）旋转形状

（1）显示工作平面。为便于清晰表达，方便绘制，可以让工作平面显示出来。依次单击"创建"选项卡→"工作平面"面板→"显示"工具，拾取相关面作为工作平面，使工作平面显示，如图 6.2.11 所示。

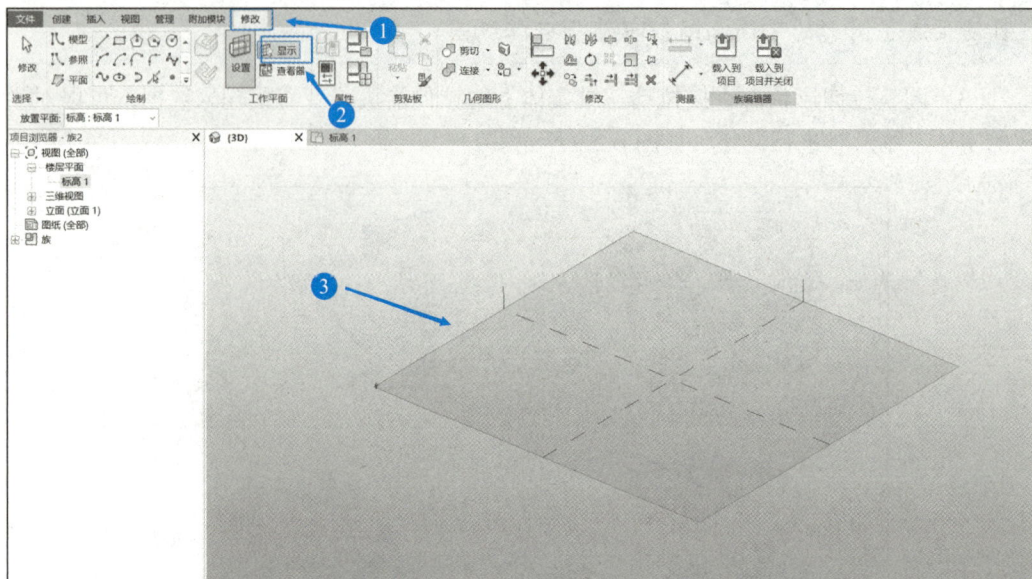

图 6.2.11　显示工作平面

为能够清楚看见旋转体量生成的步骤，可以单击拾取"参照平面：参照平面：中心（前 / 后）"，此时选中的参照平面将会显示出来，方便后面的操作，如图 6.2.12 所示。

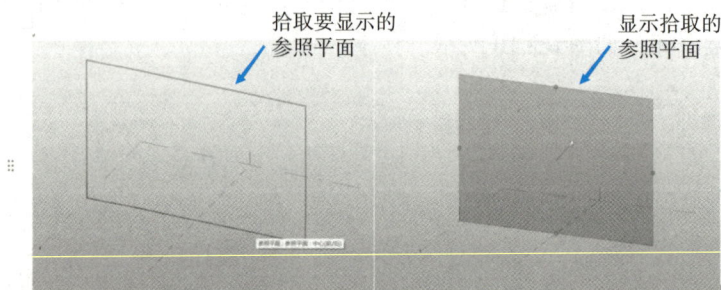

图 6.2.12　拾取显示工作平面

（2）绘制旋转截面和旋转轴。在"修改 | 放置线"选项卡"绘制"面板中选择所需的绘制工具，在工作平面上绘制旋转截面和旋转轴，如图 6.2.13 所示。

（3）创建形状。同时选中旋转截面和旋转轴，依次单击"形状"面板→"创建形状"下拉箭头→"实心形状"命令，系统将创建角度为 360° 的旋转形状，如图 6.2.14 所示。

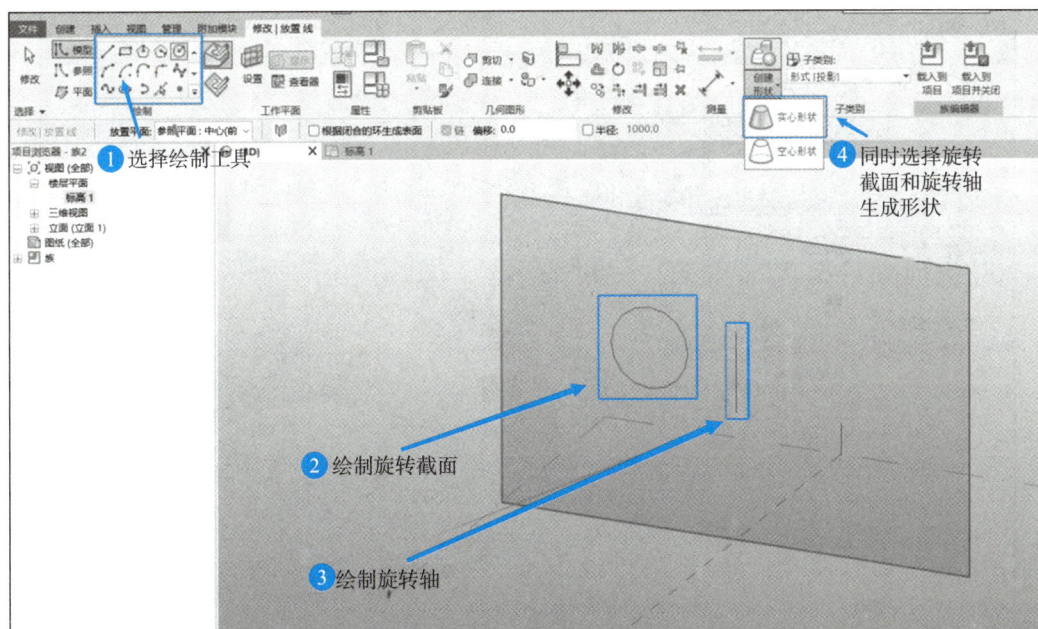

图 6.2.13　绘制旋转截面和旋转轴

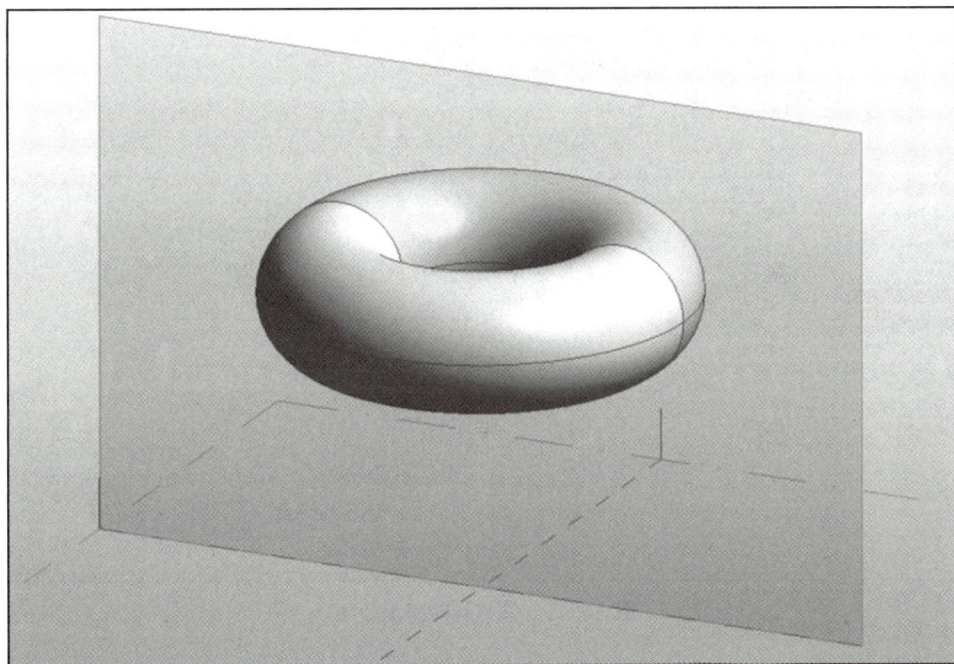

图 6.2.14　旋转三维实体

（4）设置旋转属性。完成实体创建后，可以根据需要选择旋转形状，在"属性"面板中调整旋转角度，可对旋转体进行旋转角度调整，效果如图 6.2.15 所示。

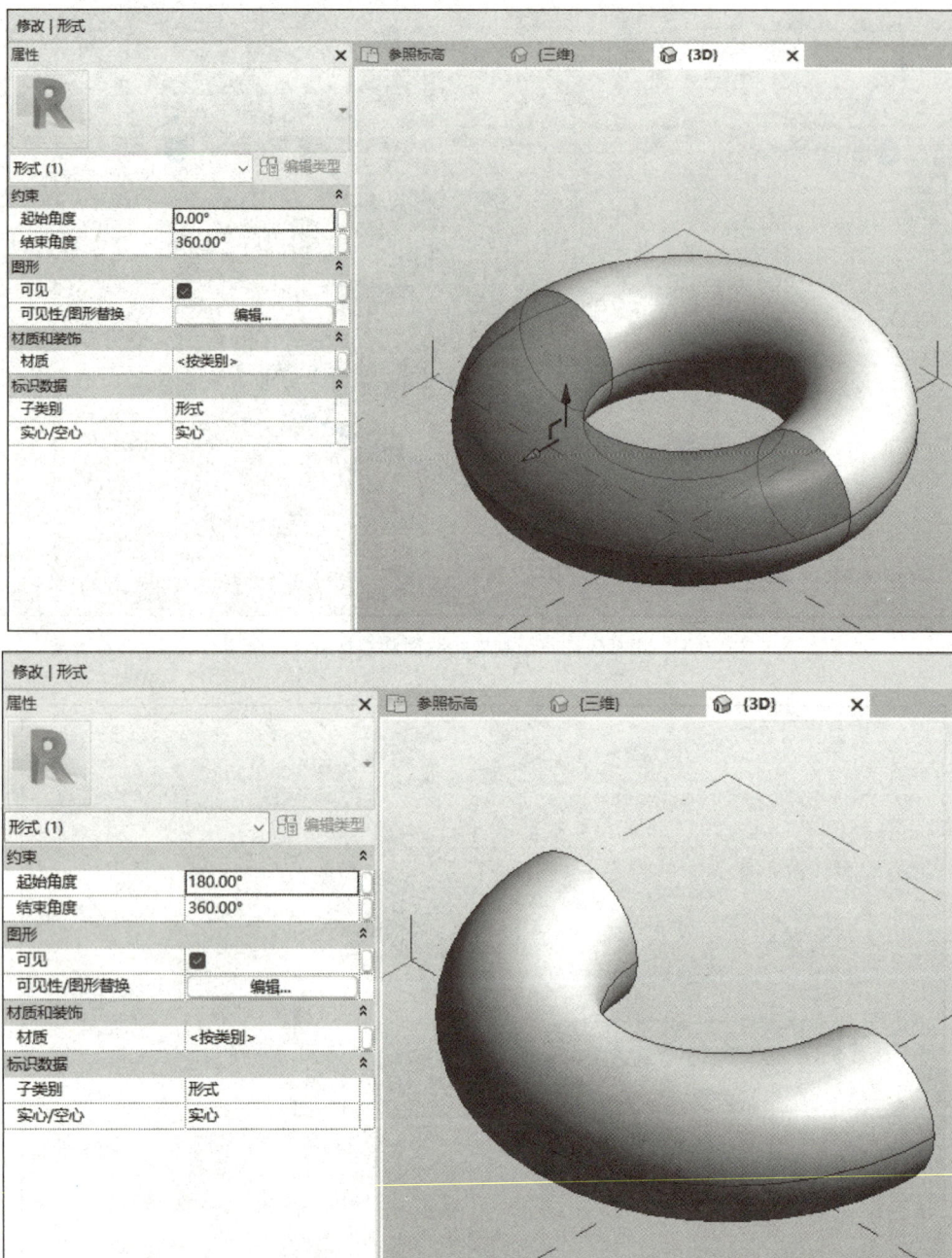

图 6.2.15　调整旋转角度效果

3）融合形状

（1）创建新工作平面。融合体需要两个截面轮廓，因此需要有两个平行的工作平面。依次单击"创建"选项卡→"绘制"面板→"平面"工具，进入"修改 | 放置 参照平面"选项卡中，在"项目浏览器"中双击切换到任意一个立面，绘制新的工作平面，如图 6.2.16 所示。切换到三维视图观察，已经多出一个新的工作平面，如图 6.2.17 所示。

图 6.2.16　创建新工作平面

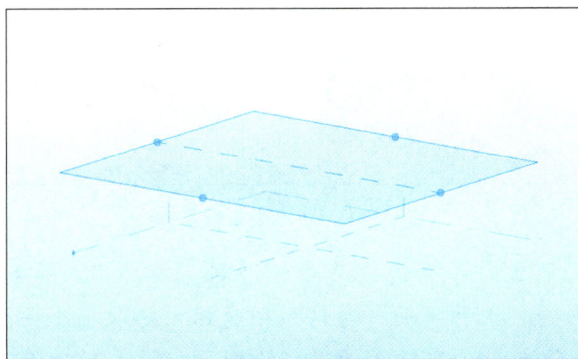

图 6.2.17　多出的工作平面

（2）绘制截面。分别在两个平行的工作平面上绘制融合体的上、下两个截面，如图 6.2.18 所示。

图 6.2.18　绘制融合截面

小知识

为了方便在工作平面上绘制截面，可以利用"查看器"进行精准绘制。选择工作平面后单击"工作平面"面板的"查看器"，可以打开查看器，选择绘制工具后在查看器中的工作平面进行绘制即可，如图 6.2.19 所示。

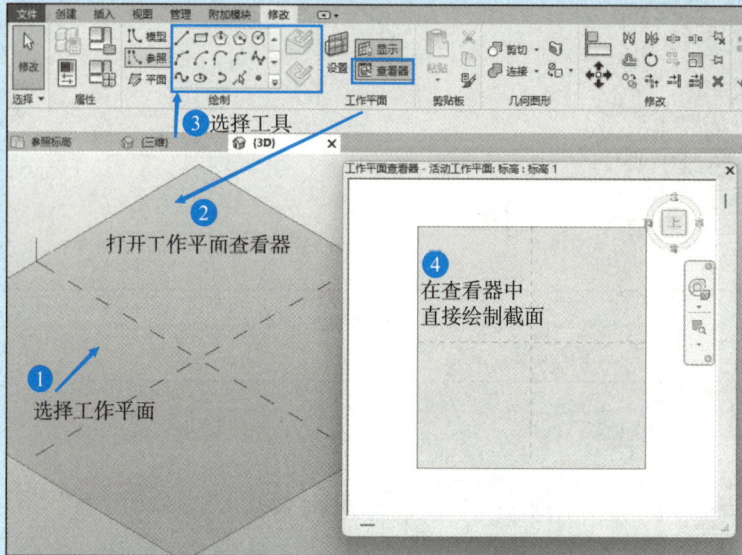

图 6.2.19　工作平面查看器

也可以直接拾取工作平面进行截面的绘制，单击"工作平面"面板的"设置"工具，在弹出的"工作平面"对话框中选择"拾取一个平面"，单击要绘制截面的工作平面，即可切换到该平面进行绘制，如图 6.2.20 所示。

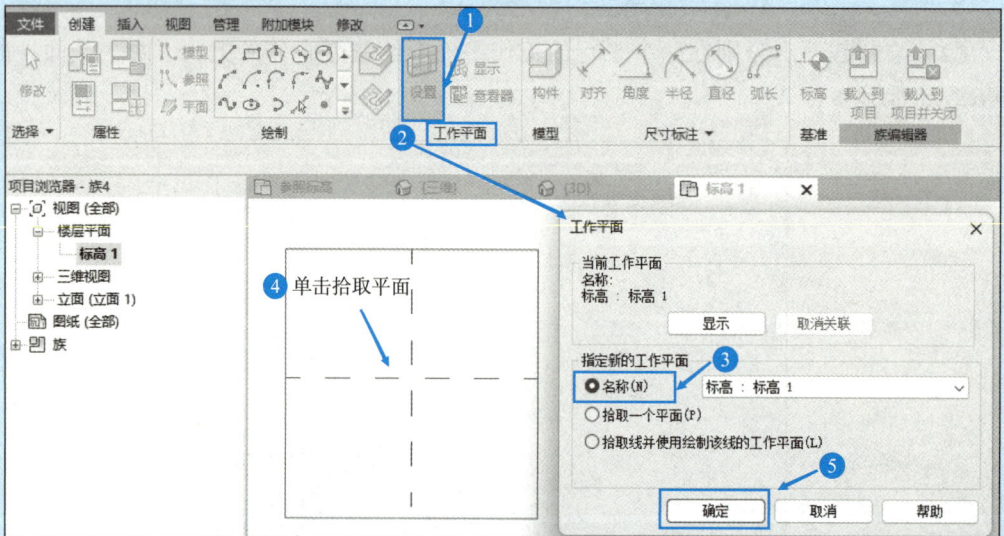

图 6.2.20　拾取设置工作平面

（3）创建融合形状。同时选中两个截面草图，依次单击"修改 | 线"选项卡→"形状"面板→"创建形状"命令，完成如图 6.2.21 所示的融合形状创建。

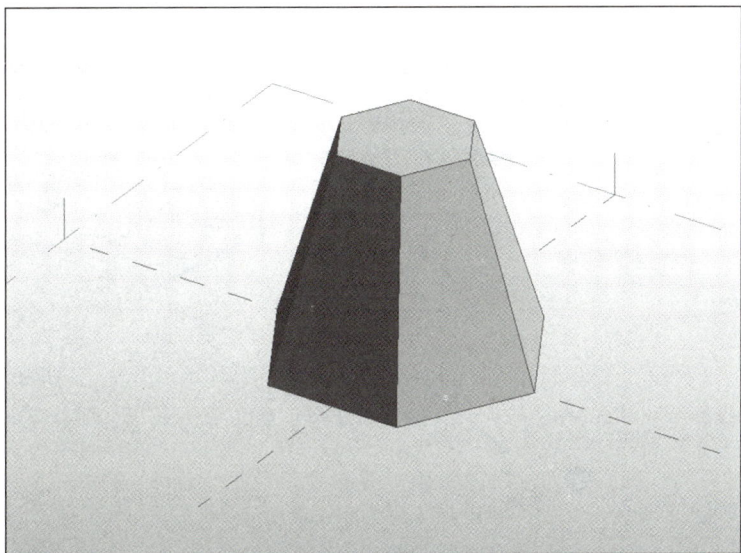

图 6.2.21　生成融合形状

（4）再次编辑。拉伸完成后，可以选择形体的点、线、面、体，进行再次编辑。

4）放样形状

（1）设置放样路径工作平面。单击拾取"参照平面：参照平面：中心（前 / 后）"，依次单击"修改 | 参照平面"选项卡→"工作平面"面板→"显示"工具，让工作平面显示。

（2）绘制放样路径。选择"绘制"面板中的"样条曲线"命令，在工作平面上绘制一条曲线，如图 6.2.22 所示。

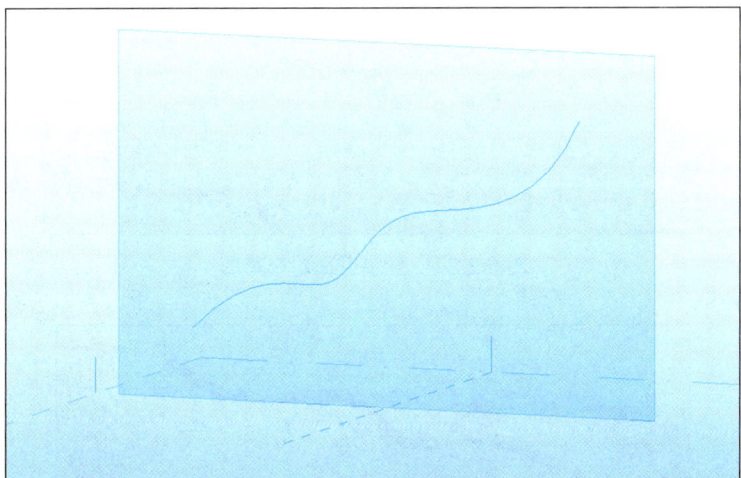

图 6.2.22　绘制放样路径

（3）设置放样截面工作平面。选中已经绘制完的路径，单击"工作平面"面板的

"设置"命令，再单击要绘制放样截面的点，如图 6.2.23 所示。

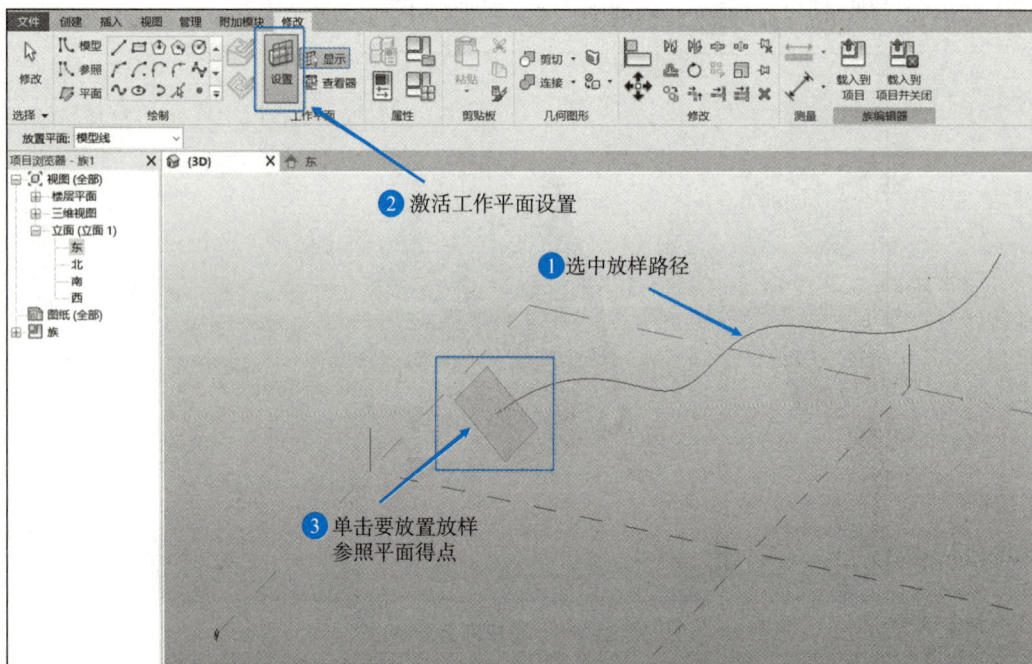

图 6.2.23　设置放样截面工作平面

（4）绘制截面。在截面工作平面上根据需要绘制出截面轮廓草图，如图 6.2.24 所示。

（5）创建放样形状。同时选中路径和绘制的截面草图，依次单击"修改|线"选项卡→"形状"面板→"创建形状"工具，完成放样形状的创建，三维效果如图 6.2.25 所示。

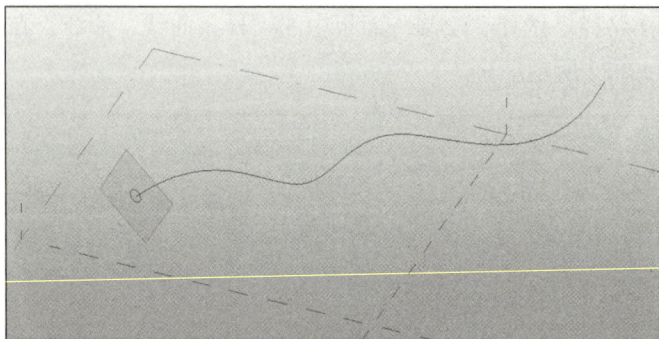

图 6.2.24　绘制截面轮廓草图

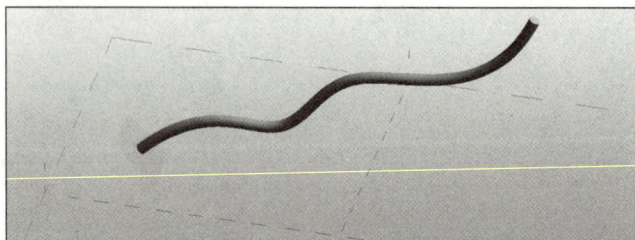

图 6.2.25　完成放样形状

（6）多截面放样。在上述放样形体的创建过程中，通过"修改|线"选项卡→"绘制"面板→"点图元"工具，在放样路径上添加点，如图 6.2.26 所示，形成多个可编辑截面，如图 6.2.27 所示，可以创建较"放样融合"更加复杂的图形，三维效果如图 6.2.28 所示。

图 6.2.26　添加路径上的控制点

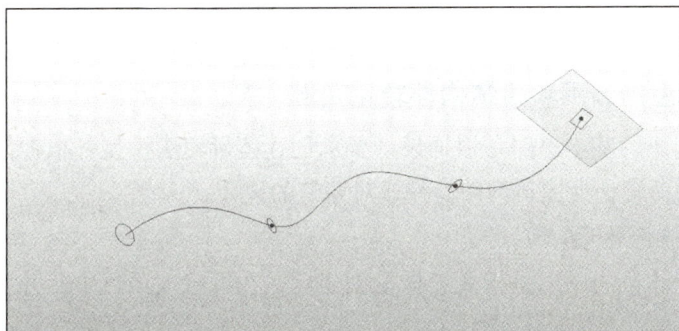

图 6.2.27　放样路径上添加多个截面

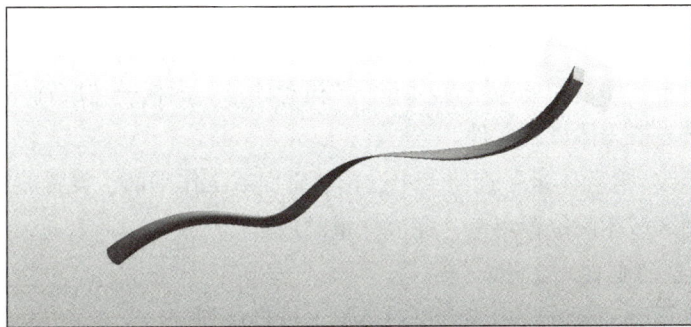

图 6.2.28　多个截面的放样

4. 概念体量的修改和调整

1）透视模式

在概念设计环境中，透视模式将形状显示为透明，显示其路径、轮廓和系统生成的引导。通过透视模式可选择形状图元的特定部分进行操作，调整体量形式。透视模式显示形状的可编辑图元包括轮廓、路径、轴线、各控制节点。

（1）透视模式的启用。选择已经创建的体量，依次单击功能区"修改|形式"选项卡→"形状图元"面板→"透视"工具，再次执行上述命令可退出透视模式。

（2）透视模式的运用。进入透视模式后，可以为形体"添加边""添加轮廓"和"融合形状"。

边是概念体量图形基本组成形式，在概念设计环境中，可通过为体量形式添加边，形成控制形式形状的关键节点。

轮廓是概念体量图形基本组成形状，在概念设计环境中，可通过为体量形式添加轮廓，形成控制形式形状的关键节点。生成的轮廓平行于形状的初始轮廓，垂直于拉伸的轨迹中心线。

在概念设计中，通过融合形状可删除当前体量形状，只保留相关曲线，以便通过修改后的曲线重建体量形状。

2）布尔运算

通过实心剪切几何图形，对相交形状进行布尔运算，可剪去另一形状与现有形状的公共部分。

6.2.3 概念体量的调用和建筑构件转化实例

概念体量创建的基本思路是根据设计要求创建体量轮廓模型，根据体量生成体量楼层，再将体量的面转化为建筑构件，完成对建筑的设计。

1. 项目中概念体量的调用

项目中概念体量的调用是指概念体量创建后，在可载入项目中，并基于概念体量创建建筑构件。

（1）新建 Revit 项目文件。

（2）载入概念体量族文件。

（3）将视图切换至相关楼层平面。

（4）依次单击"体量和场地"选项卡→"概念体量"面板→"放置体量"工具。

（5）选择载入概念体量族文件。

（6）在"修改|放置体量"选项卡中选择放置面或工作平面，设置放置面。

（7）在绘图区域相应位置单击，完成体量的放置。

2. 体量楼层的创建

概念体量放置后，通过该功能，可对体量进行楼层划分。

（1）创建相关项目标高。

（2）选择项目中已放置的体量。

（3）依次单击"修改|体量"选项卡→"模型"面板→"体量楼层"工具。

（4）在"体量楼层"对话框中选择需要进行楼层划分的标高后单击"确定"按钮，完成体量楼层的创建。

3. 体量楼层的相关统计

通过该功能对体量楼层进行相关统计，在概念阶段为设计提供相关数据。

（1）依次单击"视图"选项卡→"创建"面板→"明细表"，选择"明细表/数量"，弹出"新建明细表"对话框。

（2）在"类别"栏选择"体量楼层"，切换到"明细表属性"对话框。

（3）在"明细表属性"对话框中选择需要统计的相关字段，其他设置详见明细表内容介绍。

（4）单击"确定"按钮完成统计工作。

4．基于体量的楼板

体量楼层创建完成后，通过该功能可以为体量楼层增加楼板。

（1）依次单击"体量和场地"选项卡→"面模型"面板→"楼板"工具。

（2）在"属性"面板中的"实例属性类型选择器"中选择需要添加的楼板类型。

（3）在"修改|放置楼板"选项卡中选择"选择多个"选项。

（4）选择需要添加楼板的体量楼层。

（5）在"修改|放面楼板"选项卡中执行"创建楼板"命令，完成楼板的生成。

5．基于体量的幕墙系统

通过该功能可将体量形状表面转化为幕墙系统。

（1）依次单击"体量和场地"选项卡→"面模型"面板→"幕墙系统"。

（2）在幕墙系统实例属性类型选择器中选择相应类型，并设置好相关参数。

（3）在"修改|放置面幕墙系统"选项卡中，选择"选择多个"选项。

（4）拾取体量相关表面。

（5）在"修改|放置面幕墙系统"选项卡中，执行"创建系统"命令，完成幕墙系统的创建。

6．基于体量的屋顶

通过该功能可将体量形状表面转化为建筑屋顶。

（1）依次单击"体量和场地"选项卡→"面模型"面板→"屋顶"工具。

（2）在屋顶实例属性类型选择器中选择相应类型，并设置好相关参数。

（3）在"修改|放置面屋顶"选项卡中，选择"选择多个"选项。

（4）拾取体量相关表面。

（5）在"修改|放置面屋顶"选项卡中，执行"创建屋顶"命令，完成面屋顶的创建。

7．基于体量的墙体

通过该功能可将体量形状表面转化为建筑墙面。

（1）依次单击"体量和场地"选项卡→"面模型"面板→"墙"命令。

（2）在墙实例属性类型选择器中选择相应类型，并设置好相关参数。

（3）设置选项栏相关参数，注意定位线设置。

（4）拾取体量相关表面自动生成墙面。

项目实例：按照要求创建图 6.2.29 模型：①墙面为厚度 200mm 的"常规 –200mm"，定位线为"核心层中心线"；②幕墙系统为网格布局 600mm×1000mm（即横向网格间距为 600mm，竖向网格间距为 1000mm），网格上均设置竖梃，竖梃均为圆形竖梃，半径 50mm；③屋顶为厚度 400mm 的"常规 –400mm"屋顶；④楼板为厚度 150mm 的"常规 –150mm"楼板，标高 1 至标高 6 上均设置楼板，如图 6.2.29 所示。

请将该模型以"体量楼层＋考生姓名"为文件名保存至考生文件夹中。

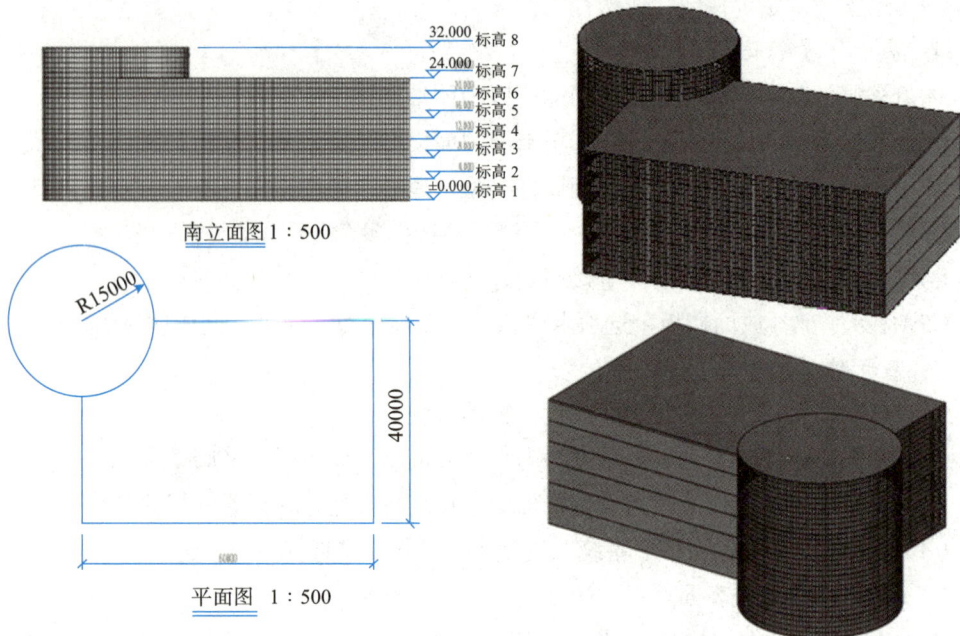

图 6.2.29　试题图纸

分析思路：该模型为一整栋建筑的建模，因此适用于概念体量创建。该模型由两个部分组成，包括长方体和圆柱体，标高不一致，部分重叠。因此两个形体采用拉伸方式，分别绘制，重叠部分使用"连接"命令。体量部分可以采用可载入体量的方式创建，也可以选择内建体量的方式创建。

体量完成后载入项目中，进行建筑构件的转化。

1）创建可载入体量

（1）创建长方体体量部分。

【步骤 1】以"公制体量"为模板，新建体量，进入概念体量设计环境。将视图切换至"标高 1"平面视图，依次单击"创建"选项卡→"绘制"面板→"平面"工具，切换到"修改 | 放置参照平面"选项卡，选择"线"工具，根据图纸尺寸，绘制四个参照平面作为绘制矩形截面的辅助线，如图 6.2.30 所示。

【步骤 2】绘制完参照平面后，单击"绘制"面板→"模型"工具，切换进入"修改 | 放置 线"选项卡中，选择"矩形"绘制工具按钮，沿辅助线绘制体量截面的矩形形状，如图 6.2.31 所示。

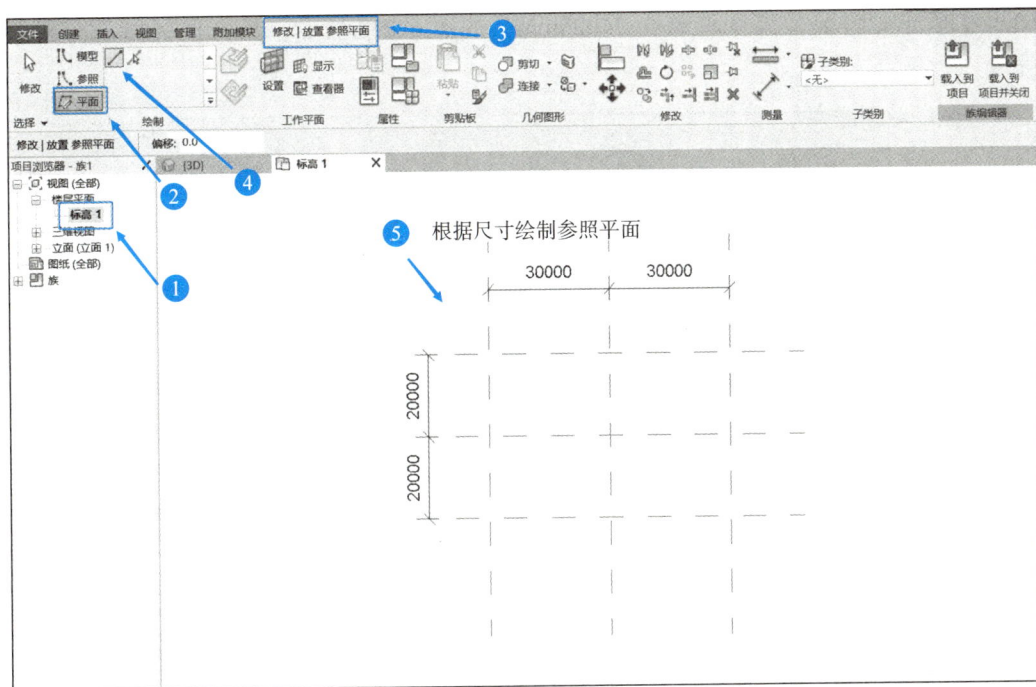

图 6.2.30　绘制参照平面

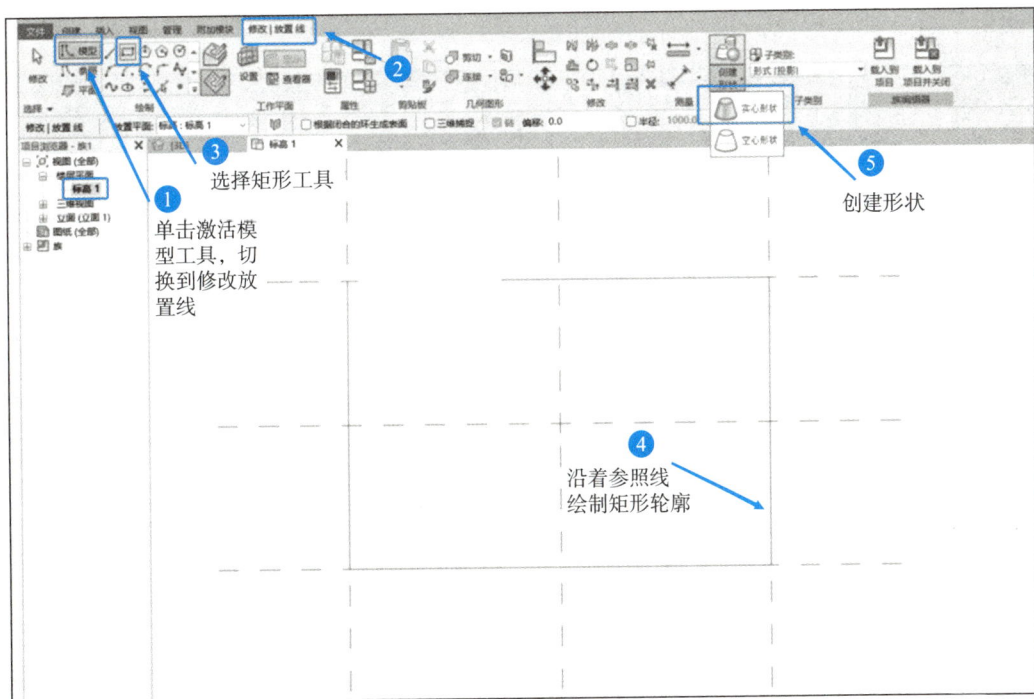

图 6.2.31　绘制矩形拉伸平面

【步骤 3】依次单击"修改 | 放置 线"选项卡→"形状"面板→"创建形状"下拉箭头→"实心形状",完成矩形拉伸体。切换进入三维视图,选中拉伸体,根据立面

图尺寸信息,将拉伸高度调整为 24000mm,如图 6.2.32 所示,长方体体量部分创建完成。

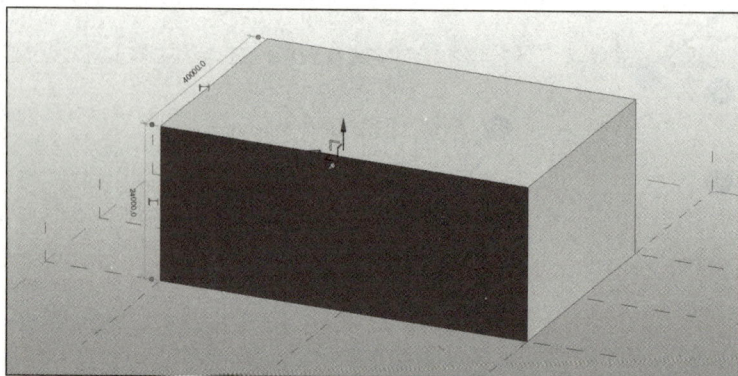

图 6.2.32　修改拉伸高度

(2)创建圆柱形体量部分。

【步骤 1】将视图切换至"标高 1",选择"绘制"面板中的"圆形"绘制工具,切换到"修改 | 放置 线"选项卡,确定"选项栏"中"放置平面"为"标高:标高 1",以矩形左上角点为圆心,根据图纸绘制半径为 15000mm 的圆,如图 6.2.33 所示,单击"创建形状"的"实心形状",弹出圆柱和球体两个选择,选择圆柱,完成拉伸体创建。

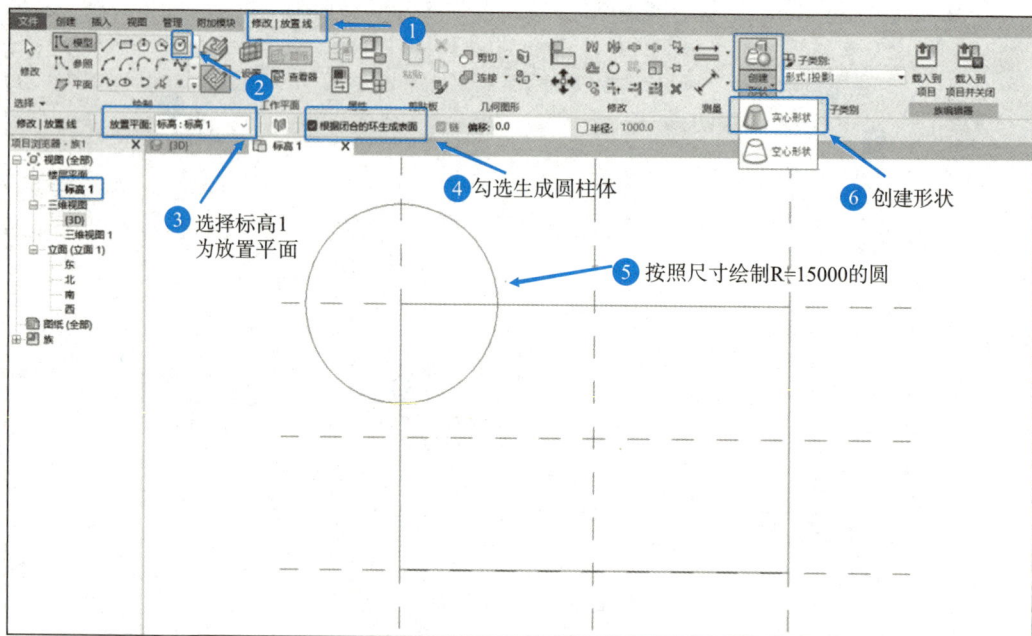

图 6.2.33　圆柱形体拉伸轮廓

【步骤 2】将视图调整至三维状态,根据图纸修改圆柱顶面标高为 30000mm,圆柱体量完成,如图 6.2.34 所示。

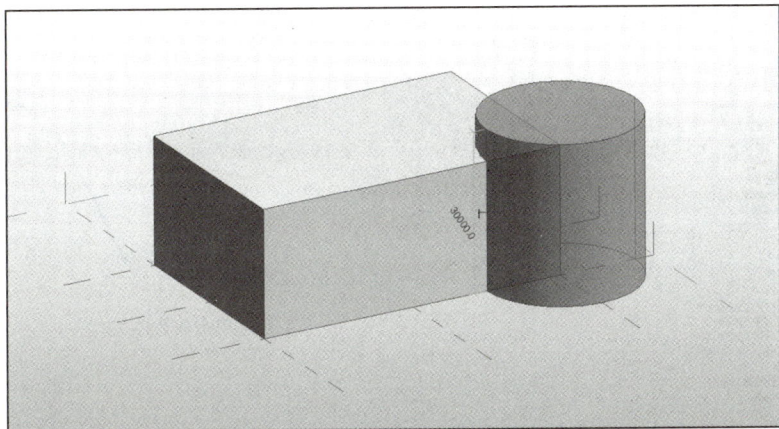

图 6.2.34　圆柱形体量调整高度

（3）合并长方体体量和圆柱形体量。依次单击"修改"选项卡→"几何图形"面板→"连接"下拉列表→"连接几何图形"命令，对两个体量进行合并，如图 6.2.35 所示。此步骤也可以通过"剪切"命令完成，激活"剪切"命令，先单击要剪切的圆柱体，再选择被剪切的长方体即可。

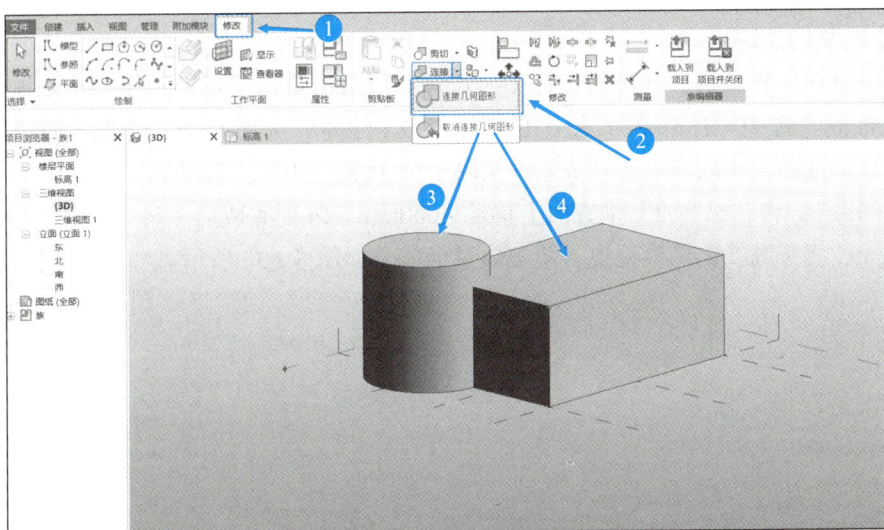

图 6.2.35　连接两个体量

2）载入体量

以"建筑样板"为模板新建项目，通过"切换窗口"命令切换到创建完成的体量界面。依次单击"修改"选项卡→"族编辑器"面板→"载入到项目"命令，放置体量。

切换到新建项目"项目 1"，会显示激活"修改 | 放置放置体量"选项卡"放置"面板的"放置在工作平面上"，手动放置体量，单击即可完成放置。由于体量较大超出"立面符号"范围，如图 6.2.36 所示，将"立面符号"调整到合适位置即可。

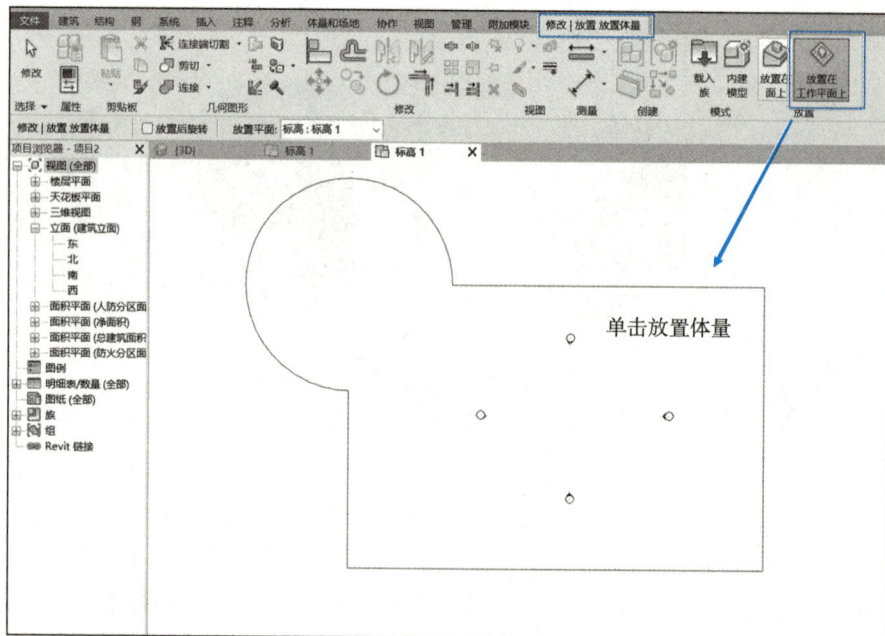

图 6.2.36 放置体量

3）建筑构件转化

（1）创建体量楼层。在项目文件中，通过"项目浏览器"切换到任一立面视图，创建相关标高。选中"标高 2"，依次单击"修改 | 标高"选项卡→"修改"面板→"阵列"工具，选项栏中取消勾选"成组并关联""项目数"为 7，"移动到"选择"第二个"，勾选"约束"，将"标高 2"垂直向上移动 4000mm，阵列完成后，将"标高 8"调整为30000mm，将标高线向两侧拖曳，覆盖体量形体，如图 6.2.37 所示。

图 6.2.37 完成标高

选中"体量"，依次单击"修改 | 体量"选项卡→"模型"面板→"体量楼层"如图 6.2.38 所示，弹出"体量楼层"对话框，单击"标高 1"，按住 Shift 键，单击"标高8"，所有标高被选中，在任一标高前方框画钩，勾选全部标高，单击"确定"按钮，如图 6.2.39 所示，完成体量楼层设置。

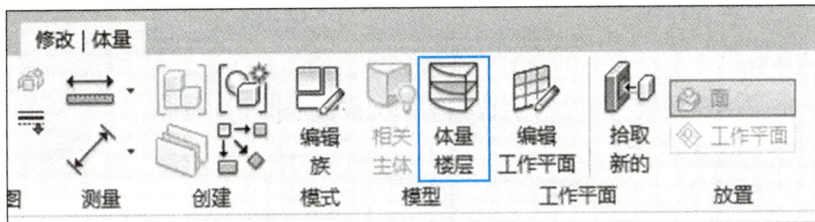

图 6.2.38　创建体量楼层

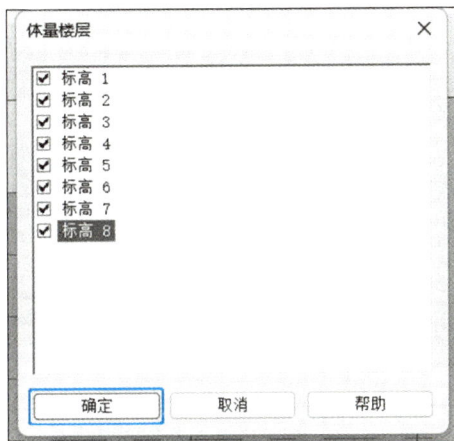

图 6.2.39　选择体量楼层

切换到三维视图中观察，Revit 已经按照标高生成了体量楼层，如图 6.2.40 所示。

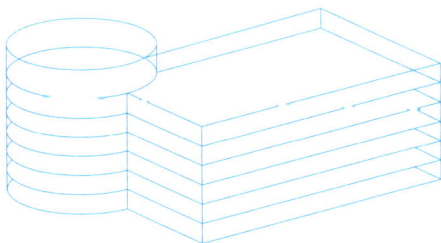

图 6.2.40　生成体量楼层

（2）基于体量的楼板创建。依次单击"体量和场地"选项卡→"面模型"面板→"楼板"工具，如图 6.2.41 所示。

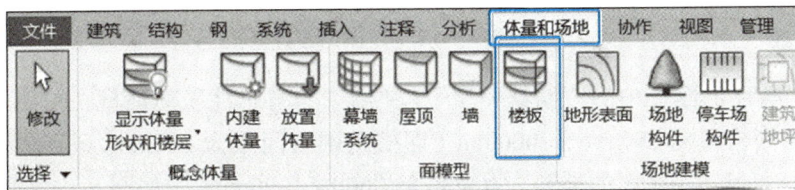

图 6.2.41　创建楼板

按照题目要求，楼板厚度为 150mm 的"常规 –150mm"楼板，标高 1 至标高 6 上均设置楼板。在"属性"面板的"类型选择器"中选择"常规 –150mm"楼板类型，如果没有，选择一个常规楼板类型为模板，复制新建一个楼板类型即可。

　　单击选择标高 1 至标高 6 的所有需要添加楼板的体量楼层，在"修改|放置面楼板"选项卡中单击"创建楼板"命令，完成楼板的生成，如图 6.2.42 所示。

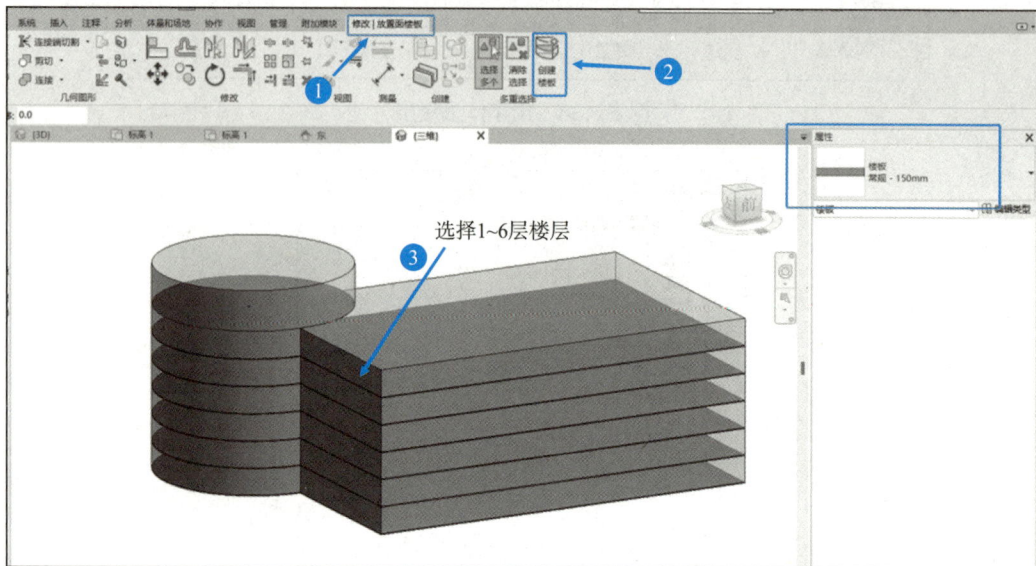

图 6.2.42　创建标高 1 至标高 6 楼板

> **小知识**
>
> 　　在体量构件的转化中，直接单击就可以加选，再次单击可以减选。

　　（3）基于体量的幕墙创建，依次单击"体量和场地"选项卡→"面模型"面板→"幕墙系统"工具，如图 6.2.43 所示。

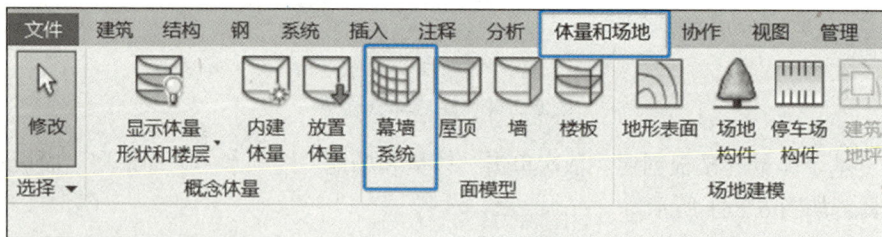

图 6.2.43　创建幕墙

　　单击"属性"面板中的"编辑类型"，弹出"类型属性"对话框，按照题目要求，幕墙系统为网格布局 600mm×1000mm（即横向网格间距为 600mm，竖向网格间距为 1000mm），"复制"一个新的类型，重命名为"600×1000mm"，如图 6.2.44 所示。

　　根据要求设置相关参数，网格上均设置竖梃，竖梃均为圆形竖梃半径 50mm 的要求，设置新类型幕墙系统参数，如图 6.2.45 所示。

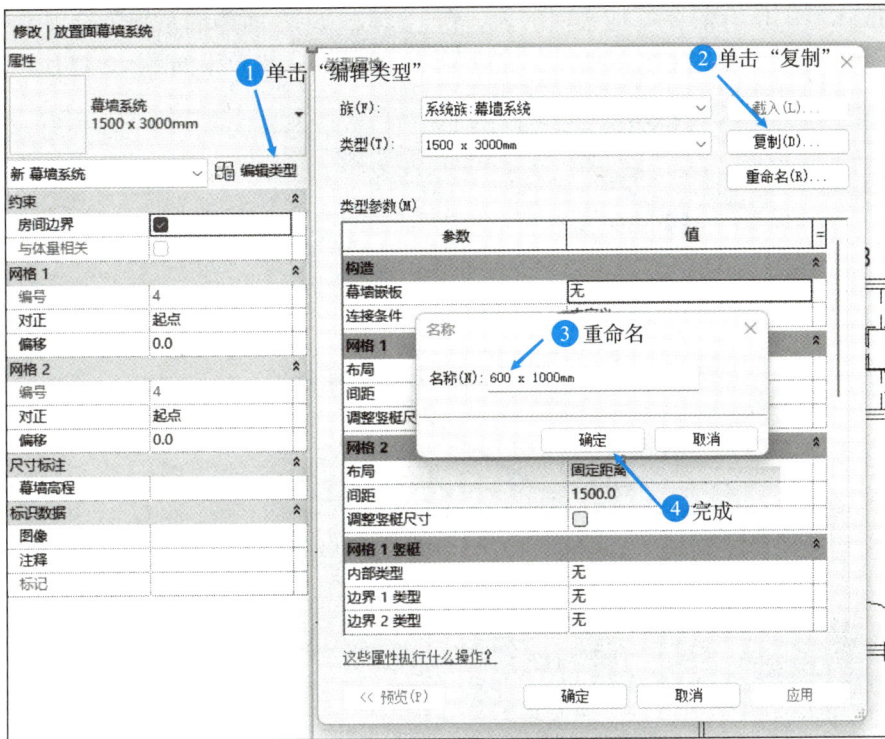

图 6.2.44　新建幕墙系统类型

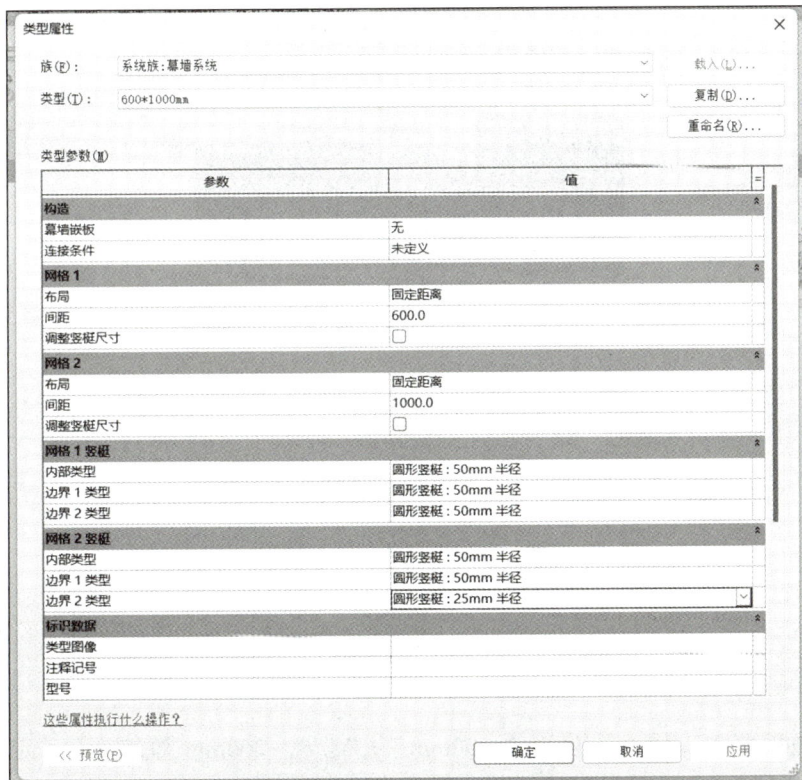

图 6.2.45　幕墙系统参数

拾取体量中所有需要添加幕墙的面，在"修改 | 放置 面幕墙系统"选项卡中单击"创建系统"命令，如图 6.2.46 所示，完成幕墙的生成，三维效果如图 6.2.47 所示。

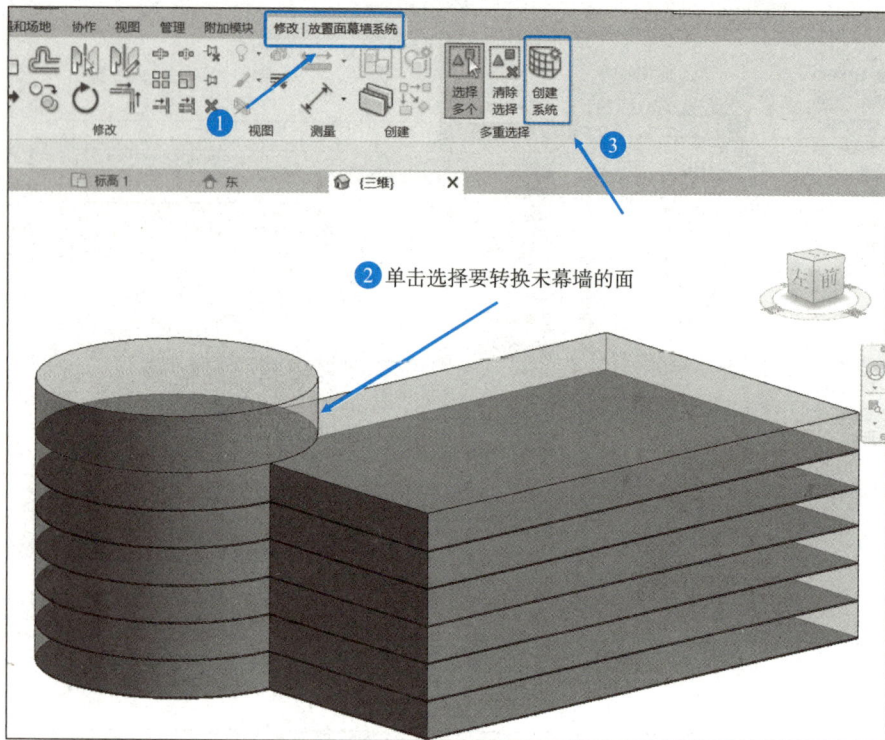

图 6.2.46　创建幕墙系统

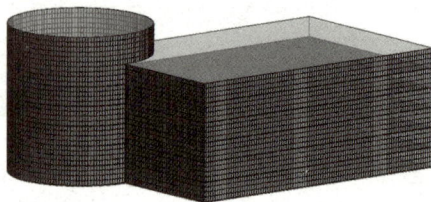

图 6.2.47　完成幕墙

4）基于体量的墙体创建

依次单击"体量和场地"选项卡→"面模型"面板→"墙"工具，如图 6.2.48 所示。

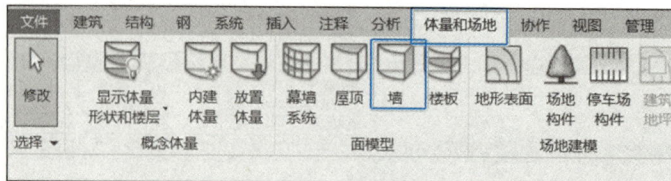

图 6.2.48　创建墙体

按照题目要求，"墙面厚度"为 200mm 的"常规 -200mm 厚墙面"，"定位线"为"核心层中心线"。在"属性"面板的"类型选择器"中选择"常规 -200mm"，拾取体量中所有需要添加墙面的平面，拾取表面自动生成墙面，如图 6.2.49 所示。

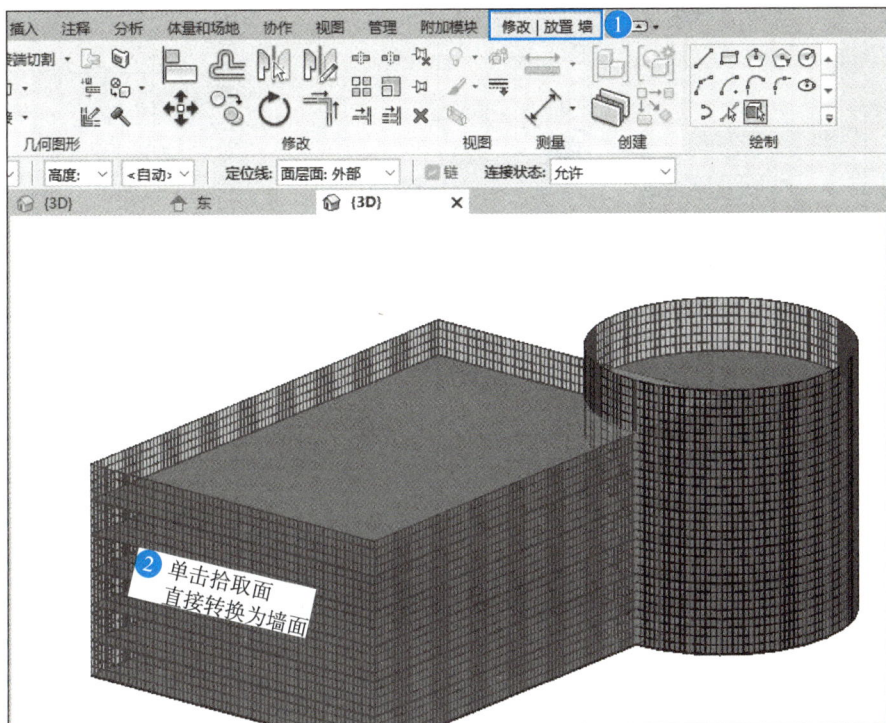

图 6.2.49　完成墙面

5）基于体量的屋顶创建。依次单击"体量和场地"选项卡→"面模型"面板→"屋顶"工具，如图 6.2.50 所示。

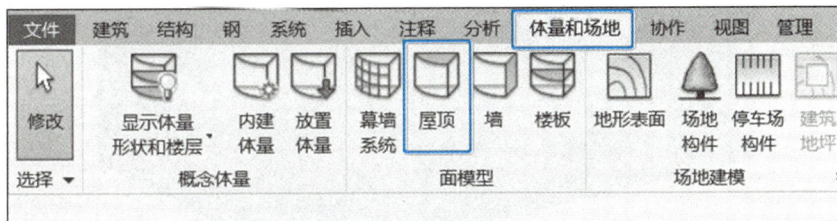

图 6.2.50　创建屋顶

按照题目要求，屋顶为厚度 400mm 的"常规 –400mm"屋顶。在"属性"面板类型选择器中选择"常规屋顶 –400mm"楼板类型，如果没有，选择一个常规楼板类型为模板，复制新建一个楼板类型，修改楼板结构的厚度为 400mm 即可。

拾取体量中需要添加屋顶的两个平面，在"修改｜放置面屋顶"选项卡中单击"创建屋顶"命令，完成屋顶的生成，三维效果如图 6.2.51 所示。

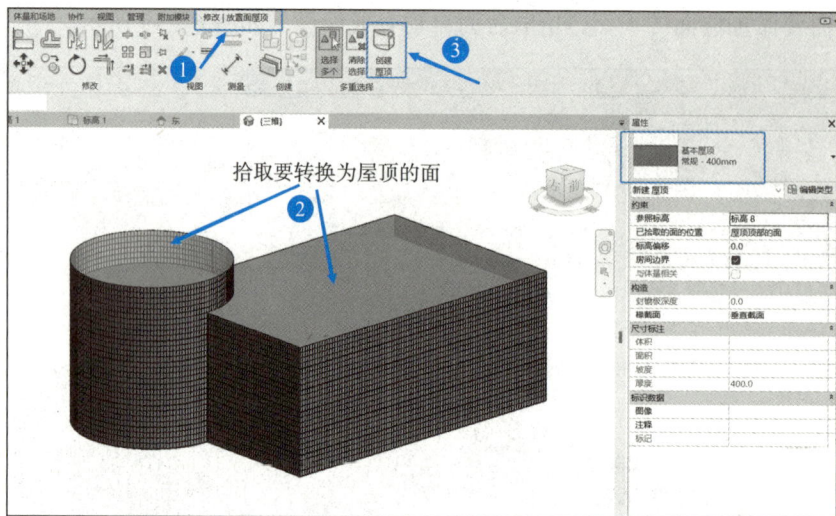

图 6.2.51　完成屋顶的生成

　　模型创建完毕后如图 6.2.52 所示，将该模型以"体量楼层 + 考生姓名"为文件名保存至考生文件夹中。结果参看本书配套文件"16.概念体量"。

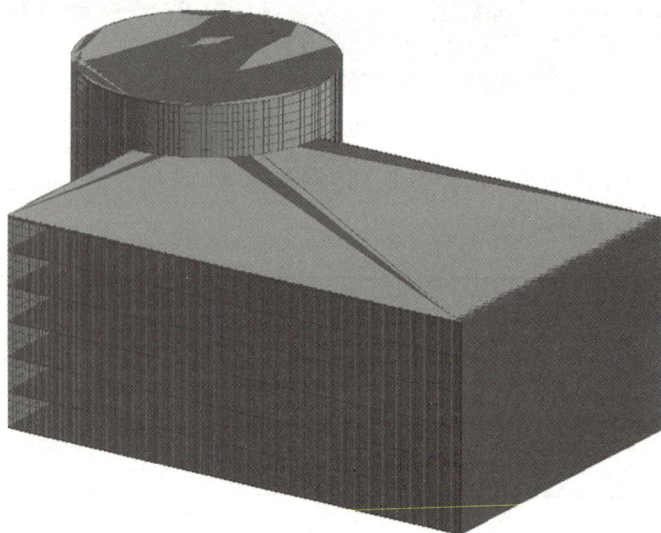

图 6.2.52　屋顶三维模型

　　如上所述体量部分是用可载入体量方式创建，也可以采用内建体量的方式创建。

1）创建内建体量

如果选择内建体量的方式创建体量，不需要载入项目。

（1）切换到任意立面视图，根据图纸尺寸创建标高。

（2）切换到"标高 1"平面视图，依次单击"体量和场地"选项卡→"概念体量"面板→"内建体量"工具，如图 6.2.53 所示，在弹出的对话框中为新建体量命名，如图 6.2.54 所示。

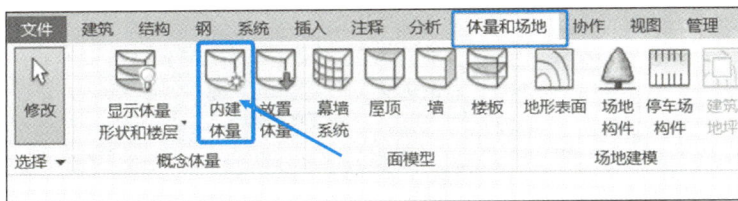

图 6.2.53　创建内建体量

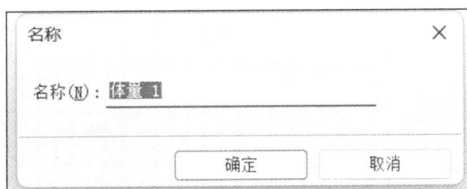

图 6.2.54　内建体量名称

（3）在"绘制"面板中选择合适的绘制工具，根据尺寸绘制拉伸截面，单击"创建形状"下拉列表中的"实心形状"，完成矩形拉伸体，切换到立面图，拉伸至要求的标高，完成长方体体量的创建，用相同的方式完成圆柱体体量的创建如图 6.2.55 所示。

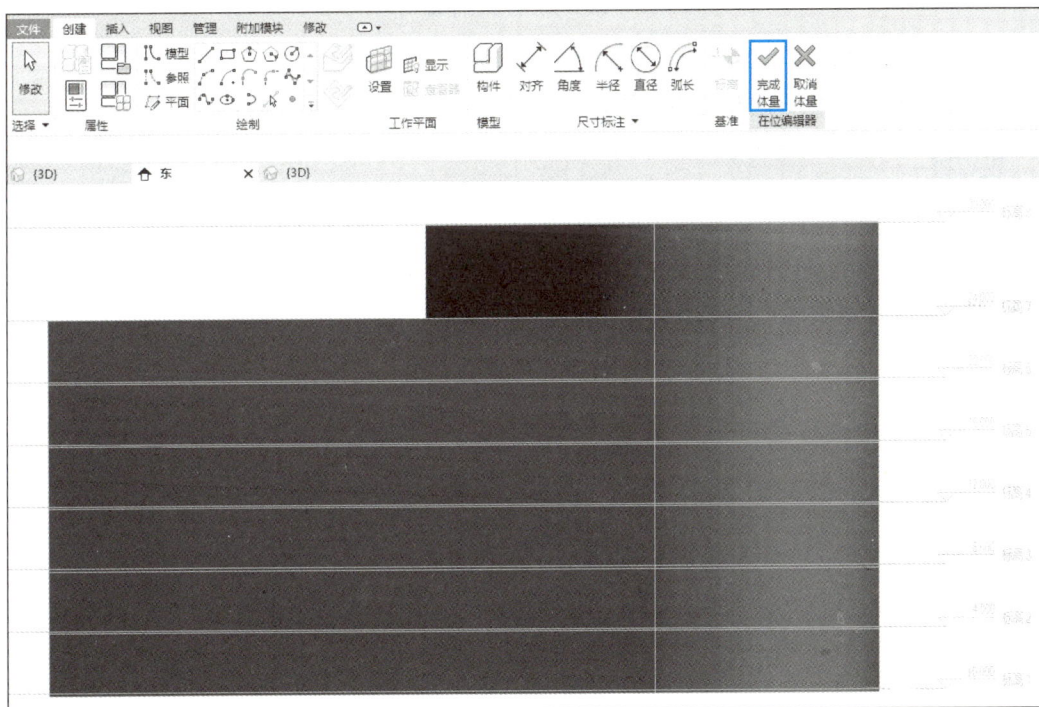

图 6.2.55　内建体量创建

体量模型创建完毕后，在"几何图形"面板中使用"连接"工具，将两个拉伸体组合在一起，单击"在位编辑器"中的"完成体量"按钮，完成体量模型的创建，如图 6.2.56 所示。如果需要修改体量模型，选中体量后单击"在位编辑"工具，重新编辑修改即可。

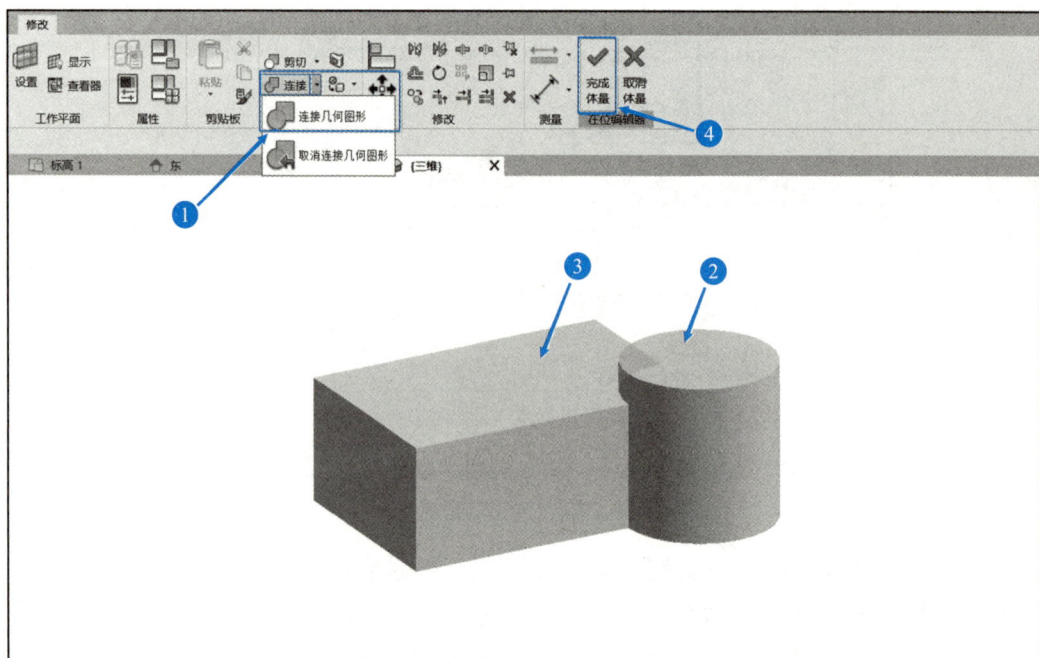

图 6.2.56　完成内建体量创建

2）体量模型转化构件

建筑构件的转化方法和之前一致。

> **提示**
>
> 在"1+X"建筑信息模型（BIM）职业技能等级考试初级建模考试中，对"体量"的考察并不多，但是曾经考过。创建体量模型时，需要对几何形状有清晰的认识，并能够灵活运用不同的形状组合满足题目要求。

参 考 文 献

[1] 中华人民共和国住房和城乡建设部 . 建筑信息模型施工应用标准 [S]. 北京：中国建筑工业出版社，
2017.

[2] 中华人民共和国住房和城乡建设部 . 建筑信息模型分类和编码标准 [S]. 北京：中国建筑工业出版社，
2018.

[3] 卫涛，李容，刘依莲 . 基于 BIM 的 Revit 建筑与结构设计案例实战 [M]. 北京：清华大学出版社，
2017.

[4] 杨蕾颖，张赟，刘亮，等 . "1+X" 建筑信息模型（BIM）——Revit 项目建模基础教程：建筑信息
模型（BIM）技术应用系列新形态教材 [M]. 北京：清华大学出版社，2023.